全国职业院校建筑类专业教材

QUANGUO ZHIYE YUANXIAO JIANZHULEI ZHUANYE JIAOCAI

房屋与装饰构造

田改儒◎主编

中国劳动社会保障出版社

简介

本教材为全国职业院校建筑类专业教材。本教材共分七章，包括房屋构造概述、建筑装饰构造概述、墙体装饰构造、楼地面装饰构造、顶棚装饰构造、门窗装饰构造、建筑装饰防火构造等内容。本教材语言简练、深入浅出、图文并茂，易于学生理解。本教材配有习题册和电子课件，帮助学生巩固所学内容。习题册参考答案和电子课件可登录技工教育网（http://jg.class.com.cn）在相应的书目下载。

本教材由田改儒任主编，常志达任副主编，支立宅、张宛、甘付贵、张青、常治峰、张悦、巩伟敏、陈峰、王瀚、刘晓冬参与编写。黄启宝任主审。

图书在版编目（CIP）数据

房屋与装饰构造 / 田改儒主编 . -- 北京 : 中国劳动社会保障出版社，2024
全国职业院校建筑类专业教材
ISBN 978-7-5167-6018-5

Ⅰ. ①房… Ⅱ. ①田… Ⅲ. ①建筑构造 - 职业教育 - 教材②建筑装饰 - 职业教育 - 教材 Ⅳ. ①TU22 ②TU238

中国国家版本馆 CIP 数据核字（2023）第 209685 号

中国劳动社会保障出版社出版发行
（北京市惠新东街 1 号　邮政编码：100029）
*
三河市华骏印务包装有限公司印刷装订　　新华书店经销
787 毫米 ×1092 毫米　16 开本　12.75 印张　285 千字
2024 年 2 月第 1 版　　2024 年 2 月第 1 次印刷
定价：31.00 元

营销中心电话：400-606-6496
出版社网址：http://www.class.com.cn
http://jg.class.com.cn

近年来，我国建筑行业进入了新的发展阶段。基于对当前建筑行业技能型人才需求及职业院校教学实际的调研分析，我们组织开发了这套全国职业院校建筑类专业教材，分为“建筑施工”“建筑设备安装”“建筑装饰”和“工程造价”四个专业方向。教材的编审人员由教学经验丰富、实践能力强的一线骨干教师和来自企业的设计、施工人员组成。

在本次教材开发工作中，我们主要做了以下几方面工作：

第一，突出教材的实用性。在“适用、实用、够用”的原则下，根据建筑行业相关企业的工作实际和相关院校的教学需要安排教材结构和内容，设计了大量来源于生产、生活实际的案例、例题、练习题和技能训练，引导学生运用所学知识分析和解决实际问题，教材体系合理、完善，贴近岗位实际与教学实际。

第二，突出教材的先进性。根据当前建筑行业对岗位知识与技能的实际需求设计教学内容，贯彻新标准。例如，在相关教材中全面贯彻《混凝土结构施工图平面整体表示方法制图规则和构造详图（现浇混凝土框架、剪力墙、梁、板）》（22G101—1）和《建设用砂》（GB/T 14684—2022）等最新图集和国家标准，《建筑 CAD》以新版的 AutoCAD 软件作为教学软件载体等。此外，新材料、新设备、新技术、新工艺在相关教材中也得到了体现。

第三，突出教材的易用性。充分保证教材的印刷质量，全部主教材均采用双色或四色印刷，图表丰富，营造出更加直观的认知环境；设置了“想一想”和“知识拓展”等栏目，引导学生自主学习；教材配套开发了习题册参考答案和电子课件，可登录技工教育网（http://jg.class.com.cn）在相应的书目下载。

本套教材在编写过程中，得到了智能制造与智能装备类技工教育和职业培训教学指导委员会及一批职业院校的大力支持，教材的编审人员做了大量的工作，在此，我们表示诚挚的谢意！同时，恳切希望用书单位和广大读者对教材提出宝贵意见和建议。

编者

目录
CONTENTS

第一章 房屋构造概述

学习目标

1. 了解建筑物类型和组成。
2. 了解建筑物墙体、楼板层、地面、楼梯、屋顶、门窗洞口的类型。
3. 掌握建筑物墙体、楼板层、地面、楼梯、屋顶、门窗洞口的构造组成和构造要求。

建筑是建筑物与构筑物的总称。建筑物是指供人们生活、学习、工作、居住以及从事各种生产和文化活动的场所。构筑物是指间接为人们提供服务的设施，如水池、水塔、支架、烟囱等。建筑物按使用性质可分为工业建筑和民用建筑两大类。本章只限于介绍民用建筑的构造，包括墙体、楼板层、地面、楼梯、屋顶、门窗洞口等。

第一节 房屋构造分类与组成

无论是原始人居住的巢穴，还是帝王居住的宫殿，无论是低矮的平房，还是高耸入云的摩天大楼，尽管其外观、建筑材料都不一样，但是，其基本组成却大致相同，作用都是抵御外界的风、雨、寒、暑，使人们能在其中生活、学习、工作和居住。这些不同类型的房屋均由承重结构和围护结构两部分组成，即主要由墙、柱、楼地面、楼梯、屋顶、门窗等主要构件组成。

一、影响房屋构造的因素

影响房屋构造的因素有自然因素、人为因素等，主要体现在以下三个方面。

1. 房屋结构作用

房屋结构作用是指使结构产生效应的各种原因的总称，包括直接作用和间接作用。直接作用是指直接作用在结构上的荷载；间接作用是指使房屋结构产生效应，但不直接以力的形式出现的作用，如温度变化、材料的收缩和徐变、地基变形、地震等。

2. 自然界的影响

房屋要经受日晒、雨淋、冰冻、地下水的侵蚀等影响。因此，房屋要在相应部位

采取保温、隔热、防水、防冻等构造措施。

3. 人为因素

人们在从事各种生产和生活活动中，也常常会对房屋造成一些人为的不利影响，如化学腐蚀、爆炸、火灾等。因此，房屋在相应部位要采取耐腐蚀、防爆、防火等构造措施。

二、房屋构造分类

1. 按承重结构的材料分类

（1）砖（石）结构。砖（石）结构是指以砖或石材作为承重墙柱和楼板（砖拱或石拱）的结构。受材料的限制，这种结构的层高、总高、开间、跨度都较小，同时材料的自重大、抗震性差。但是，在就地取材的情况下，这种结构能节约钢材、水泥和降低造价，适用于低矮的民居和库房等。砖结构建筑物如图 1–1–1 所示。

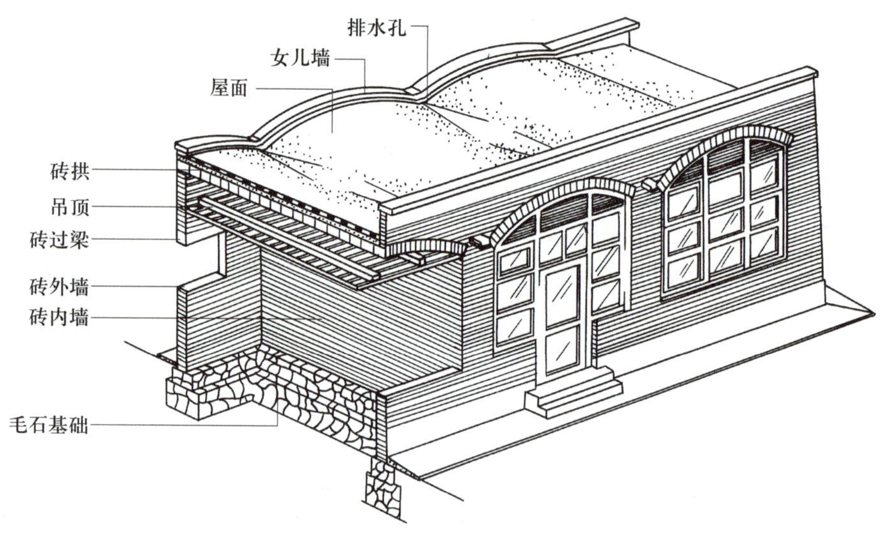

图 1–1–1　砖结构建筑物

（2）木结构。木结构是指以木材（如木柱、木屋架、木檩条等）做房屋承重骨架的结构。内外墙等不承重的围护结构可用砖、石、木板等材料做成。木结构具有自重轻、构造简单、施工方便、抗震性较好等优点。但是，木材易腐、耐火性差，同时消耗木料较多。我国森林资源较少，应控制建造木结构房屋的数量。木结构建筑物如图 1–1–2 所示。

（3）混合结构。混合结构是指用两种或两种以上的材料做承重结构，如砖木结构、砖混结构。

1）砖木结构。建筑物的墙、柱用砖砌筑，楼板、屋架用木材做成，即为砖木结构。这种结构的建筑物屋顶较轻、造价较低，但楼层刚度较小、防火性能和抗震性能较差，多用于三层以下的住宅和办公建筑。由于该种结构的建筑物耗费木料较多，在木材紧缺的地区应慎用。砖木结构建筑物如图 1–1–3 所示。

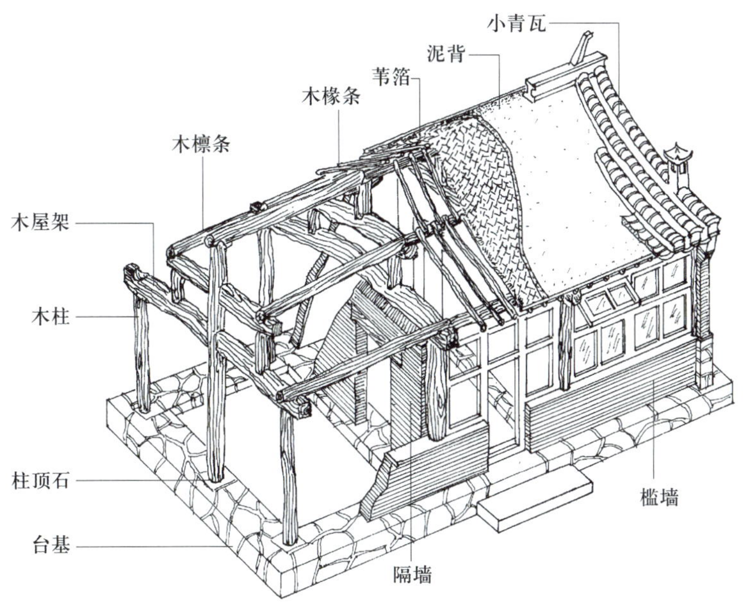

图 1–1–2　木结构建筑物

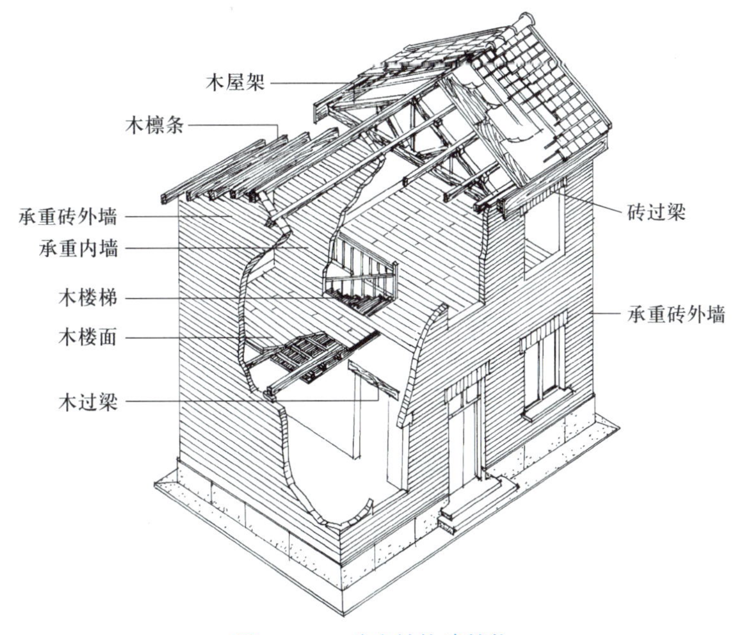

图 1–1–3　砖木结构建筑物

2）砖混结构。建筑物的墙、柱用砖砌筑，楼板、屋顶和楼梯用钢筋混凝土做成，也有的屋顶采用木材或钢材制作，即为砖混结构。墙体中可设置钢筋混凝土圈梁和构造柱。这类结构的整体性、耐久性和耐火性都较好，而且施工无须使用大型起重设备，从而降低了造价，因此应用相当广泛。但是，该种结构的建筑物外墙为承重墙，开设门窗会受到一定的限制，而且耗砖较多、自重较大，所以，仅适用于六层以下的住宅和办公建筑。砖混结构建筑物如图 1–1–4 所示。

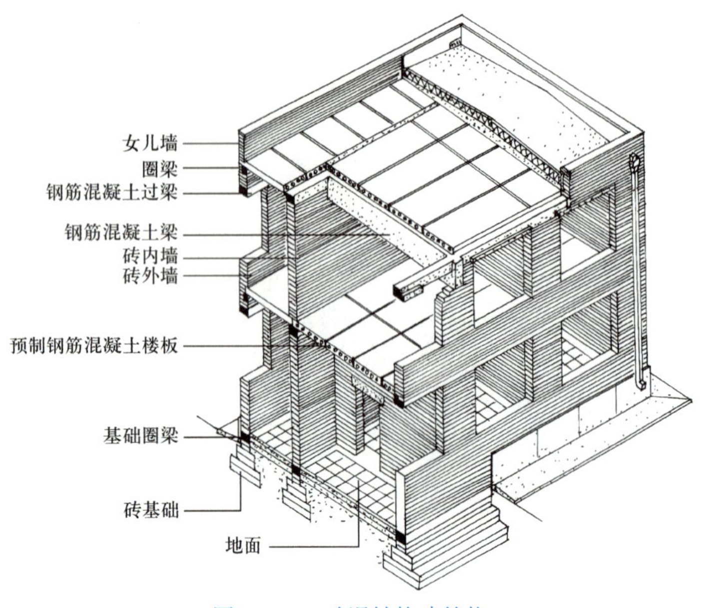

图 1–1–4　砖混结构建筑物

（4）钢筋混凝土结构。这种结构的梁、柱、板等承重构件全部采用钢筋混凝土制作，以刚性连接的方法使之成为一个整体，组成一个空间骨架结构。墙体等围护结构一般采用砌块或轻质材料做成。这种结构坚固、耐久，耐火性、可塑性强，应用最为广泛。在一幢建筑物中，全部布置骨架结构的称为全框架结构，局部布置骨架结构的称为半框架结构。钢筋混凝土结构还包括剪力墙结构和筒体结构。

1）全框架结构。这种结构的梁、柱、板、基础等承重构件全部采用钢筋混凝土制作，组成一个框架。这种结构整体性好，承重能力强，抗震性好。由于墙体不承重，方便开设大窗、大门，房间的分隔也可以灵活多变。但是，该结构消耗钢材多，造价较高，对施工技术要求较高，适用于高层建筑和大空间房屋等。钢筋混凝土全框架结构建筑物如图 1–1–5 所示。

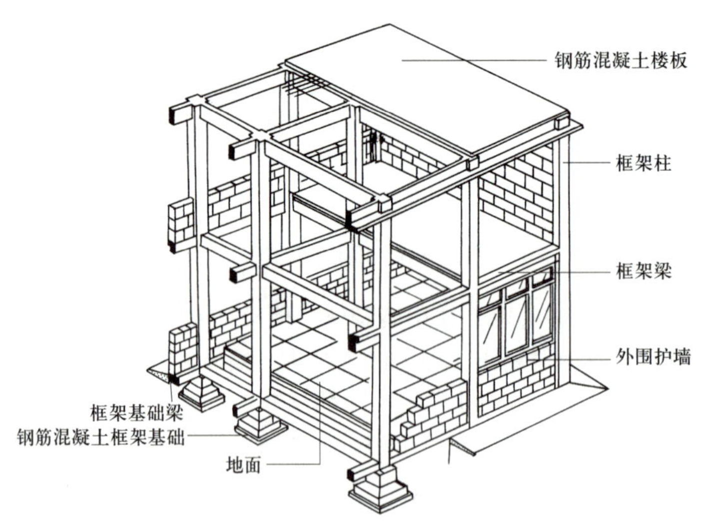

图 1–1–5　钢筋混凝土全框架结构建筑物

2）半框架结构。这种结构一部分采用钢筋混凝土制作，另一部分使用砖混结构组成承重骨架。这种处理可以减少水泥和钢筋的用量，从而降低工程造价。半框架结构又包括内框架结构和底层框架结构等形式。

①内框架结构。这种结构房屋内部的梁、柱、板等承重构件采用钢筋混凝土制作，外部则依靠砖墙承重，四周设置圈梁和构造柱。由于外墙为承重构件，开设门窗受到一定的限制。同时，这类结构的受力分配较复杂，变形不均匀，因而不是理想的结构形式；但是，这种结构可以节约钢材，降低造价。内框架结构建筑物如图 1–1–6 所示。

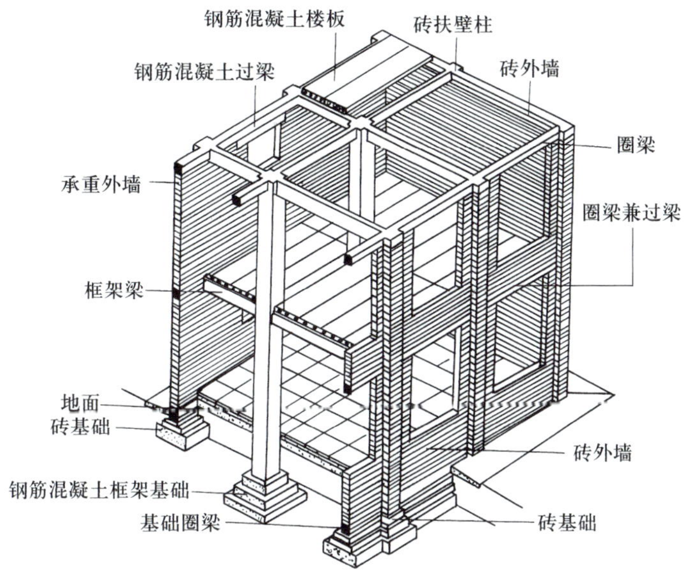

图 1–1–6　内框架结构建筑物

②底层框架结构。这种结构的底层为钢筋混凝土骨架承重结构，上部均为砖混结构，可节约大量的钢材和降低造价。但由于底层框架空间大，上部砖混结构的内墙密，这种结构存在因头重脚轻、重心偏离而不利于抗震的问题。这种形式的结构常常利用底层的大空间作为商店、车间等，而将上部的小开间作为住宅、办公室等。底层框架结构建筑物如图 1–1–7 所示。

3）剪力墙结构。剪力墙结构的建筑物墙体用钢筋混凝土制成。这种结构既能承担墙体自身的竖向荷载又能承担水平上的风荷载或是地震荷载。墙体厚度一般为 200 ~ 300 mm，必须自屋顶到基础整体浇筑，具有很好的整体性，比框架结构承受的水平荷载要大，可以建较高的建筑，但是对空间有一定的限制，不能太大。根据使用范围，剪力墙结构可分为全剪力墙结构和框架剪力墙结构。

①全剪力墙结构。这种结构的建筑物墙体全部是剪力墙。建筑物的整体性强，但是造价高。

②框架剪力墙结构。这种结构的建筑物是将适合的墙体设置成剪力墙，其他部位是框架结构，这样既可以满足局部的大空间要求，又可以满足建筑高度要求。

4）筒体结构。筒体结构是由全剪力墙结构和框架剪力墙结构演变而来的，将剪力

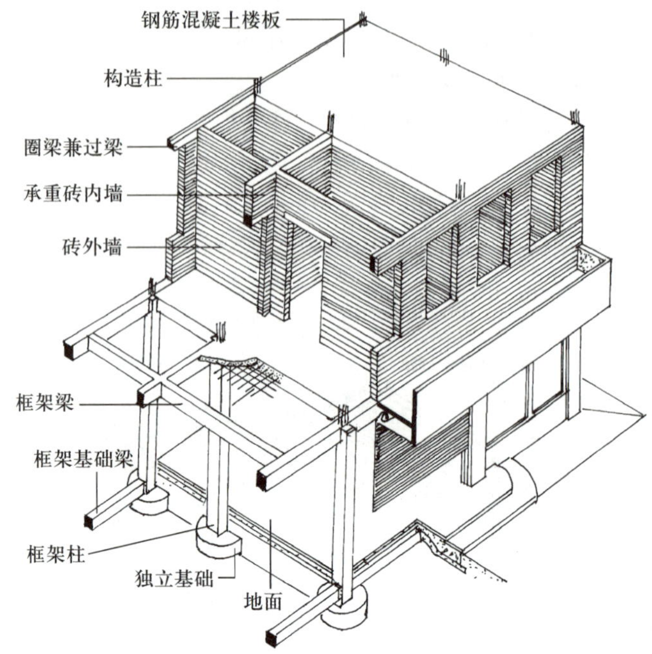

图 1-1-7　底层框架结构建筑物

墙或密柱集中到房屋的内部和外部，从而形成空间上封闭的筒体。筒体结构刚度好，因剪力墙集中，对空间的限制小，可以适用于大空间房间。

根据筒体的布置形式，筒体结构可分为框筒结构、筒中筒结构、核心筒结构、束筒结构。

①框筒结构。房屋外部是密柱，房屋内部是框架结构。

②筒中筒结构。房屋的内部核心和外部均为筒体剪力墙，内部和外部由连梁连接。

③核心筒结构。房屋的内部核心为筒体剪力墙，周围是框架结构。

④束筒结构。将多个筒体排列成一个整体结构。此结构大大增加了建筑的刚度和抗剪强度。

（5）钢结构。钢结构建筑物的梁、柱、屋架等承重构件用钢材制作，楼板和楼梯一般用钢筋混凝土制成，而墙则采用砖或其他轻质块材建造。这种结构自重轻，刚度、柔性和整体性均好，工业化施工程度高，施工受季节的影响小；但是，该结构消耗钢材多，施工难度大，耐火性较差，气温变化引起的变形较大，适用于超高层和特大跨度的建筑。

2. 按结构的承重方式分类

（1）墙体承重式。墙体承重式是指建筑物的荷载主要依靠墙体承重的结构，如砖混结构。

（2）框架承重式。框架承重式是指建筑物的柱、梁、板组成承重框架，构件间刚性连接，墙体只起围护和分隔作用的结构，如框架结构。

（3）半框架承重式。半框架承重式是指建筑物内部的柱、梁、板组成承重框架，外部用墙承重，如内框架承重结构；或底层用框架，上部用墙承重的结构，如底层框架承重结构。

（4）空间结构承重式。空间结构承重式是指采用空间网架、悬索、各类壳体承受荷载的建筑，适用于大型的体育馆和展览馆等。空间结构承重式建筑物如图 1-1-8 所示。

图 1-1-8　空间结构承重式建筑物

三、房屋构造组成

一般民用建筑是由基础、墙或柱、楼板层、地面、楼梯、屋顶、门窗等主要部分组成。有些建筑还有阳台、雨篷等。房屋的构造组成如图 1-1-9 所示。

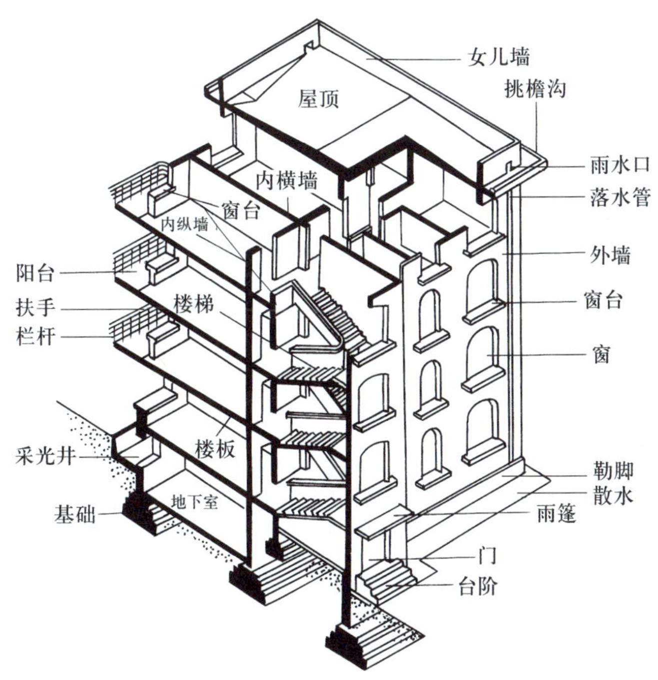

图 1-1-9　房屋的构造组成

1. 基础

基础是建筑物埋在地下的最下面部分。它承受着建筑物的全部荷载，并把这些荷载传给基础下的地基。基础应满足坚固、稳定、耐水、耐冰冻、耐腐蚀等要求，起到防止不均匀沉降和延长建筑物使用寿命的作用。

2. 墙或柱

有些建筑物由墙承重，有些建筑物由柱承重。墙或柱承受屋顶、楼层传来的各种荷载，并传给基础。外墙同时也是建筑物的围护结构，抵御风、雨、雪及降低寒、暑对室内的影响，内墙同时起分隔作用。用于承重的墙或柱要求坚固、稳定，即强度与刚度应满足要求。用于围护和分隔的非承重墙宜采用轻质、保温、隔声、壁薄的材料。

3. 楼板层

在楼房建筑中，楼板层是水平承重和分隔构件，它将楼层的荷载通过楼板传给柱和墙。楼板层对墙体还有水平支撑作用，层高越低的建筑物的刚度越大。楼板层由楼板、面层和顶棚组成。楼板层要求坚固、刚度大、隔声好、防渗漏。

4. 地面

首层室内地坪称为地面，它仅承受首层室内的活荷载和自重，通过垫层传到土层上。

5. 楼梯

楼梯是楼房中联系上下层的垂直交通设施，也是火灾、地震时的紧急疏散要道。楼梯应坚固、稳定，有足够的通行能力，并具有防火、防滑等安全保障措施。

6. 屋顶

屋顶是建筑物顶部的承重和围护结构，由承重结构和屋面组成。承重结构部分要承受自重、雪、风和检修荷载；屋面要承担保温、隔热、防水、隔汽等任务。

7. 门窗

门是供人们出入和搬运家具、设备的出入口，也是紧急疏散口，兼有采光、通风作用。窗是具有采光、通风、眺望等功能的设施，要求具有隔声、保温、防风沙等功能。

8. 其他

如通风道、垃圾道、电梯、阳台、壁橱等配件和设施，可根据建筑物的使用要求设置。

第二节 墙体

墙体是组成建筑空间的竖向构件，它下接基础，中搁楼板，上连屋顶，对整个建筑的使用、外形、总重和造价影响极大。因此，墙体是建筑物的重要组成部分。

一、墙体的作用与要求

1. 墙体的作用

在承重结构中，墙体要承受屋顶、楼板等构件传来的垂直荷载、风荷载和地震荷

载，具有承重作用；墙体抵挡自然界风、沙、雨、雪的侵蚀，防止太阳辐射和噪声的干扰，具有保温、隔热、隔声和围护的作用；墙体可以根据使用需要，把室内空间划分为各种房间，具有分隔作用。

2. 墙体的要求

根据位置和功能的不同，对墙体有以下要求。

（1）具有足够的强度和稳定性。墙体的强度与所用材料有关。如砖墙与砖、砂浆强度等级有关；混凝土墙与混凝土的强度等级有关。墙体的稳定性与墙体的长度、高度、厚度以及纵向、横向墙体间的距离有关。当墙体的高度、长度确定后，通常可通过增加墙体厚度，增设墙垛、壁柱、圈梁等办法提高墙体的稳定性。

（2）具有必要的保温、隔热性能。

1）保温。外围护墙、复合墙等，通过密实缝隙、增加墙体厚度，起到保温作用。

2）隔热。在炎热的地区，墙体应有一定的隔热能力。可选用热阻大、密度大的材料，如砖、蒸压加气混凝土砌块等材料；墙体应光滑、平整，可选用浅色材料，增加墙体的反射能力。

（3）应满足防火、防潮、防水要求。选用高密度的墙体材料，或附加防水防潮层，以提高建筑物的使用舒适度和延长建筑物的使用寿命。

（4）满足隔声要求。墙体隔声主要是隔空气传声和撞击声，在设计时采取以下措施。

1）密缝。在墙体砌筑时，要求砂浆饱满，密实砖缝，并通过墙面抹灰填充缝隙。

2）调整墙体厚度。不同的墙体厚度，其隔声能力不同。如 240 mm 的墙体，可阻隔 49 dB 的噪声。

3）采用有空气间层或多孔弹性材料的夹层墙。取消以黏土砖为主的墙体材料，采用版筑墙、板材墙，从而降低劳动强度，提高施工效率。

（5）满足环保要求。减少使用反射率极高的墙体材料，如玻璃幕墙、抛光金属面墙，以避免光污染对人体健康和道路交通安全的危害；杜绝使用有放射性的墙体材料，减少对耕地的蚕食和破坏。

二、墙体的类型

墙体是建筑物重要的组成部分，可按所在位置、材料、受力特点、构造做法等分类。

1. 按所在位置分类

（1）墙体按所处位置可以分为外墙和内墙。外墙位于房屋的四周，故又称为外围护墙。内墙位于房屋内部，主要起分隔内部空间的作用。

（2）墙体按布置方向可分为纵墙和横墙。沿建筑物长轴方向布置的墙称为纵墙，沿建筑物短轴方向布置的墙称为横墙，外横墙俗称山墙。

2. 按材料分类

（1）砖墙。用作墙体的砖有多孔砖、实心砖、灰砂砖、焦渣砖等。

（2）加气混凝土砌块墙。加气混凝土是一种轻质材料，具有密度小、可切割、隔声、保温性能好等特点。这种材料多用于非承重的隔墙及框架结构的填充墙。

（3）石材墙。石材是一种天然材料，主要用于山区和产石地区。

（4）板材墙。板材以钢筋混凝土板材、加气混凝土板材为主。

（5）承重混凝土空心小砌块墙。采用 C20 混凝土制作，用于 6 层及以下的住宅。

3. 按受力特点分类

（1）承重墙。承重墙直接承受楼板及屋顶传来的荷载。根据承重墙所处位置不同，又分为承重内墙和承重外墙。

（2）非承重墙。非承重墙是不承受自重以外的竖向荷载的墙体，又可分为以下两类。

1）自承重墙。支撑在梁板上仅承受自重的墙体，如隔墙、隔断墙。

2）框架墙。位于框架的梁柱之间仅起分隔或围护作用的墙，也称填充墙。

4. 按构造做法分类

（1）实体墙。实体墙分为外墙和内墙，分别用于承担建筑中楼盖、屋盖的荷载或分隔房间，如采用多孔砖、实心砖、石块、混凝土、钢筋混凝土等和复合材料（钢筋混凝土与加气混凝土分层复合、实心砖与焦渣砖分层复合等）砌筑的不留空隙的墙体。

（2）空体墙。空体墙由单一材料组成，可由单一材料砌成内部空腔。

（3）复合墙。这种墙体多用于居住建筑，也可用于托儿所、幼儿园、医疗机构等小型公共建筑。这种墙体主要由实心砖或钢筋混凝土构成，其内侧或外侧使用复合轻质保温板材，常用的材料有充气石膏板、水泥聚苯板、纸面石膏聚苯复合板、纸面石膏岩棉复合板、纸面石膏玻璃棉复合板、无纸石膏聚苯复合板、纸面石膏聚苯板等。

三、墙体的细部构造

为了保证墙体的耐久性和墙体与其他构件的连接，应在相应的位置进行构造处理。墙体的细部构造包括墙脚构造、门窗洞口构造、墙体加固措施、变形缝构造等。

1. 墙脚构造

墙脚是指室内地面以下基础以上的这段墙体，内外墙都有墙脚，外墙的墙脚又称勒脚。

由于墙脚位于地面以下，砌体本身存在很多微孔，常受到地表水和土壤中水的侵蚀，而这会致使墙体受潮、饰面层脱落，影响室内外环境。因此，必须采取措施做好墙脚的防潮，增强勒脚的坚固及耐久性，排除房屋四周地面的水。吸水率较大、对干湿交替作用敏感的砖和砌块（如加气混凝土砌块等）不能用于墙脚部位。

（1）墙体防潮。墙体防潮的方法是在墙脚铺设防潮层，防止土壤和地面水渗入墙体。

1）防潮层的位置。当室内地面垫层为混凝土等密实材料时，防潮层的位置应铺设在垫层范围内，低于室内地面 60 mm 处，同时还应至少高于室外地坪 150 mm，防止雨水溅湿墙面，如图 1–2–1a 所示。当室内地面垫层为透水材料（如炉渣、碎石等）时，水平防潮层的位置应平齐或高于室内地面，如图 1–2–1b 所示。当内墙两侧地面有高差时，还应铺设垂直防潮层，如图 1–2–1c 所示。

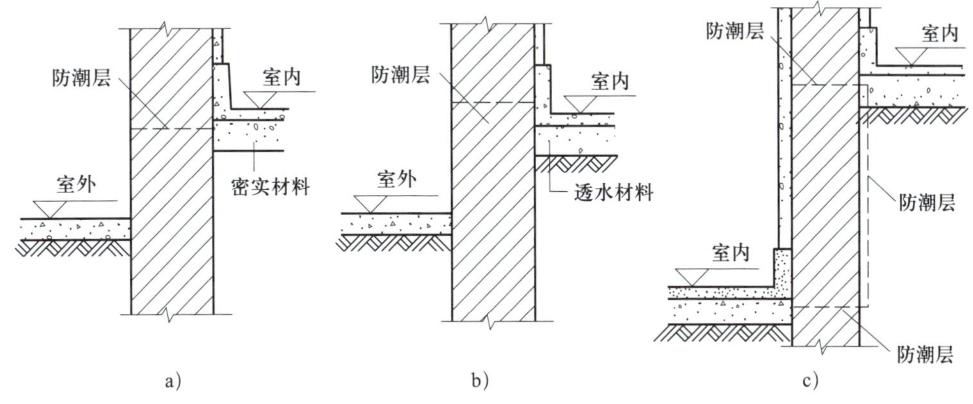

图 1-2-1　墙体防潮层的位置

a）室内地面垫层为密实材料　b）室内地面垫层为透水材料　c）内墙两侧地面有高差

2）防潮层的构造做法。

①水平防潮层的构造做法。常用的水平防潮层有以下三种，如图 1-2-2 所示。

a. 防水砂浆防潮层，采用 20 ~ 25 mm 厚 1∶2 水泥砂浆并掺入水泥用量 3% ~ 5% 的防水剂，或用防水砂浆砌筑三皮砖作为防潮层。此种做法构造简单，但砂浆开裂或不饱满时会影响防潮效果。

b. 细石混凝土防潮层，采用 60 mm 厚的细石混凝土带，内配三根 $\phi8$ 钢筋，此种做法防潮效果较好。

c. 油毡防潮层，先抹 20 mm 厚水泥砂浆找平层，上铺一毡二油，即先刷一层沥青油，上铺一层油毡，最后再刷一层沥青油。此种做法防水效果较好，但油毡隔离削弱了墙的整体性，不应在刚度要求高的地区或地震区采用。

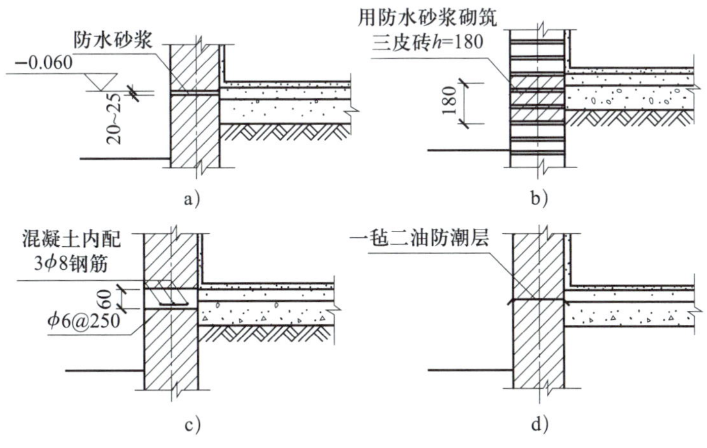

图 1-2-2　水平防潮层的构造做法

a）、b）防水砂浆防潮层　c）细石混凝土防潮层　d）油毡防潮层

②垂直防潮层的构造做法。在需铺设垂直防潮层的墙面（靠回填土一侧），先用 15 ~ 20 mm 厚 1∶2 的水泥砂浆抹面，再刷一道冷底子油，刷两道热沥青；也可以直接

采用 15 ~ 20 mm 厚掺有 3% ~ 5% 防水剂的砂浆抹面，如图 1-2-3 所示。

如果墙脚采用密实材料（如条石或混凝土等），或设有钢筋混凝土圈梁时，可以不铺设防潮层。

（2）勒脚的构造。勒脚是外墙的墙脚，和内墙脚一样，易受土壤中水分的侵蚀，应做相同的防潮层。同时，勒脚还受地表水、机械应力等的影响，所以要求勒脚更加坚固、耐久和防潮。另外，勒脚的做法、高低、色彩等应结合建筑物造型，选用耐久性好的材料或防水效果好的外墙饰面。其构造做法如图 1-2-4 所示。

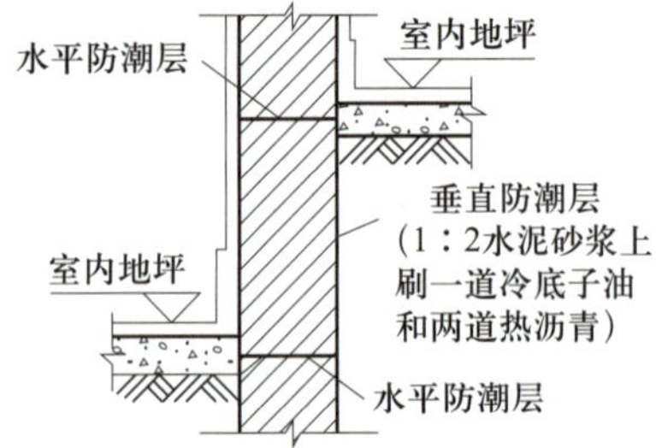

图 1-2-3　垂直防潮层的构造做法

1）抹灰。可采用 20 mm 厚 1∶3 水泥砂浆抹面，1∶2 水泥白石子浆水刷石或斩假石抹面。此法多用于一般建筑，如图 1-2-4a 所示。

2）贴面。可采用天然石材或人工石材，如花岗石、水磨石等。其耐久性、装饰效果好，用于高标准建筑，如图 1-2-4b 所示。

3）石砌。可采用条石、毛石等坚固、耐久的石材。在生产天然石材的地区可因地制宜，能取得特殊的艺术效果，如图 1-2-4c 所示。

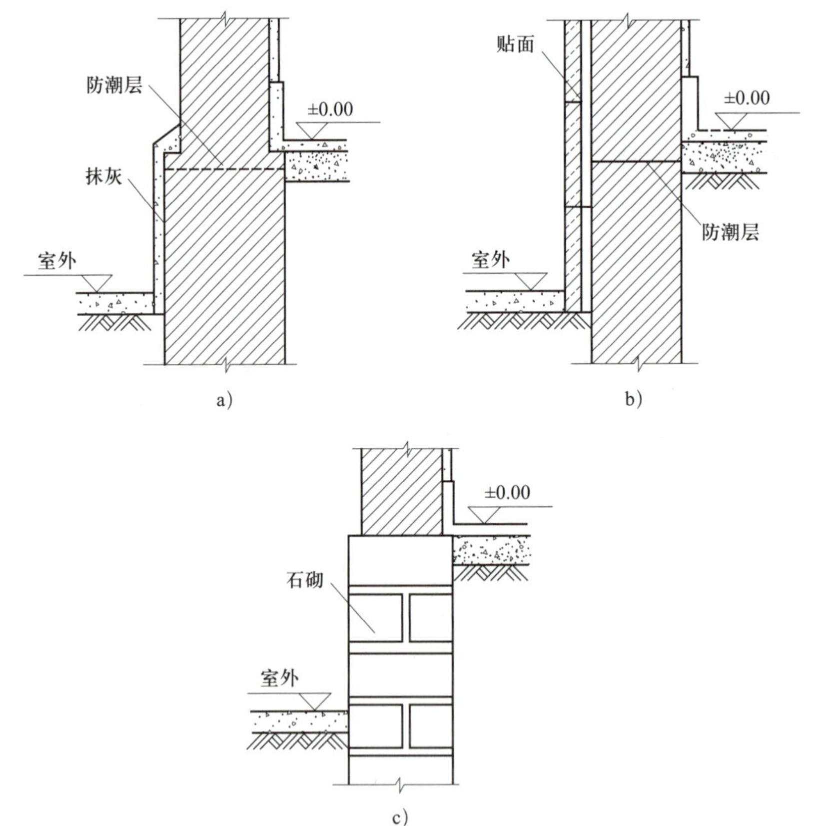

图 1-2-4　勒脚的构造做法

a）抹灰　b）贴面　c）石砌

（3）散水和明沟。为尽快排除建筑物外墙周围的雨水，房屋四周可设置散水和明沟（见图 1-2-5、图 1-2-6）。当屋面为有组织排水时一般设散水，当屋面为无组织排水时一般设明沟或暗沟（或设散水，但应加滴水砖带）。

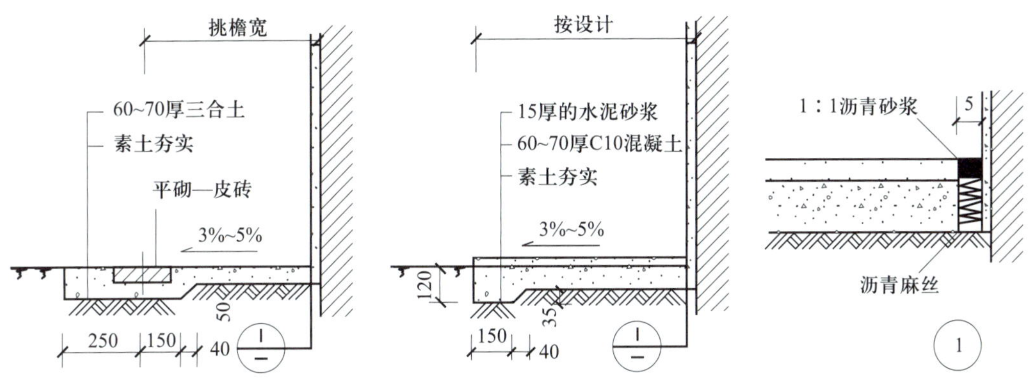

图 1-2-5　散水的构造做法

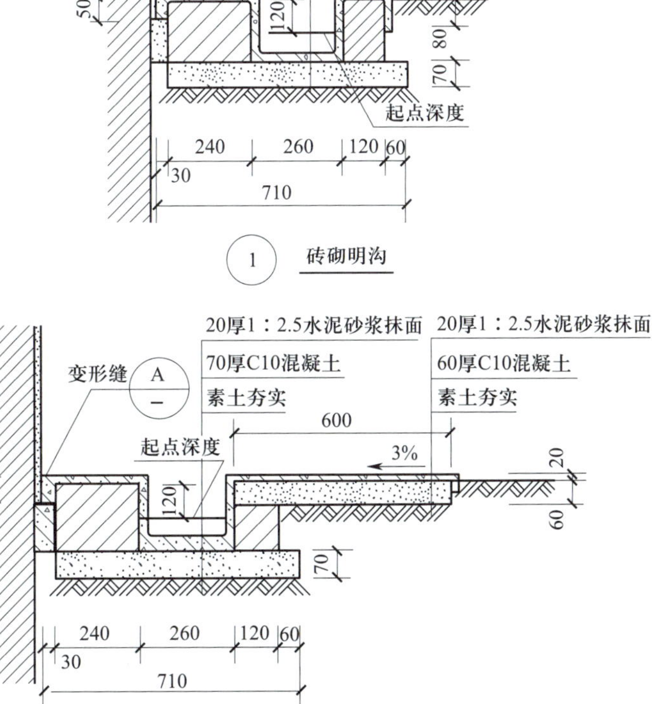

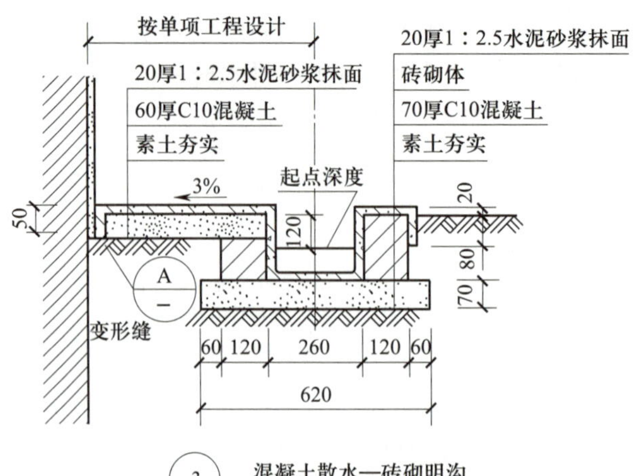

3 混凝土散水—砖砌明沟

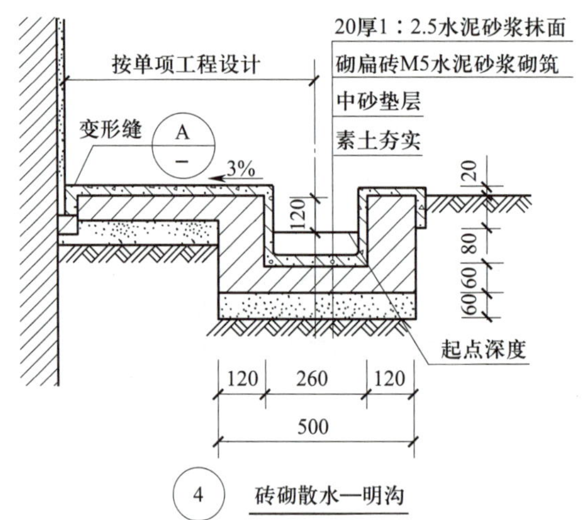

4 砖砌散水—明沟

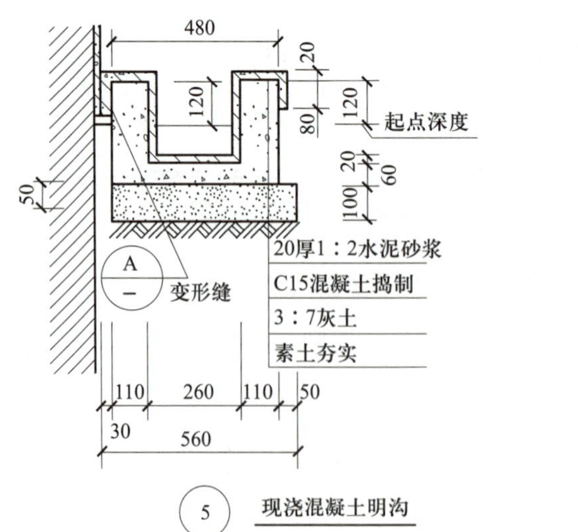

5 现浇混凝土明沟

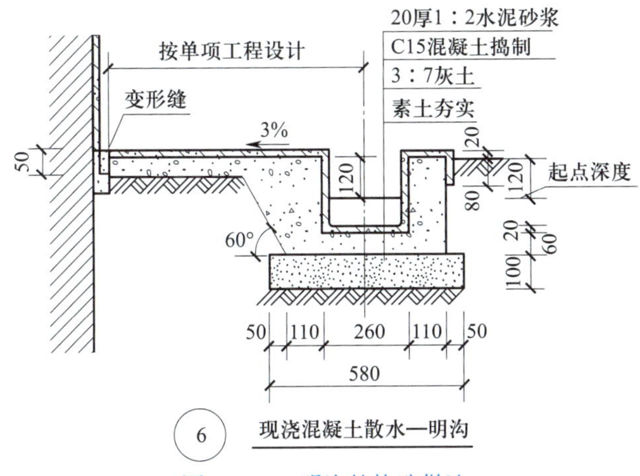

图 1-2-6 明沟的构造做法

1）散水。散水也称护坡，即外墙周围向外倾斜的坡面。散水的做法通常是在夯实的素土上铺三合土、混凝土等材料，厚度为 60 ~ 70 mm。散水应设 3% ~ 5% 的排水坡。散水宽度一般为 0.6 ~ 1 m。散水与外墙交接处应设分格缝，分格缝用弹性材料嵌缝，防止外墙下沉时将散水拉裂。散水整体面层纵向距离每隔 6 ~ 12 m 做一道伸缩缝。

2）明沟。明沟又称阳沟，可将落水管流下的雨水导向地下排水井。明沟的构造做法可用砖砌、石砌、混凝土现浇，沟底应做纵坡，坡度为 0.5% ~ 1%，起点深度不小于 120 mm，宽度为 220 ~ 350 mm。

砖砌明沟一般采用 MU7.5 的砖、M5 的水泥砂浆砌筑，混凝土明沟一般采用 C15 的混凝土现浇，明沟下方可用素土或掺入 50 ~ 70 mm 粒径的碎石夯实。明沟与勒脚之间应设变形缝，沟体本身每隔 30 ~ 40 m 也应设变形缝。

（4）踢脚。踢脚是外墙内侧或内墙两侧的下部和室内地面交接处的构造，有防止扫地时污染墙面的作用。踢脚的高度一般为 120 ~ 180 mm。常用的材料有水泥砂浆、水磨石、木材、缸砖、油漆等，选用时一般应与地面材料一致。

2. 门窗洞口构造

（1）窗台。为避免沿窗面流下的雨水渗入墙体，且沿窗缝渗入室内，同时避免雨水污染外墙面，常于窗下靠外墙一侧设置泄水构件，即窗台。位于内墙或阳台等处的窗不受雨水冲刷，可设不悬挑窗台。外墙面材料为贴面砖时，墙面被雨水冲洗干净，也可设不悬挑窗台。

悬挑窗台可以用砖砌，也可以用钢筋混凝土构建。砖砌悬挑窗台根据设计要求可分为平砌挑砖窗台及侧砌挑砖窗台，如图 1-2-7 所示。

窗台的构造要点如下。

1）悬挑窗台向外出挑 60 mm，窗台长度最少每边应超过窗宽 120 mm。

2）窗台表面应做好抹灰或贴面处理。侧砌窗台可做水泥砂浆勾缝的清水窗台。

3）窗台表面应做一定的排水坡度，并应注意抹灰与窗下槛的交接处理，防止雨水向室内渗入。

4）悬挑窗台下做滴水槽或斜抹水泥砂浆，引导雨水垂直下落，以不影响窗下墙面。

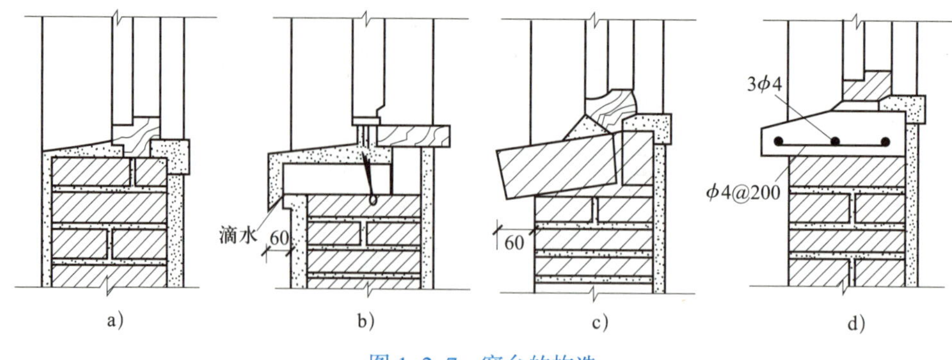

图 1-2-7　窗台的构造

a）不悬挑窗台　b）平砌挑砖窗台　c）侧砌挑砖窗台　d）钢筋混凝土窗台

（2）窗过梁。墙体上开设门窗洞口时，必须在洞口上部设置过梁。过梁用来支撑门窗洞口上墙体的荷载，承重墙上的过梁还要支撑楼板荷载。过梁是承重构件。根据材料和构造方式不同，过梁的形式有砖拱过梁、钢筋砖过梁和钢筋混凝土过梁三种。

1）砖拱过梁（见图 1-2-8）。砖拱过梁分为平拱和弧拱。由竖砌的砖做拱圈，一般将砂浆灰缝做成上宽下窄，上宽不大于 20 mm，下宽不小于 5 mm。砖的强度等级不低于 MU7.5，砂浆强度等级不能低于 M2.5，砖砌平拱过梁净跨不宜超过 1.2 m，中部起拱高为过梁长度的 1/100 ~ 1/50。

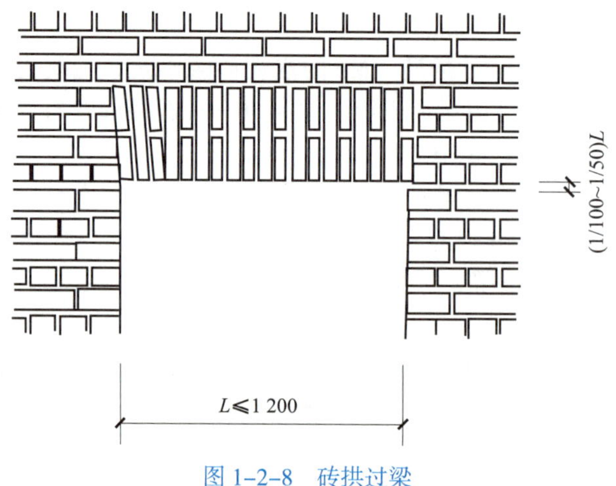

图 1-2-8　砖拱过梁

2）钢筋砖过梁（见图 1-2-9）。钢筋砖过梁用砖的强度等级不低于 MU7.5，砌筑砂浆的强度等级不低于 M2.5。一般在洞口上方先支木模，砖平砌，下设 3 ~ 4 根 ϕ6 钢筋，要求伸入两端墙内不少于 240 mm，梁高砌 5 ~ 7 皮砖或不低于过梁长度的 1/4，钢筋砖过梁净跨不宜超过 2 m。

3）钢筋混凝土过梁。钢筋混凝土过梁有现浇和预制两种，梁高及配筋通过计算确定。为了施工方便，梁高应与砖的皮数相适应，以方便墙体连续砌筑，故常见梁高为 60 mm、120 mm、180 mm、240 mm，都为 60 mm 的整倍数。梁宽一般同墙厚，梁两端支撑在墙上的长度应不短于 240 mm，以保证足够的承压面积。

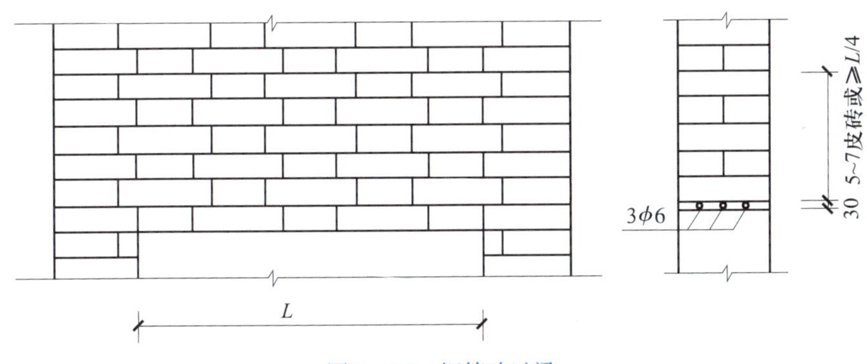

图 1-2-9　钢筋砖过梁

钢筋混凝土过梁的断面形式有矩形和 L 形，如图 1-2-10 所示。为简化构造、节约材料，可将过梁与圈梁、悬挑雨篷、窗楣板或遮阳板等结合起来设计。如在南方炎热多雨地区，常从过梁上挑出 300 ~ 500 mm 宽的窗楣板，既可保护窗户不淋雨，又可遮挡部分直射太阳光。

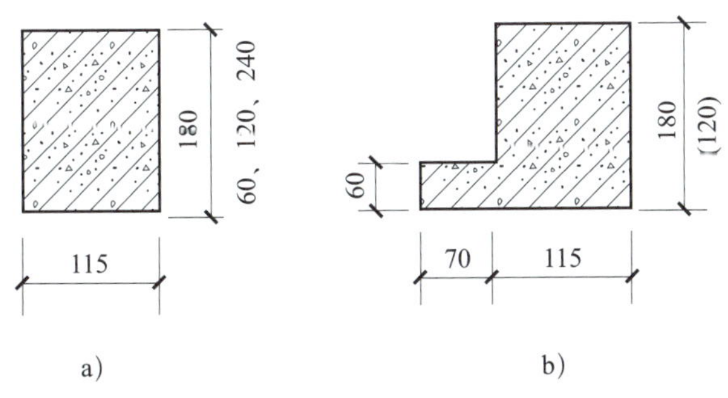

图 1-2-10　钢筋混凝土过梁的断面形式

a）矩形　b）L 形

3. 墙体加固措施

（1）圈梁。

1）圈梁的设置要求。圈梁是沿外墙四周及部分内墙设置在楼板处的连续闭合的梁，可增强建筑物的空间刚度及整体性，提高墙体的稳定性，减少由于地基不均匀沉降而引起的墙体开裂。抗震设防地区利用圈梁加固墙体更加必要。

2）圈梁的构造。圈梁有钢筋砖圈梁和钢筋混凝土圈梁两种。

钢筋砖圈梁就是将钢筋砖过梁沿外墙和部分内墙连通砌筑而成。

钢筋混凝土圈梁的宽度宜与墙厚相同，当墙厚为 240 mm 以上时，其宽度可以为墙厚的 2/3，高度不小于 120 mm。圈梁最小截面为 240 mm × 120 mm。

当圈梁被门窗洞口截断时，应在洞口上部增设相同截面的附加圈梁，其配筋和混凝土强度等级均不变，如图 1-2-11 所示。

（2）构造柱。钢筋混凝土构造柱是从构造角度考虑设置的，是防止房屋倒塌的一种有效措施。构造柱必须与圈梁及墙体紧密相连，从而加强建筑物的整体刚度，提高墙体抗变形的能力。

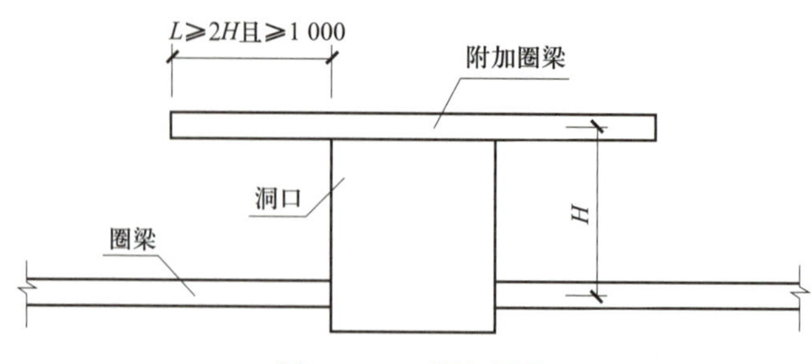

图 1-2-11　附加圈梁

1）构造柱的设置要求。当抗震设防烈度为 8 度时，构造柱一般加设在外墙转角、内外墙交接处（包括内横外纵及内纵外横两个部分）及楼梯间的内墙上。

2）构造柱的构造。构造柱的构造如图 1-2-12 所示。其构造要求如下。

①截面尺寸和配筋。构造柱的最小断面为 240 mm × 180 mm。构造柱的最小配筋是：主筋 4ϕ12，箍筋 ϕ6，间距不大于 250 mm，且在柱上下端宜适当加密。

②做法。在砌墙时要留出构造柱的柱洞并架立钢筋骨架，每砌筑一层或 3 m 左右即灌注混凝土一次。为使构造柱与墙体融为一体，砌筑墙体时应在柱边缘留出逢 5 退 5 的大马牙槎，退进 60 mm。同时，还必须每砌筑 8 皮砖放置 2 根 ϕ6 钢筋。钢筋两端伸入的长度各为 1 000 mm。构造柱根部必须牢固锚入基础内，如锚入基础圈梁中，此时基础圈梁顶面必须低于室外地坪 500 mm 以上。

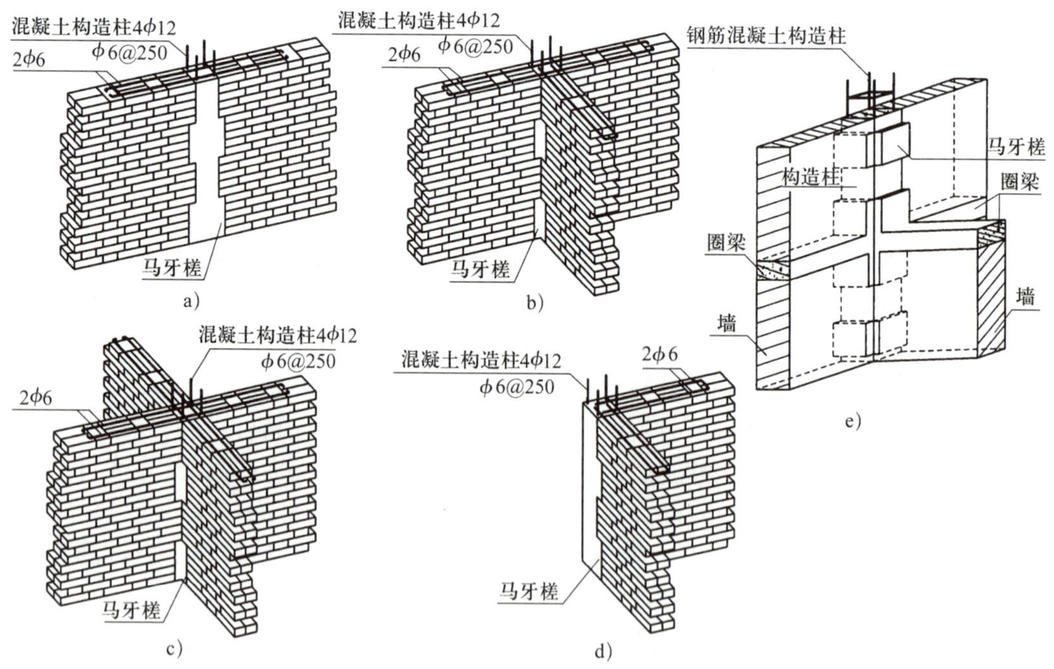

图 1-2-12　构造柱的构造

a）一字形墙　b）T 形墙　c）十字形墙　d）L 形转角　e）构造柱位置示意

4. 变形缝构造

变形缝包括伸缩缝、沉降缝和防震缝，作用是保证房屋在温度变化、地基不均匀沉降或地震时能有一些自由伸缩度，以防止墙体开裂、结构被破坏。

（1）伸缩缝。为防止建筑构件因温度变化、热胀冷缩使房屋出现裂缝或被破坏，在沿建筑物长度方向隔一定距离预留垂直缝隙。这种因温度变化而设置的缝隙称作温度缝或伸缩缝。伸缩缝从基础顶面开始，将建筑物分成若干段。由于基础埋在地下，受气温影响较小，故不考虑其伸缩变形。伸缩缝的宽度为 20 ~ 30 mm，缝内应填保温材料。

（2）沉降缝。为了防止建筑物各部分由于地基不均匀沉降导致房屋被破坏所设置的竖向缝称为沉降缝。沉降缝将房屋从基础到屋顶的构件全部断开，使两侧各为独立的单元，可以在垂直方向自由沉降。沉降缝的宽度与地基情况及建筑高度有关，地基越弱的建筑物，沉陷的可能性越大，沉陷后所产生的倾斜距离越大，要求的缝宽越大。

（3）防震缝。在抗震设防烈度为 7 ~ 9 度的地区应设防震缝。在此区域内，当建筑物高差在 6 m 以上或建筑物有错层且楼板错层高差较大，或构造形式不同，或承重结构的材料不同时，一般在水平方向会有不同的刚度。因此，这些建筑物在地震的影响下，会有不同的振幅和振动周期。这时如果将房屋的各部分相互连接在一起，易产生裂缝、断裂等现象，因此应设防震缝，将建筑物分为若干形态简单、结构刚度均匀的独立单元。

一般情况下，防震缝仅在基础以上设置，但防震缝应同伸缩缝和沉降缝协调布置，做到一缝多用。当防震缝与沉降缝结合设置时，基础也应断开。

防震缝的宽度，在多层砖墙房屋中，按抗震设防烈度的不同取 50 ~ 70 mm。在多层钢筋混凝土框架建筑中，建筑物高度不大于 15 m 时，缝宽为 70 mm。当建筑物高度超过 15 m 时，抗震设防烈度为 7 度，建筑物每增高 4 m，缝宽在 70 mm 的基础上增加 20 mm；抗震设防烈度为 8 度，建筑物每增高 3 m，缝宽在 70 mm 的基础上增加 20 mm；抗震设防烈度为 9 度，建筑物每增高 2 m，缝宽在 70 mm 的基础上增加 20 mm。

第三节　楼板层与地面

楼板层是建筑物中水平方向分隔空间的构件，又称楼层、楼盖，是水平方向的承重构件。

一、楼板层的设计要求

楼板层的设计应满足建筑的使用、结构、施工以及经济等多方面的要求。

1. 满足防火、热工、隔声等方面的要求

（1）防火。楼板层应根据建筑物的等级、对防火的要求进行设计。建筑物的耐火等级对构件的耐火极限和燃烧性能有一定的要求。

（2）热工。楼板层还应满足一定的热工要求。对于有一定温度要求的房间，常在

楼板层中设置保温层，使楼面的温度与室内温度一致，减少通过楼板的冷热损失。一些房间，如厨房、卫生间等地面潮湿、易积水，应处理好楼板层的防渗漏问题。

（3）隔声。噪声的传播途径有空气传声和固体传声两种。隔绝固体传声的方法有以下三种。

1）在楼板面铺设弹性面层。如铺设地毯、橡胶、塑料等。

2）设置弹性垫层，形成浮筑式楼板。

3）在楼板下设置吊顶棚。

2. 满足建筑经济的要求

在一般情况下，多层砖混结构房屋楼板层的造价占房屋土建造价的 20% ~ 30%。因此，应注意结合建筑物的质量标准、使用要求以及施工技术条件，选择经济合理的结构形式和构造方案，尽量减少材料的消耗和楼板层的自重，并为工业生产创造条件，以加快建设速度。

二、楼板类型

根据所采用材料的不同，楼板可分为木楼板、钢筋混凝土楼板以及压型钢板组合楼板等多种形式。

1. 木楼板

木楼板自重轻、保温性能好、舒适、有弹性；但易燃、耐久性差，特别是需耗用大量木材。此种楼板采用得越来越少。底层木楼板的构造如图 1–3–1 所示。

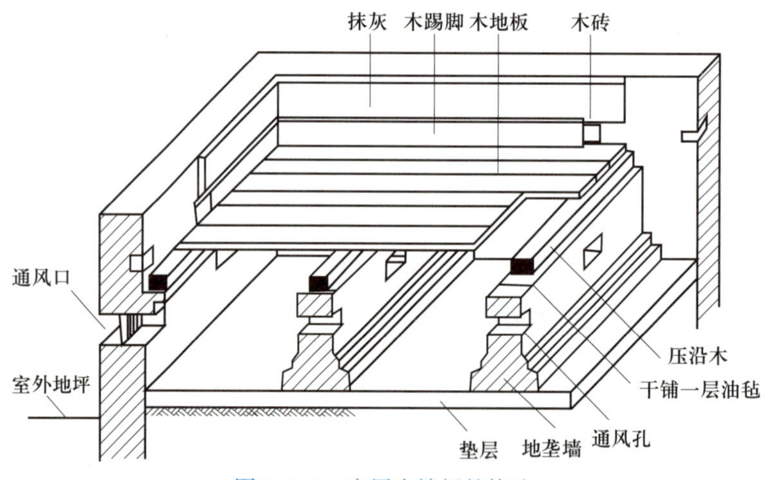

图 1–3–1　底层木楼板的构造

2. 钢筋混凝土楼板

钢筋混凝土楼板具有强度高、防火性能好、便于工业生产等优点，是我国应用最广泛的一种楼板，如图 1–3–2 所示。

3. 压型钢板组合楼板

压型钢板组合楼板是用截面为凹凸形压型钢板与现浇混凝土面层组合形成的整体性很强的一种楼板结构，如图 1–3–3 所示。

图 1-3-2　钢筋混凝土楼板

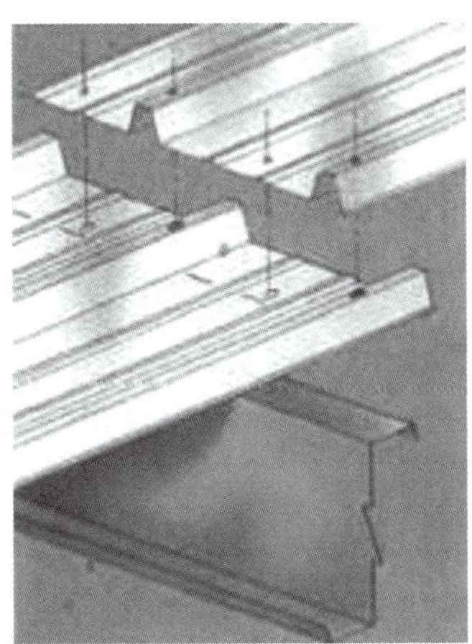

图 1-3-3　压型钢板组合楼板

三、楼板层的基本组成

为了满足使用要求，楼板层通常由面层、楼板、顶棚三部分组成，如图 1-3-4 所示。

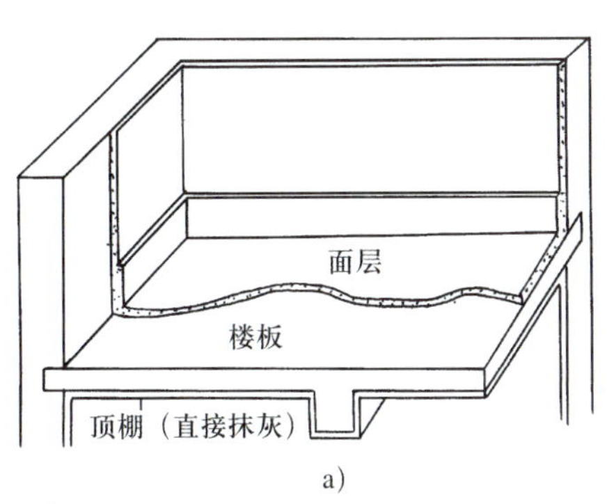

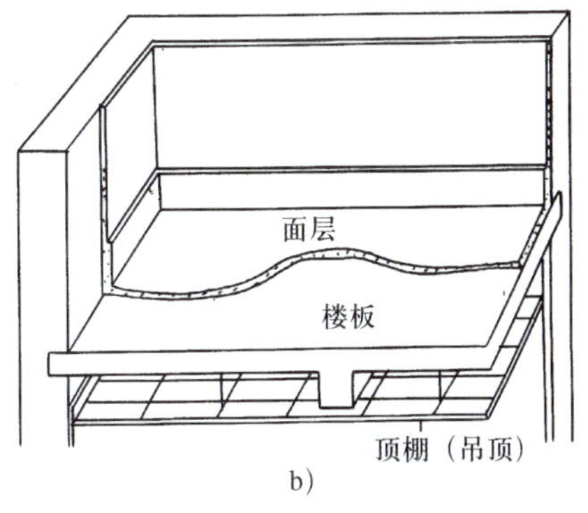

图 1-3-4　楼板层的基本组成

a）直接抹灰顶棚型楼板层　b）吊顶型楼板层

1. 面层

面层又称楼面或地面，起着保护楼板、承受并传递荷载的作用，同时对室内有很重要的清洁及装饰作用。

2. 楼板

楼板是楼板层的结构层，一般包括梁和板。其主要功能是承受楼板层上的全部恒、活荷载，并将这些荷载传给墙或柱，同时还对墙体起水平支撑作用，增强房屋刚度和整体性。

3. 顶棚

顶棚在楼板的下面。根据其构造不同，有抹灰顶棚、粘贴类顶棚和吊顶棚。在现代化多层建筑中，楼板层往往还需设置管道铺设、防水、隔声、保温等各种附加层。

四、常用地面的类型

地面是人们在房屋中接触最多的部分，其质量好坏对房屋使用影响很大。因此，对地面选材和构造要求必须充分重视。地面根据面层使用材料的不同分为以下几种常见类型。

1. 整体地面

整体地面是指以砂浆、混凝土或其他材料的拌合物在现场浇筑而成的地面。常用的有以水泥为胶凝材料的水泥地面、水磨石地面、混凝土地面；以沥青为胶凝材料的沥青地面；以树脂（如聚醋酸乙烯乳液、丙烯酸树脂乳液、环氧树脂等）为胶凝材料的现浇塑料地面。其中水泥类现浇整体地面，如水泥砂浆地面、水磨石地面因其坚固、耐磨、防火防水、易清洁等优点而得到广泛应用。

2. 块状材料地面

块状材料地面是指利用各种人造或天然的预制板材、块材镶在基层上的地面，如铺砖地面，地面砖、缸砖及陶瓷锦砖地面等。

3. 木地面

木地面按所用木板规格不同分为普通木地面、硬木条地面和拼花木地面三种；按构造形式不同分为空铺、实铺和粘贴三种。

4. 塑料地面

随着石油化工业的发展，塑料的应用日益广泛。塑料地面材料的种类很多，目前聚氯乙烯塑料地面材料应用最为广泛。

5. 涂料地面

涂料地面是利用涂料涂刷或涂刮而成，是水泥砂浆地面的一种表面处理形式，用以改善水泥地面在使用和装饰方面的不足。根据涂料的分散介质不同可分为溶剂型涂料、水溶性涂料和乳液型涂料等。

五、底层地面的基本组成

底层地面由面层、垫层和基层组成，有时还需要增加相应的构造层，如图 1-3-5 所示。

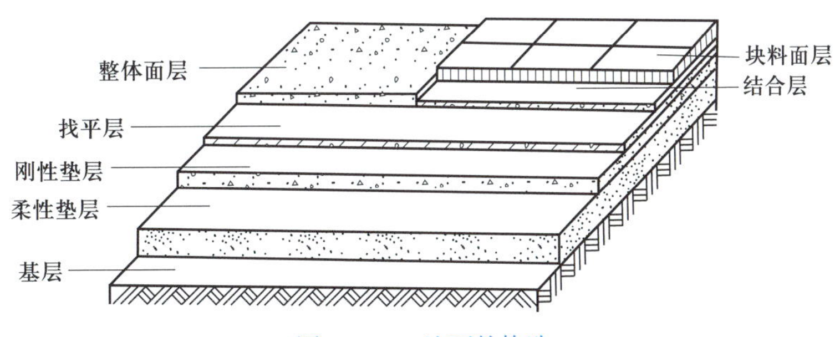

图 1-3-5　地面的构造

1. 面层

底层地面的面层与楼层地面的面层一样，也是人们经常接触的地方，是直接经受摩擦和承受压力的部位。其最基本的要求是耐磨、平整、不起尘，其他要求视情况而定。如卧室地面的面层需要有较好的蓄热性和弹性，卫生间地面的面层需要耐潮湿、不透水，厨房地面的面层要防水、耐火，实验室地面的面层则需要耐酸碱、耐腐蚀等。

2. 垫层

垫层位于面层与基层之间，承受着面层传来的荷载，并将其均匀地传到基层，因此，垫层要有足够的厚度并坚固耐久。垫层有刚性垫层和柔性垫层之分。刚性垫层有良好的整体刚度，受力后变形很少。常采用 C10 低强度素混凝土，厚度为 50 ~ 100 mm。柔性垫层整体刚度很小，受力后易产生塑性变形，常用 50 ~ 100 mm 厚的砂垫层、80 ~ 100 mm 厚的碎砖灌浆层、70 ~ 120 mm 厚的三合土（石灰、炉渣、碎石）等。刚性垫层用于地面要求较薄而性脆的面层，如陶瓷砖地面、大理石地面。柔性垫层常用于厚而不易断裂的面层，如混凝土、水泥制品等地面。对于某些有特殊要求的底层地面，还可以做复式垫层，即在地基上先做柔性垫层，再在其上做刚性垫层。

3. 基层

基层也称地基，是素土夯实层。素土是较好的填土，如砂质黏土。当填土较差时，可掺碎砖、石子等骨料，经夯实后，才能承受垫层传来的地面荷载。

六、常用地面的构造

1. 整体地面

（1）水泥砂浆地面。水泥砂浆地面通常有单层和双层两种做法。单层做法只抹一层 20 ~ 25 mm 厚 1∶2 或 1∶2.5 的水泥砂浆；双层做法是先抹一层 10 ~ 20 mm 厚 1∶3 的水泥砂浆找平，表面再抹一层 5 ~ 10 mm 厚 1∶2 水泥砂浆抹平压光。水泥砂浆地面构造简单、坚固耐磨、防水防潮、造价低廉，但导热系数大，冬天令人感觉阴冷，是一种广为采用的低档地面，如图 1-3-6 所示。

（2）水泥石屑地面。水泥石屑地面是将水泥砂浆里的中粗砂换成粒径为 3 ~ 6 mm 的石屑，也称豆石地面或瓜米石地面。在垫层或结构层上直接做 25 mm 厚 1∶2 水泥石屑，水灰比不大于 0.4，刮平拍实，碾压多遍，出浆后抹光。这种地面表面光洁、不起尘、易清洁，造价是水磨石地面的 50%，但强度高，性能近似水磨石。

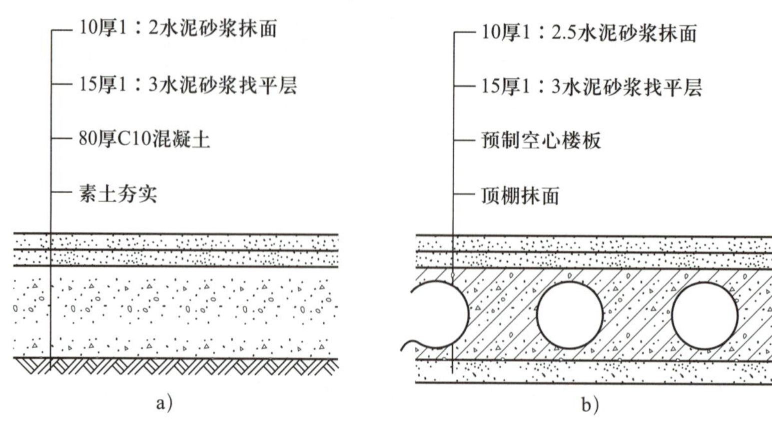

图 1-3-6　水泥砂浆地面做法

a）底层地面　b）楼板层地面

（3）水磨石地面。水磨石地面为分层构造，底层为 18 mm 厚 1∶3 水泥砂浆找平，面层为 12 mm 厚 1∶（1.5～2）水泥石子，石子粒径为 8～10 mm，分格条一般高 10 mm，用 1∶1 水泥砂浆固定。

普通水磨石地面采用普通水泥掺白石子，用玻璃条分格；美术水磨石地面可用白水泥加各种颜料和各色石子，用铜条分格，可形成各种优美的图案，但造价比普通水磨石地面高。水磨石地面的做法如图 1-3-7 所示。

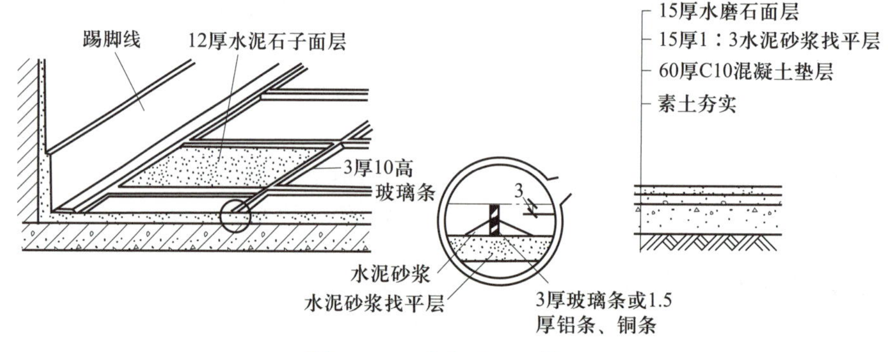

图 1-3-7　水磨石地面做法

水磨石地面质地美观、表面光洁、不起尘、易清洁，具有很好的耐久性，耐油耐碱、防火防水，常用于公共建筑门厅、走道、主要房间地面。

2. 块状材料地面

（1）铺砖地面。铺砖地面有页岩砖地面、水泥砖地面、预制混凝土块地面等。铺设方式有干铺和湿铺两种。干铺是在基层上铺一层 20～40 mm 厚的砂子，将砖块等直接铺设在砂上，砖块间用砂或砂浆填缝。湿铺是在基层上铺 12～20 mm 厚 1∶3 水泥砂浆，用 1∶1 水泥砂浆灌缝。

（2）缸砖、地面砖及陶瓷锦砖地面。缸砖是陶土加矿物颜料烧制而成的一种无釉

砖块，主要有红棕色和深米黄色两种，缸砖质地细密坚硬，强度较高，耐磨、耐水、耐油、耐酸碱，易于清洁、不起灰，施工简单，因此广泛用于卫生间、厨房、实验室及有腐蚀性液体作用的房间地面。缸砖构造做法：12 mm 厚 1∶3 水泥砂浆找平，5 mm 厚水泥砂浆（水泥∶砂 =1∶1）粘贴缸砖，用素水泥浆擦缝（见图 1–3–8a）。

地面砖的各项性能都优于缸砖，且色彩图案丰富，装饰效果好，造价也较高，多用于装修标准较高的建筑物地面。地面砖构造做法与缸砖相同。

陶瓷锦砖质地坚硬，经久耐用，色泽多样，耐磨、防水、耐腐蚀、易清洁，适用于有水、有腐蚀的地面。做法类似缸砖，后用滚筒压平，使水泥胶挤入缝隙，用水洗去牛皮纸，用白水泥浆擦缝（见图 1–3–8b）。

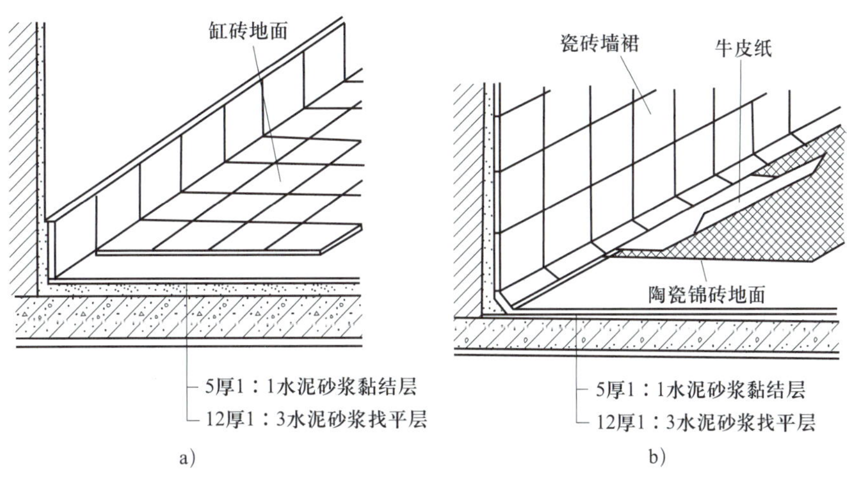

图 1–3–8 缸砖和陶瓷锦砖地面

a）缸砖地面 b）陶瓷锦砖地面

（3）天然石板地面（见图 1–3–9）。常用的天然石板指大理石和花岗石板，由于其质地坚硬，色泽丰富艳丽，属高档地面装饰材料，一般多用于高级宾馆、会堂、公共建筑的大厅、门厅等处。做法是在基层上刷一道素水泥浆后用 30 mm 厚 1∶3 干硬性水泥砂浆找平，面上撒 2 mm 厚素水泥浆（洒适量清水），粘贴石板。

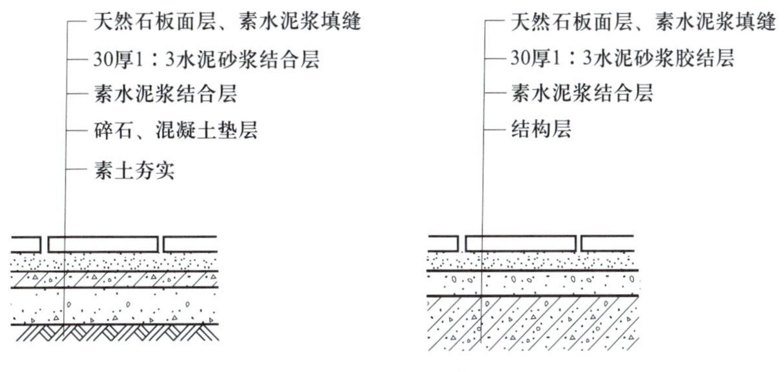

图 1–3–9 天然石板地面

3. 木地板

木地板按构造方式分为架空式木地板、实铺木地板和粘贴木地板三种。

（1）架空式木地板（见图 1–3–10）。常用于底层地面，主要用于舞台、运动场等有弹性要求的地面。

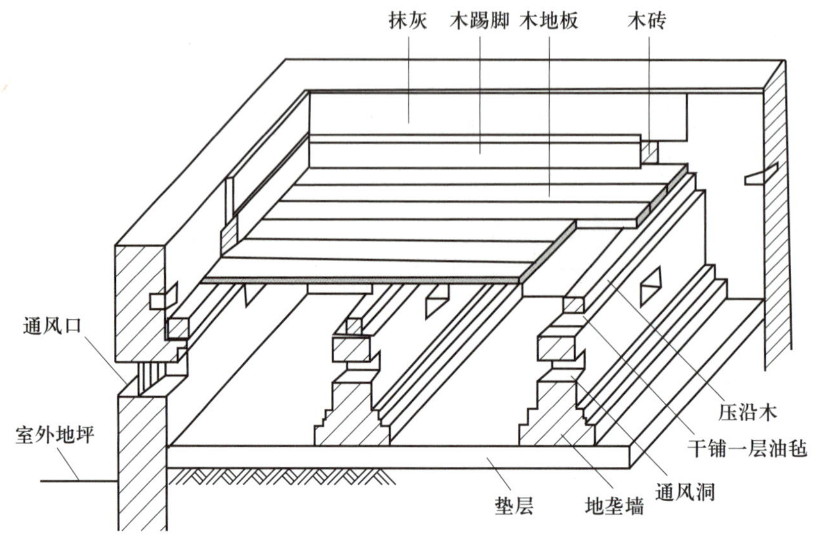

图 1–3–10　架空式木地面

（2）实铺木地板（见图 1–3–11）。实铺木地板是将木地板直接钉在钢筋混凝土基层的木搁栅上。木搁栅为 50 mm × 60 mm 的方木，中距 400 mm，40 mm × 50 mm 横撑，中距 1 000 mm 与木搁栅钉牢。为了防腐，可在基层上刷冷底子油和热沥青，搁栅及地板背面满涂防腐油或煤焦油。

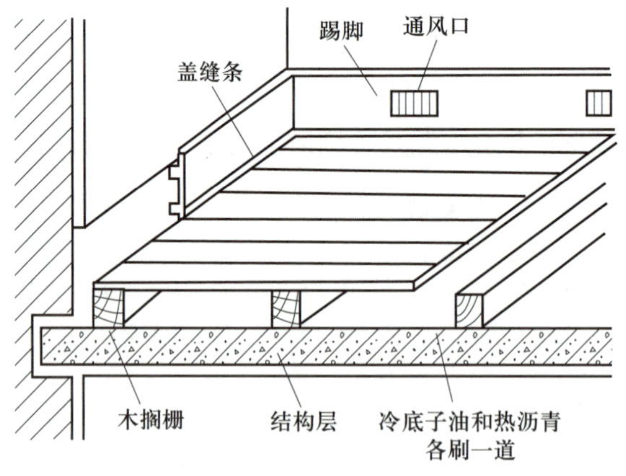

图 1–3–11　实铺木地板

（3）粘贴木地板（见图 1–3–12）。其做法是先在钢筋混凝土基层上采用沥青砂浆找平，然后刷一道冷底子油、一道热沥青，用 2 mm 厚沥青胶、环氧树脂乳胶等随涂随铺贴 20 mm 厚硬木长条地板。

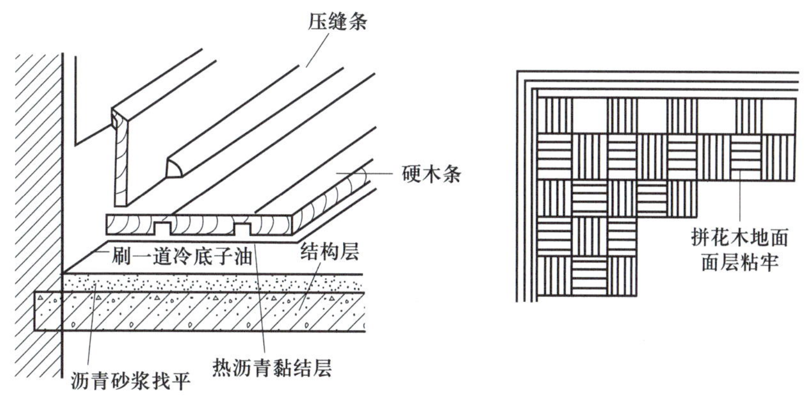

图 1-3-12　粘贴木地板

4. 塑料地面

常用的塑料地面为聚氯乙烯塑料地毡和聚氯乙烯石棉地板。聚氯乙烯塑料地毡又称地板胶，是软质卷材，可直接干铺在地面上。聚氯乙烯石棉地板是在聚氯乙烯树脂中掺入 60% ~ 80% 的石棉绒和碳酸钙填料。由于树脂少、填料多，所以质地较硬，常做成 300 mm × 300 mm 的小块地板，用黏结剂拼花对缝粘贴。塑料地面如图 1-3-13 所示。

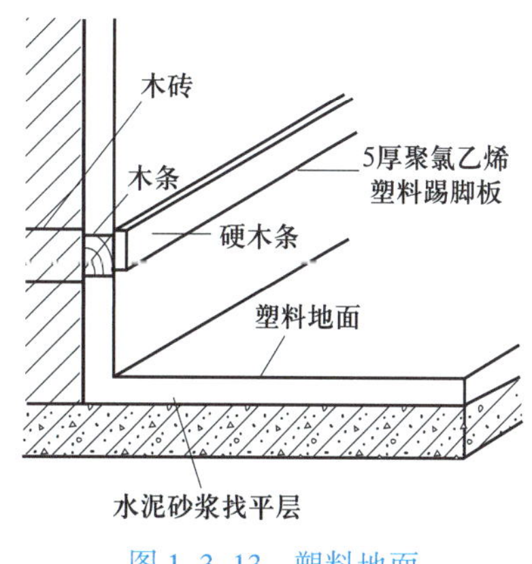

图 1-3-13　塑料地面

5. 涂料地面

涂料地面耐磨性好、耐腐蚀、耐水防潮、整体性好、易清洁、不起灰，弥补了水泥砂浆和混凝土地面的缺陷，同时价格低廉、易于推广。

第四节　楼梯

楼梯是建筑物中用于垂直交通的设施，是楼层之间和有高低落差的地面之间的交通疏散构件。现代高层建筑中虽然设有电梯、自动扶梯，但是仍然必须设置楼梯，作为安全逃生通道。

一、楼梯的组成

楼梯由楼梯段、楼层平台、中间平台、栏杆扶手组成，如图 1-4-1 所示。楼梯段由连续的踏步组成，楼梯段的踏步数一般为 15 个，不能多于 18 个，不能少于 3 个。楼层平台和中间平台连接着楼梯段，供人休息和转向。栏杆扶手是围护结构，供人靠扶和防止掉落。在建筑物中楼梯的整体区域称为楼梯间，楼梯段之间的空隙称为楼梯井。

楼梯的类型如图 1-4-2 所示。

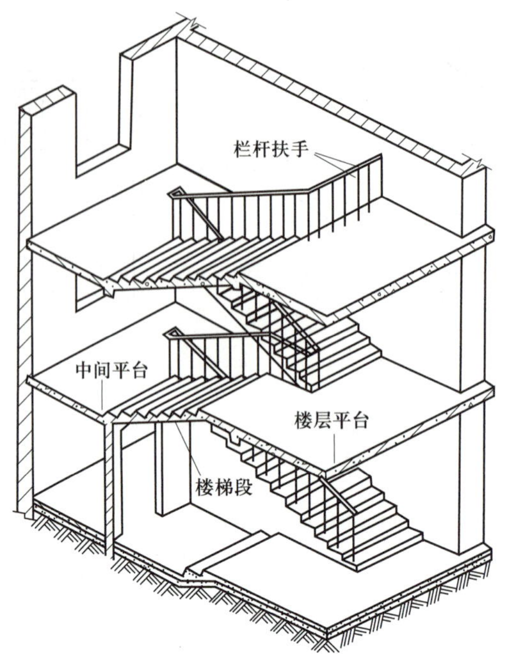

图 1–4–1　楼梯组成

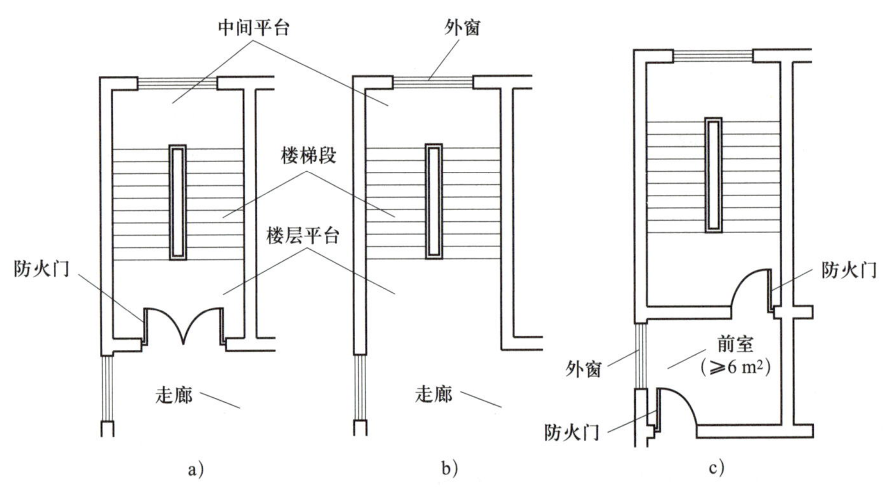

图 1–4–2　楼梯的类型

a）封闭式楼梯　b）开敞式楼梯　c）防烟楼梯

1. 踏步

楼梯踏步的踏面应平整、耐磨、易于清扫，面层可采用水泥砂浆、水磨石、大理石、缸砖等，如图 1–4–3 所示。为了防止行人滑倒需要做防滑处理，常在踏步的边缘用不同的面料做略高于踏面的防滑条，如图 1–4–4 所示。

2. 栏杆、栏板、扶手

栏杆、栏板、扶手是楼梯的安全设施，应该符合安全、坚固、美观、舒适、构造简单、施工维修方便等要求。

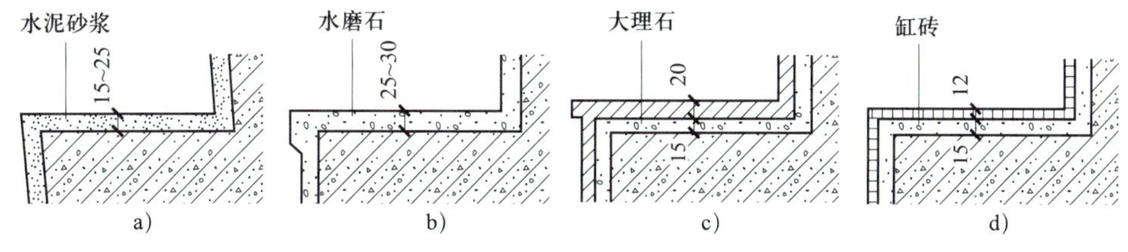

图 1-4-3　楼梯踏步的面层

a）水泥砂浆面层　b）水磨石面层　c）大理石面层　d）缸砖面层

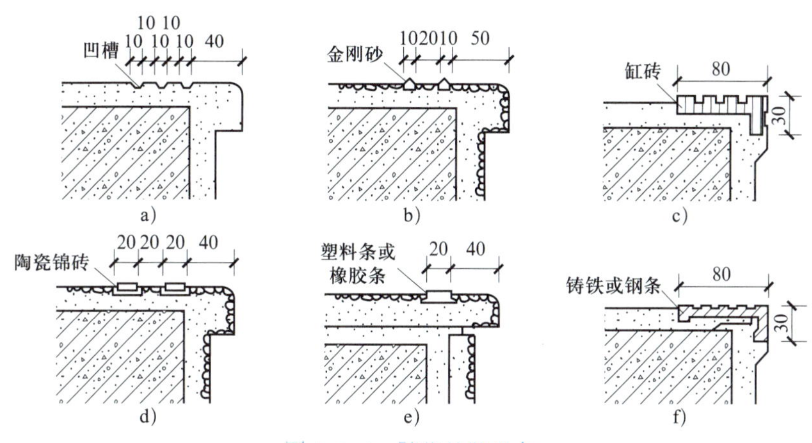

图 1-4-4　踏步的防滑条

a）防滑凹槽　b）金刚砂防滑条　c）缸砖包口　d）陶瓷锦砖防滑条

e）塑料或橡胶防滑条　f）铸铁或钢条包口

栏杆多用方钢、圆钢、钢管、扁钢制成。栏板多采用钢筋混凝土或加筋砖砌体、钢丝网水泥板、有机玻璃等制作。扶手多用木材、金属、塑料等制成。

二、楼梯的类型

1. 按形式分类

楼梯的形式根据楼层的高度、楼梯间的空间大小、人流量、使用功能以及造型需要等因素来选择。常见的楼梯形式如图 1-4-5 所示。

2. 按材料类型分类

楼梯按材料类型可分为木楼梯、钢楼梯、钢筋混凝土楼梯等，其中钢筋混凝土楼梯分为现浇式和装配式两种。

（1）木楼梯、钢楼梯。因其防火、防腐蚀性能差，应用范围比较受限制。木楼梯表面需用防腐涂料。钢楼梯多用于厂房和仓库等建筑物中。

（2）现浇式钢筋混凝土楼梯。现浇式钢筋混凝土楼梯将楼梯段和平台整体浇筑，整体性好，刚度大，但是现场施工工序多，施工速度慢。现浇式钢筋混凝土楼梯因结构形式不同又分为板式和梁板式。

1）板式楼梯。板式楼梯是指平台梁之间楼梯段为倾斜的板式结构的楼梯，板跨之间的距离宜在 3 000 mm 以内。板式楼梯又可分为有平台梁和无平台梁两种情况，如图 1-4-6 所示。

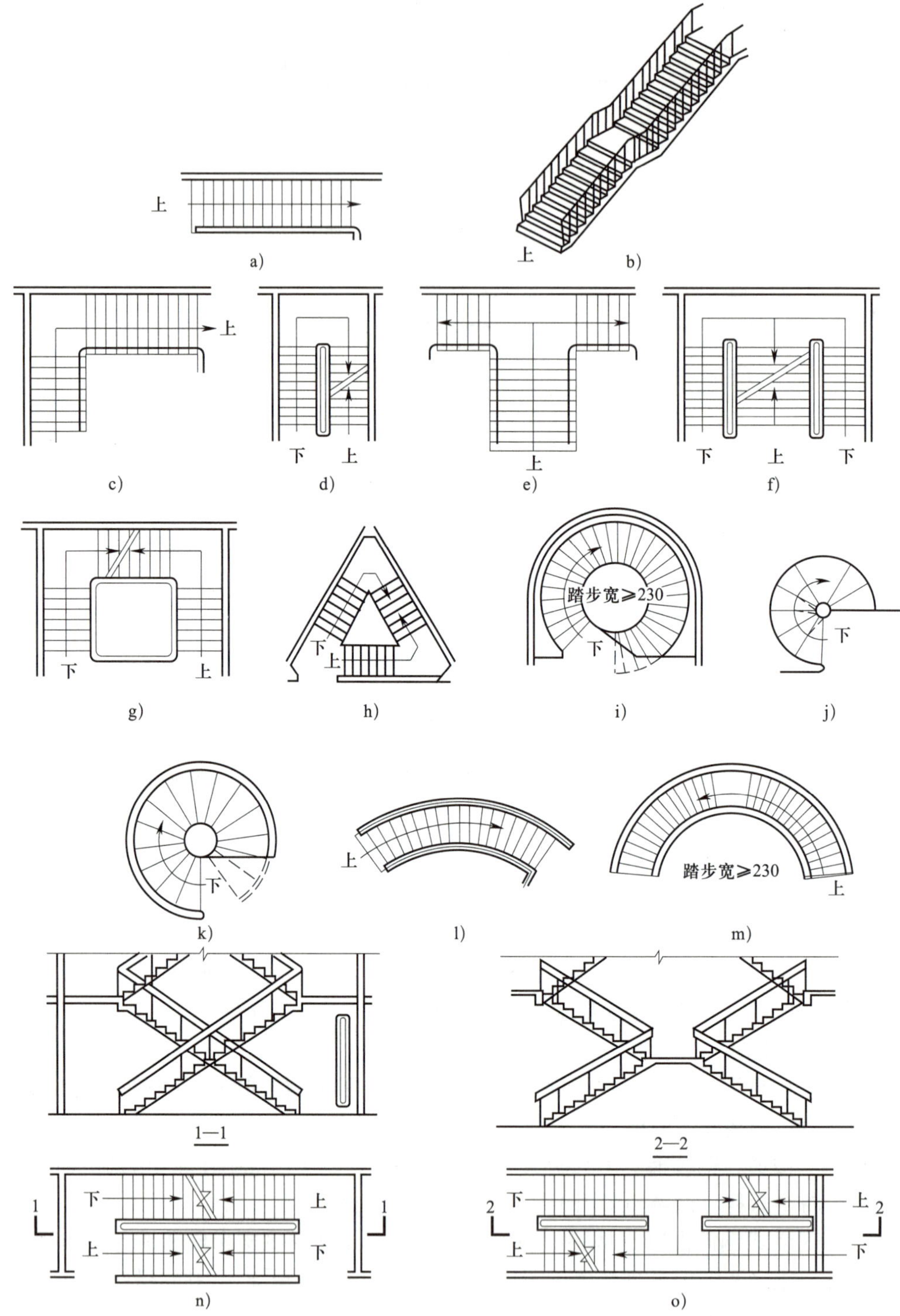

图 1-4-5　常见的楼梯形式

a）单跑直楼梯　b）双跑直楼梯　c）曲尺楼梯　d）双跑平行楼梯　e）双分转角楼梯　f）双分平行楼梯　g）三跑楼梯　h）三角形三跑楼梯　i）圆形楼梯　j）中柱螺旋楼梯　k）无中柱螺旋楼梯　l）单跑弧形楼梯　m）双跑弧形楼梯　n）交叉楼梯　o）剪刀楼梯

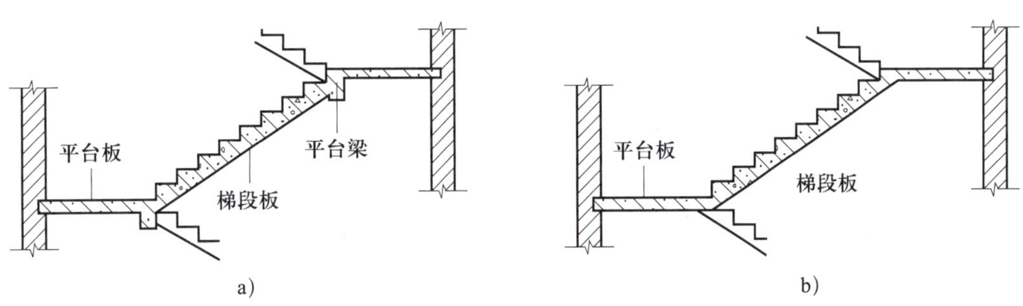

图 1-4-6 现浇式钢筋混凝土板式楼梯

a）有平台梁 b）无平台梁

2）梁板式楼梯。当板跨距离较大时（超过 3 000 mm），宜采用梁板式楼梯。梁板式楼梯是由楼梯段和平台梁之间斜跨的梁组成。斜梁在下、楼梯段在上为正梁，是明步楼梯；斜梁在上、楼梯段在下为反梁，是暗步楼梯，如图 1-4-7 所示。

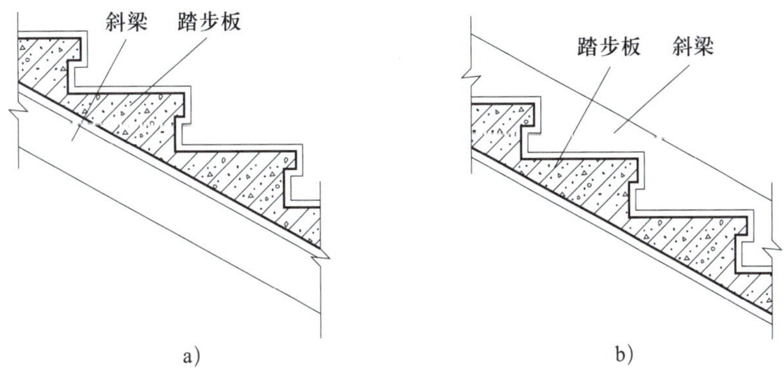

图 1-4-7 明步楼梯和暗步楼梯

a）明步楼梯 b）暗步楼梯

（3）装配式钢筋混凝土楼梯。装配式钢筋混凝土楼梯是将楼梯的各个部分在预制厂制作，现场安装。这种楼梯减少了施工工序，加快了施工的速度，但是造型和尺寸受到一定的限制。

装配式钢筋混凝土楼梯根据构件的大小可分为小型构件装配式楼梯和大型构件装配式楼梯。

1）小型构件装配式楼梯。小型构件装配式楼梯的预制构件主要有钢筋混凝土预制踏步、平台板、支撑结构。预制踏步的支撑方式一般有墙承式、悬臂踏步式、梁承式三种。

①墙承式。用承重墙来支撑踏步，砌筑墙体时，随砌随安装。这种楼梯由于在楼梯段之间有墙，阻挡视线，上下人流易相撞，通常在中间墙上开设观察口，以使上下人流视线通透，如图 1-4-8 所示。

②悬臂踏步式。踏步的一端嵌入承重墙内，另一端悬挑，悬挑的尺寸不宜大于 900 mm，不宜设置在地震区，如图 1-4-9 所示。

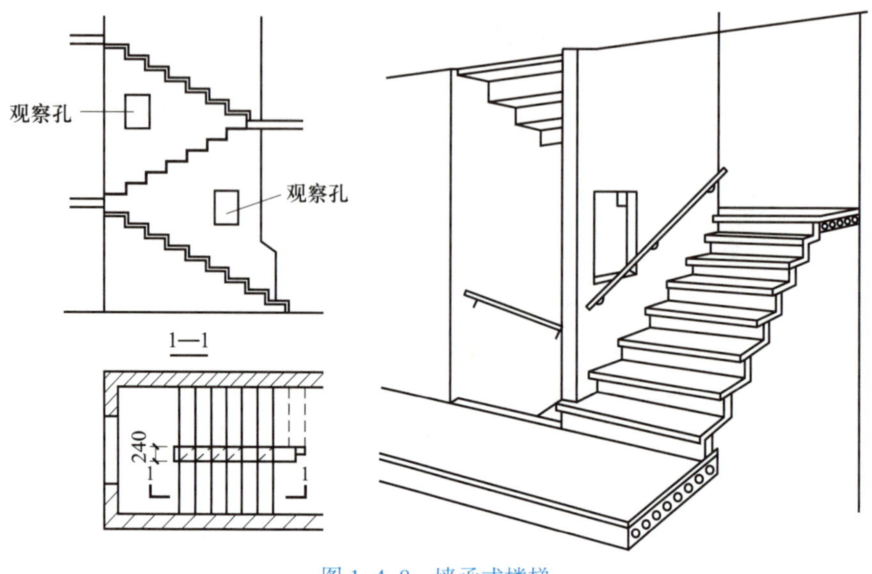

图 1-4-8　墙承式楼梯

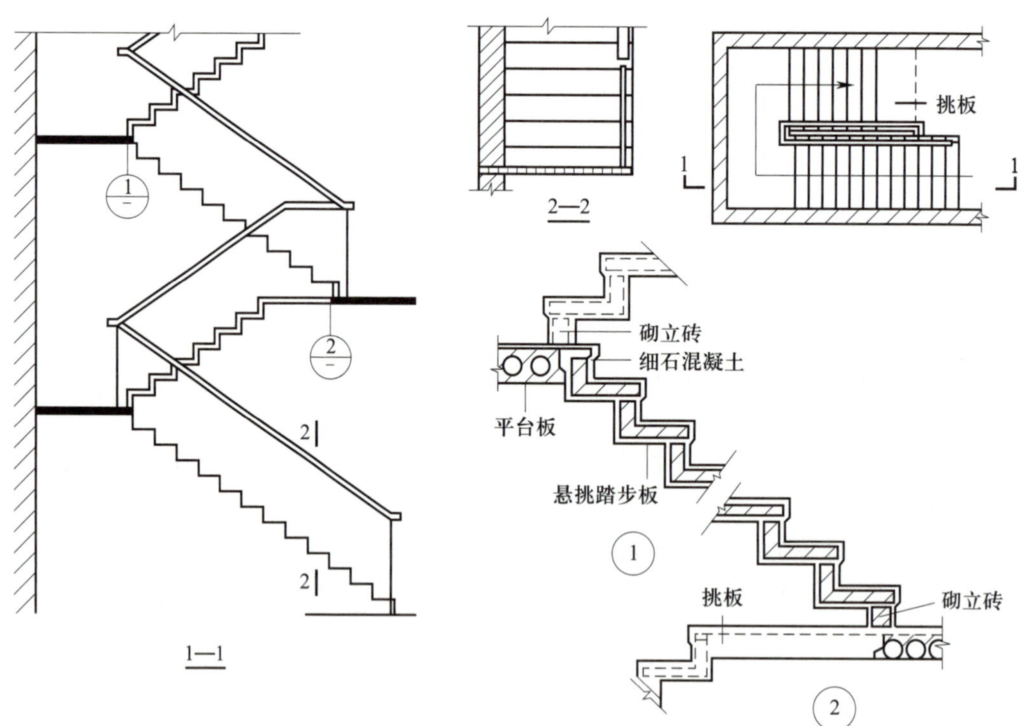

图 1-4-9　悬臂踏步式楼梯

③梁承式。将预制踏步放在斜梁上形成楼梯段，楼梯段斜梁搁置在平台梁上，平台梁搁置在两边墙或梁上，如图 1-4-10 所示。

2）大型构件装配式楼梯。构件较大，需要使用大中型起重设备，把楼梯分为楼梯段和平台等几个构件分别进行预制安装。

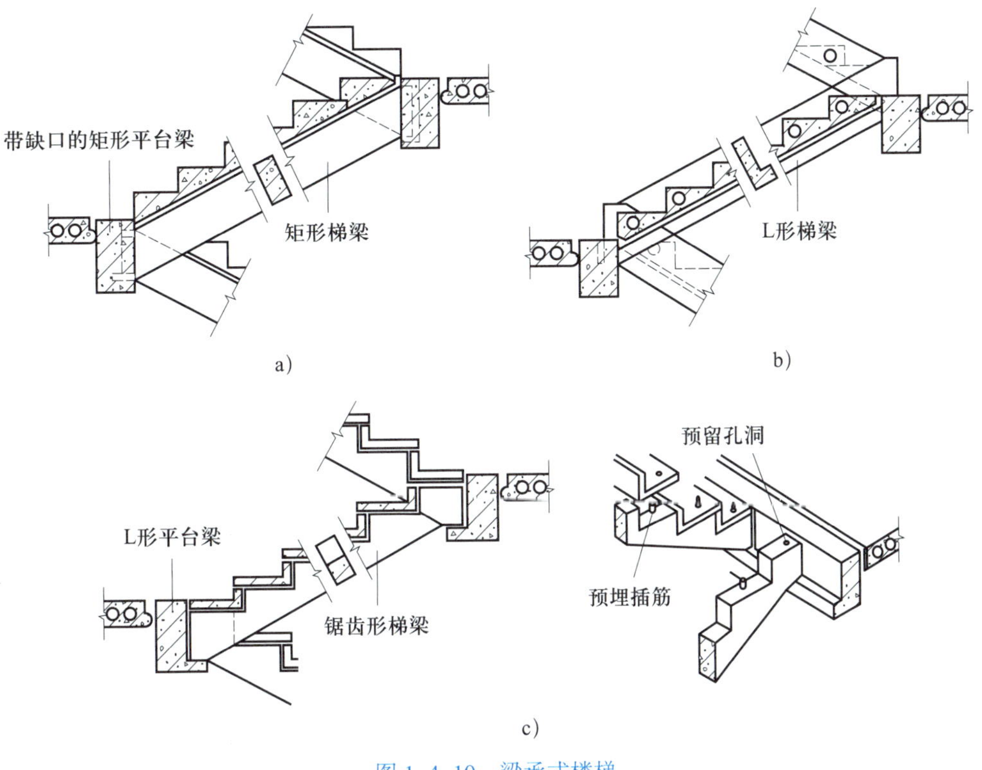

图 1-4-10　梁承式楼梯

a）矩形梯梁　b）L 形梯梁　c）锯齿形梯梁

3. 按空间分类

楼梯按空间可分为室内楼梯和室外楼梯两种。室内楼梯多用于住宅内部，多以木楼梯、钢木楼梯、钢与玻璃等多种混合材质楼梯为主，追求美观舒适。钢筋混凝土楼梯多用于复式建筑中。室外楼梯多采用钢筋混凝土楼梯和各种石材楼梯。

三、楼梯尺度

1. 楼梯段的宽度

楼梯段的宽度是指楼梯扶手中心线到墙面的水平距离。根据建筑物楼梯的使用性质、人流量、消防要求等来确定楼梯段的宽度，一般按每股人流宽［0.55 m+（0～0.15）m］乘以人流股数确定，并应不少于两股人流。

2. 平台宽度

楼梯平台的宽度应不小于楼梯段的宽度，以使人流顺畅，便于搬运家具、设备等。

3. 踏步尺寸

踏步尺寸是指踏步的宽度和高度，踏步的宽度即踏面，应不小于成人脚的长度，踏步的高度要根据使用者的步距确定。常见的民用建筑楼梯适宜的踏步尺寸见表 1–4–1，踏步处理如图 1–4–11 所示。

表 1–4–1　常见的民用建筑楼梯适宜的踏步尺寸

建筑类型	踏步的高度（mm）		踏步的宽度（mm）	
	最大值	常用值	最小值	常用值
住宅	175	150 ~ 175	260	260 ~ 300
中小学校	150	120 ~ 150	260	260 ~ 300
办公楼	160	140 ~ 160	280	280 ~ 340
幼儿园	150	120 ~ 140	280	280 ~ 340
疗养院	150	—	300	—
剧场、会堂	160	130 ~ 150	280	300 ~ 350

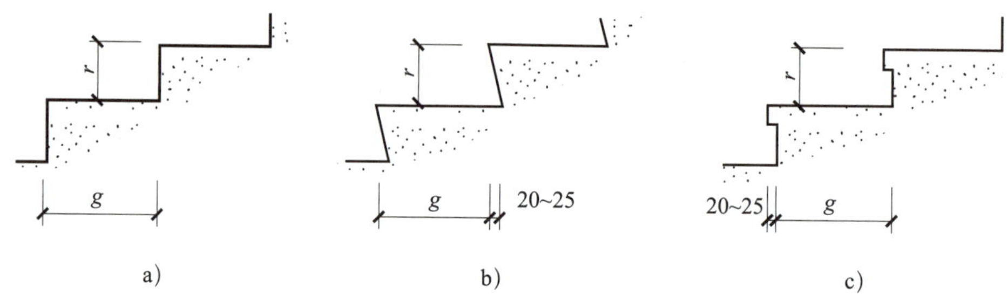

图 1–4–11　踏步处理

a）正常处理的踏步　b）踢面倾斜　c）加做踏步檐

踏步的尺寸按下面的经验公式确定：

$$g+2r=600 \sim 620\text{ mm}$$

式中　g——踏步的宽度；

r——踏步的高度。

4. 楼梯段的净空高度

楼梯段的净空高度是指上部结构到踏步或平台的垂直距离，按规范应不小于 2 200 mm。平台的净高应不小于 2 000 mm，如图 1–4–12 所示。

5. 栏杆扶手的高度

栏杆扶手的高度是指踏步前缘到扶手顶面的垂直距离。一般建筑物中栏杆扶手的高度应不小于 900 mm，楼顶平台栏杆扶手的高度应不小于 1 000 mm。幼儿园栏杆扶手的高度不应降低，可增加一道高为 500 ~ 600 mm 的扶手，如图 1–4–13 所示。

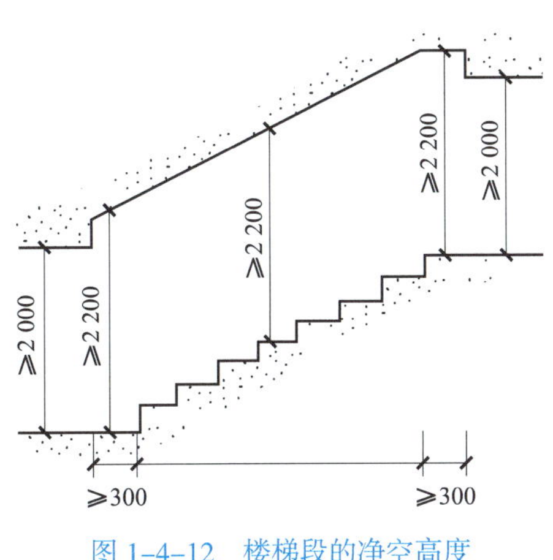

图 1-4-12　楼梯段的净空高度

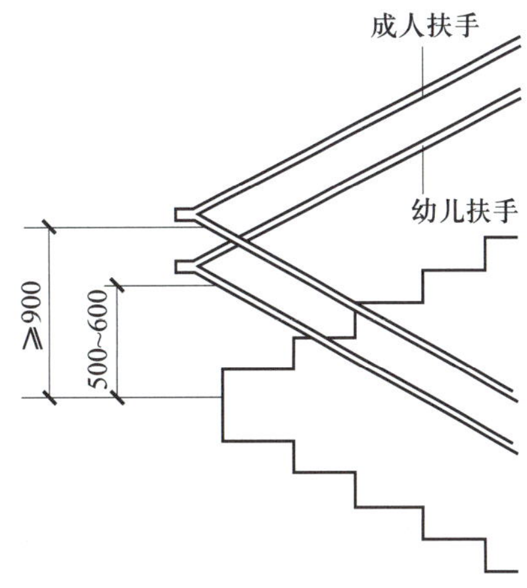

图 1-4-13　幼儿园栏杆扶手的高度

第五节　屋顶

屋顶是房屋最上部起覆盖作用的外围护结构，用以防御自然界的风、雨、雪、日晒、高温、低温和噪声。屋顶的不同形状还是体现建筑风格的重要手段。

一、屋顶的组成

1. 面层

面层暴露在大气中，直接承受自然界各种因素的长期作用，因此对其有防水和强度要求。

2. 承重结构

承重结构承受屋面传来的各种荷载和屋顶自重。其中平面结构适用于内部空间较小的建筑，如屋架、梁板结构。空间结构适用于大型公共建筑，如薄壳、网架、悬索结构。

3. 保温隔热层

保温隔热层是防止冬季室内热量散失，隔绝夏季太阳辐射的构造层。设置于顶棚和承重结构之间、承重结构与屋顶防火层之间或屋面防水层之间。

4. 顶棚

顶棚是屋顶的底面。

二、屋顶的形式

屋顶按其外形一般可分为平屋顶、坡屋顶、其他形式的屋顶。

1. 平屋顶

屋面坡度≤ 5% 的屋顶为平屋顶（见图 1-5-1）。最常用的排水坡度为 2%～3%。

图 1-5-1　平屋顶

其优点是节约材料，构造简单，屋顶便于利用。平屋顶由承重结构和屋面组成，此外还有保温、隔热、隔汽层等，应根据地区和需要设置。

平屋顶按所用防水材料不同可分为以下几种。

（1）卷材防水平屋顶。卷材防水平屋顶又可分为保温平屋顶、不保温平屋顶和隔热平屋顶三种。保温平屋顶和隔热平屋顶如图 1-5-2 所示。

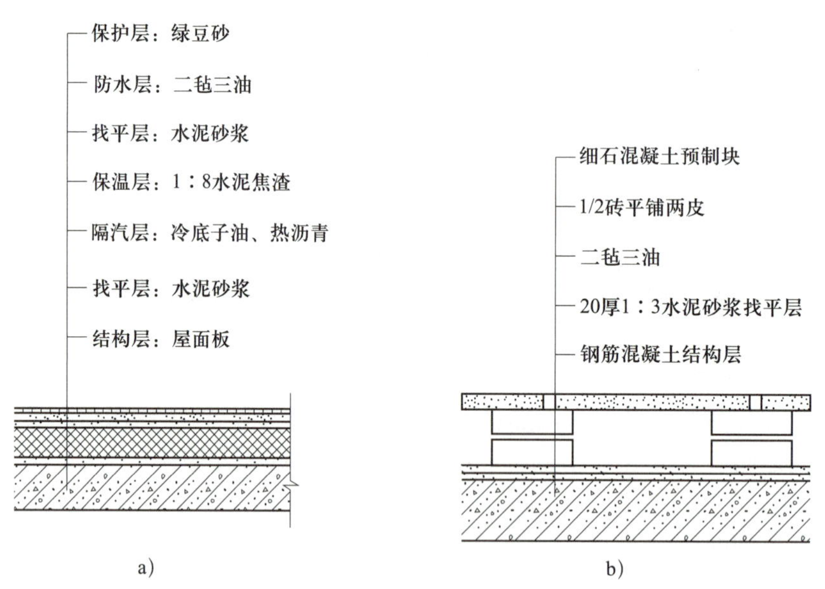

图 1-5-2　保温平屋顶和隔热平屋顶

a）保温平屋顶　b）隔热平屋顶

（2）刚性防水平屋顶。刚性防水平屋顶是以防水砂浆或细石混凝土等刚性材料为防水层的屋顶。细石混凝土防水层是在屋面板上用 C20 细石混凝土现浇 40 mm 厚，内

配 $\phi4$ 间距 150～200 mm 双向钢筋网，刚性防水层应设置分格缝，纵横间距为 6 m，每块面积应不大于 30 m^2，如图 1–5–3 所示。

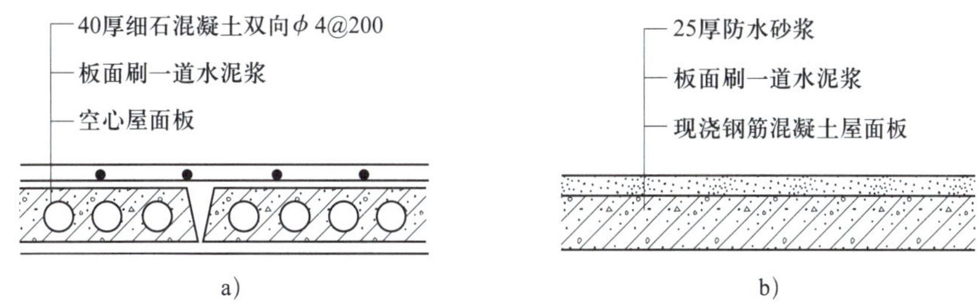

图 1–5–3 刚性防水平屋顶

a）细石混凝土防水平屋顶 b）防水砂浆防水平屋顶

2. 坡屋顶

坡屋顶是指屋面坡度较陡的屋顶，其坡度一般大于 10%。坡屋顶的常见形式有单坡、双坡、四坡屋顶，硬山及悬山屋顶，四坡歇山及庑殿屋顶，圆形或多角形攒尖屋顶等。常用屋架作为承重层。屋架按材料分为木屋架、钢屋架、钢木屋架、钢筋混凝土屋架等。屋面层由屋面支撑构件和屋面防水层组成，屋面防水材料多为黏土瓦（包括青瓦、筒瓦、平瓦）、水泥瓦、石棉瓦、瓦楞铁皮、玻璃钢波形瓦，如图 1–5–4、图 1–5–5 所示。

图 1–5–4 坡屋顶

3. 其他形式的屋顶

随着建筑技术的发展，出现了许多新型结构的屋顶，如拱屋顶、折板屋顶、薄壳屋顶、悬索屋顶、网架屋顶等，如图 1–5–6 至图 1–5–10 所示。

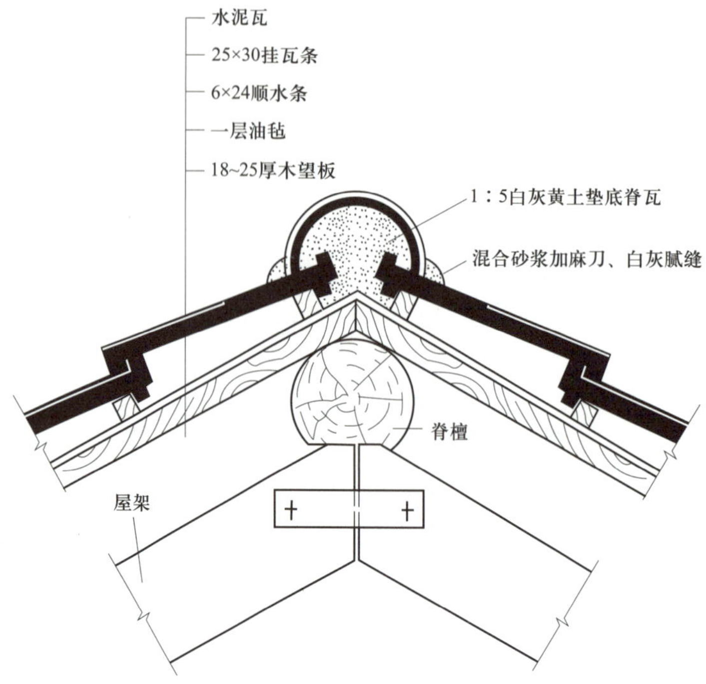

图 1-5-5　平瓦坡屋顶的构造

图 1-5-6　拱屋顶

图 1-5-7　折板屋顶

图 1-5-8　薄壳屋顶

图 1-5-9　悬索屋顶

图 1-5-10　网架屋顶

三、屋顶的排水方式

屋顶排水方式分为无组织排水和有组织排水两大类。

1. 无组织排水

无组织排水是指屋面雨水直接从檐口滴落至地面，又称自由落水。

无组织排水具有构造简单、造价低廉的优点，但也存在一些不足之处，如雨水直接从槽口流至地面，外墙脚常被飞溅的雨水侵蚀，降低了外墙的坚固耐久性；从槽口滴落的雨水可能影响人行道的交通等。当建筑物较高、降雨量又较大时，这些缺点会更加突出，如图 1–5–11 所示。

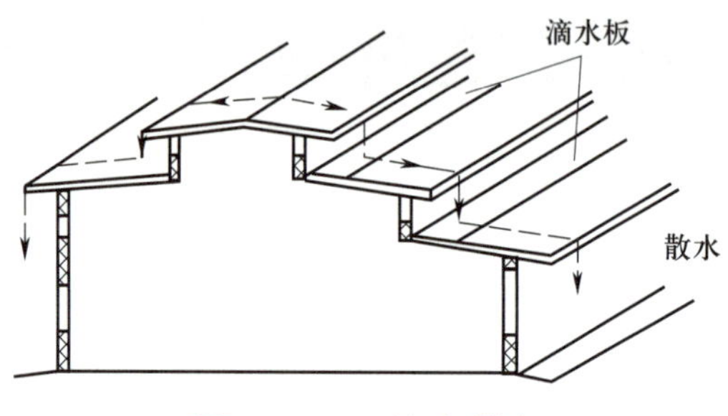

图 1–5–11　无组织排水

2. 有组织排水

有组织排水是指雨水经天沟、雨水管等排水装置被引导至地面或地下管沟的排水方式。其特点与无组织排水正好相反。由于有组织排水优点较多，在建筑工程中得到广泛应用，如图 1–5–12 所示。

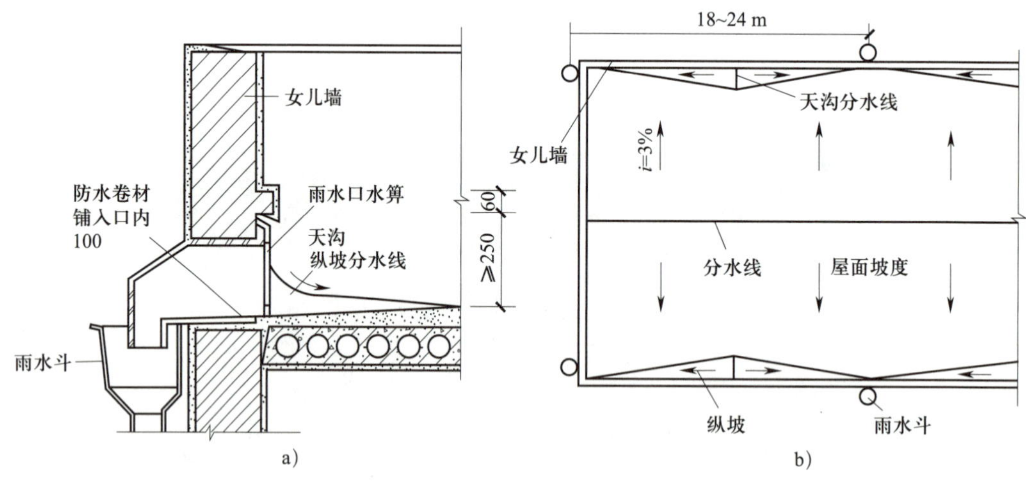

图 1–5–12　有组织排水

a）雨水口剖面图　b）屋面排水平面图

第六节　门窗洞口

一、门窗洞口的尺寸

门窗洞口的尺寸应符合模数规定，通常适用的水平模数系列幅度为 1 ~ 20M，竖向模数系列幅度为 1 ~ 36M。一般采用的是扩大模数 3M 系列，即以 300 mm 为级差。但住宅建筑的层高采用 1M 系列，即以 100 mm 为级差。

1. 门洞的尺寸

门是供人通行的，其高度一般不低于 2 m，也不宜超过 2.4 m，否则会有空洞感。门扇制作也需特别加强，如果是体育场馆、展览厅之类大体量、大空间的建筑物，需要设置超尺寸的门时，可在大门扇上加设常规尺寸的附门，在大门不开启时，供人们通行。一般住宅分户门宽 0.9 ~ 1 m，分室门宽 0.8 ~ 0.9 m，厨房门宽 0.8 m 左右，卫生间门宽 0.7 ~ 0.8 m。一般公共建筑单扇门宽 1 m，双扇门宽 1.2 ~ 1.8 m，双扇门或多扇门的门扇宽以 0.6 ~ 1 m 为宜。用于安全疏散的太平门的宽度，要根据计算和有关防火规范规定设置。

2. 窗洞的尺寸

一般住宅建筑中，窗的高度为 1.5 m，加上窗台高 0.9 m，则窗顶距楼面 2.4 m，还留有 0.4 m 的结构高度。公共建筑的窗台高度为 1 ~ 1.8 m，开向公共走道的窗扇，其底面高度应不低于 2 m。窗的高度要根据采光、通风、空间形象等要求来决定，但要注意过高窗户的刚度问题，必要时要加设横梁或拼樘。此外，窗台高度低于 0.8 m 时，应采取防护措施。窗宽一般由 0.6 m 开始，宽到能构成带窗。要注意采用通宽的带窗时，左右隔壁房间的隔声问题以及推拉窗扇的滑动范围问题，也要注意全开间的窗宽会造成横墙面上的眩光问题，不适用于教室、展览室。

二、门窗洞口的造型分类

1. 门洞的造型

门洞的造型多种多样，常见的有圆形门洞、拱形门洞、直角门洞、中式门洞、欧式门洞等，还有一些形状特别的门洞，如图 1–6–1 所示。

欧式门洞具有典型的欧式建筑华丽大气的风格。欧式门洞两边常常采用罗马柱作为门洞的门柱，门洞的顶部采用拱或拱券的形式，整体布局对称，显得庄重沉稳，如图 1–6–2 所示。

中式门洞的材料以木质为主，讲究材质的手感，多采用高档硬木。中式门洞造型圆润典雅，多为圆形或是对称式的八边形。门洞经过工艺大师的精雕细刻，令人对过去产生怀念，对未来产生美好的向往。中式门洞讲究布局对称均衡、端正稳健，如图 1–6–3 所示。

a）

b）

图 1–6–1　门洞的造型

a）圆形门洞　b）拱形门洞

图 1–6–2　欧式门洞

图 1–6–3　中式门洞

2. 窗洞的造型

窗洞的基本造型有方形、圆形、三角形和无定型四种。

（1）方形窗。又分为正方形窗和矩形窗。正方形窗代表一种纯粹性和合理性，是一种静态的、中性的造型，没有主导方向。矩形窗可以看作正方形窗的变体。由于正方形窗和矩形窗与结构框架具有平行关系，所以是最常见的形式，如图 1–6–4 所示。

（2）圆形窗。圆形在建筑立面上较难与其他形式的窗协调。如果采用一系列的圆形窗，则应力求其有序排列，且避免有相同尺寸的其他形式的窗存在，否则会使立面显得混乱，如图 1–6–5 所示。

（3）三角形窗。三角形窗的底边与建筑底边平行，形成稳定构图，是最常见的平行关系。在坡屋顶建筑中常见这种形式，如图 1–6–6 所示。

（4）无定型窗。无定型窗不是规则的几何形式，很少在建筑中运用，如图 1–6–7 所示。

图 1-6-4　矩形窗

图 1-6-5　圆形窗

图 1-6-6　三角形窗

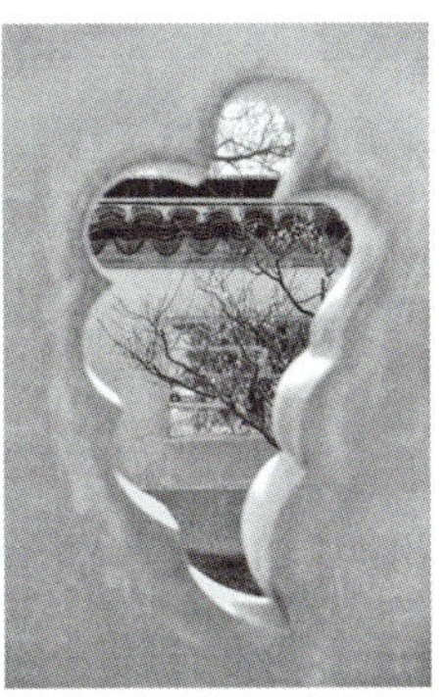

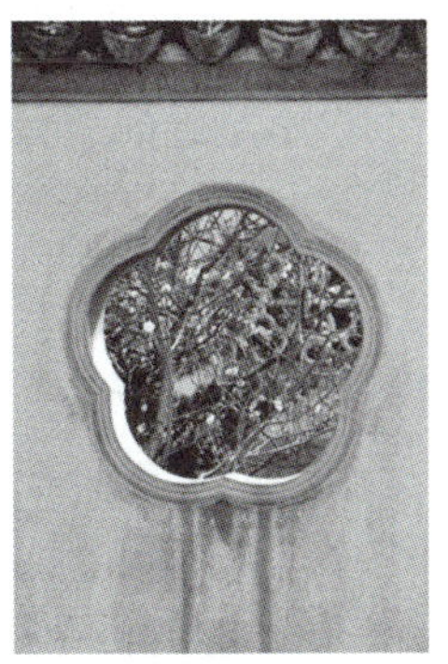

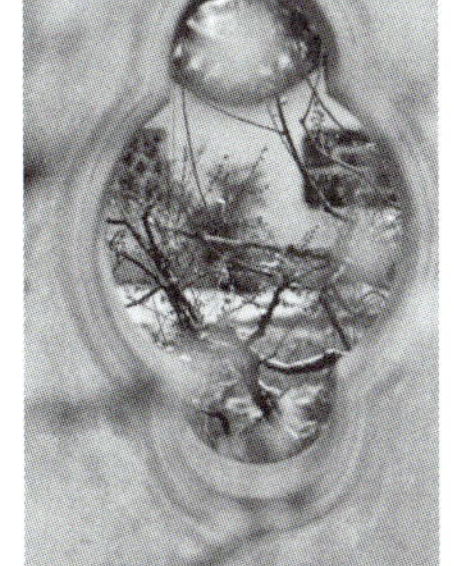

图 1-6-7　无定型窗

三、门窗洞口部位的外保温构造

门窗框外侧洞口的四周墙体，膨胀珍珠岩保温板厚度应不小于 25 mm，膨胀珍珠岩保温板与门窗框间应预留不小于 10 mm 宽的缝，缝内应塞入聚乙烯泡沫棒或喷涂聚氨酯发泡剂并用防水耐候密封胶封实，如图 1–6–8 所示。

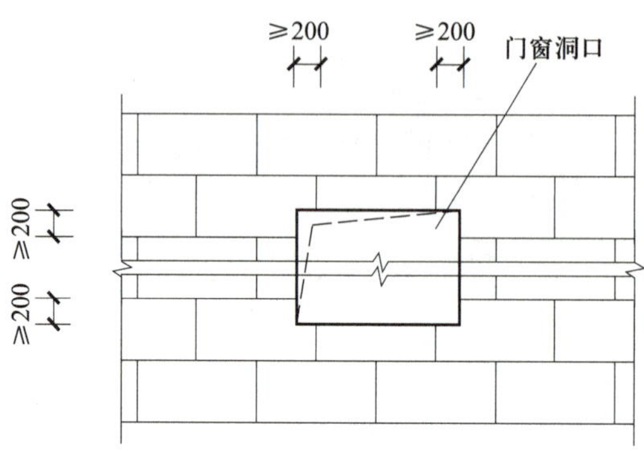

图 1–6–8　门窗洞口与四周墙体

门窗洞口侧边和转角部位应增设一层普通型耐碱玻璃纤维网格布，门洞口上角及窗洞口四角，应按 45° 方向加贴一层尺寸为 300 mm × 400 mm 的普通型耐碱玻璃纤维网格布增强，如图 1–6–9 所示。

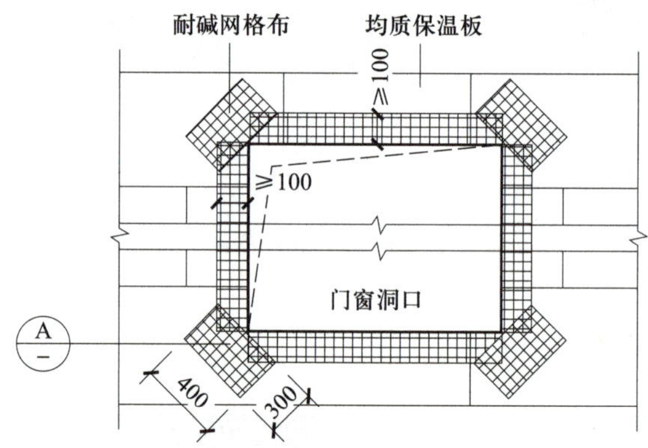

图 1–6–9　门窗洞口侧边和转角部位增设普通型耐碱玻璃纤维网格布

1. 民用建筑按承重结构的材料不同可分为哪几类？
2. 简述建筑物按结构的承重方式分类的特点。
3. 房屋一般由哪几部分组成？分别谈谈它们的作用和构造要求。
4. 墙体按构造做法分类，可分为哪几类？
5. 什么是钢筋混凝土结构？

6. 墙体防潮层的构造做法有哪些?
7. 什么是墙脚?什么是勒脚?勒脚有哪些构造做法?
8. 窗过梁有哪几种?其构造要点有哪些?
9. 窗台构造有哪些注意要点?
10. 变形缝的作用和种类有哪些?
11. 简述构造柱的构造要求。
12. 楼板层是由哪些部分组成的?
13. 楼板的类型有哪些?
14. 常用地面类型有哪些?
15. 底层地面的基本组成有哪些?画出构造图。
16. 门洞和窗洞的造型有哪些?
17. 楼梯由哪几部分组成?
18. 楼梯按材料类型分类主要有哪些类型?
19. 楼梯段的净空高度有什么要求?
20. 屋顶由哪些部分组成?
21. 平屋顶按防水材料不同可分为哪几种?
22. 屋顶的排水方式有哪几类?

第二章 建筑装饰构造概述

学习目标

1. 了解建筑装饰的重要性及建筑装饰构造的基本要求。
2. 掌握建筑装饰构造的两大类型。

建筑装饰构造是使用建筑材料、建筑制品、装饰性材料对建筑物内外与人接触部分以及看得见的部分进行装潢和修饰的构造做法。

建筑装饰构造是一门综合性的工程技术学科，它与建筑、艺术、结构、材料、设备、施工、经济等方面联系密切，对建筑空间不足之处进行改进和弥补，满足人们的视觉、触觉享受，能够改善建筑的物理性能，提高建筑空间的质量，因此建筑装饰已成为现代建筑工程不可缺少的重要组成部分。

第一节 建筑装饰构造基本要求

建筑物的外装饰对建筑物的总体形象及环境气氛的形成具有十分重要的作用。同样的主体框架，采用两种不同风格的装饰手法，可以获得两种截然不同的效果。随着人们生活水平的提高，人们对建筑空间不仅从数量上提出了更高的要求，从质量上也提出了新的要求。一般来说，建筑装饰构造设计应满足以下要求。

一、功能要求

1. 满足使用功能

建筑物是供人使用的，因此建筑装饰构造要最大限度地满足人对使用功能的要求。这种要求是多方面的，如温度、湿度、隔声、防潮、通信、采光、照明、通风、家电使用、消防等，以创造良好的生活、生产和工作环境。比如厂房的设计，应首先考虑提高工人的劳动效率，保障工人的生产安全和有利于工人的健康；否则，再漂亮的装饰也没有意义。

此外，延长建筑物的使用寿命，保护建筑物主体结构免受损害也是装饰构造设计时考虑的因素。比如建筑物上采用的抹灰、油漆等覆盖式的构造处理，使建筑物主体

结构能免受风、雪、雨、紫外线、有害气体等的直接侵袭，减轻人为摩擦、碰撞的损害。

2. 满足精神需要

随着科学技术的进步和生活水平的提高，人们对建筑装饰工程的审美要求日益强烈，诸如情感显示、象征表现、人文内涵、历史风貌、民族风格及趣味欣赏等原属于造型艺术创作范畴的内容也渗透到建筑装饰设计中来，使建筑空间能营造出特定的氛围或体现出特定的意境和风格。这种艺术表现力成为建筑的精神功能。

建筑装饰构造通过对局部造型及尺度的把握、色彩与质地的选用等构造的方法，将工程技术与艺术加以融合，丰富建筑空间。

二、安全耐久性要求

1. 结构安全方面

首先，要根据使用部位和作用的不同来选择不同强度、刚度的建筑装饰材料。材料的性能必须安全可靠，有一定的耐久性。其次，要确保装饰工程的各个部位与建筑主体结构的连接坚固，受力合理。要特别注意各个部位相互连接的构造节点务必安全可靠，如顶棚与墙面的交接处、墙面与地面的交接处等。

2. 消防、疏散方面

建筑装饰方案必须符合有关消防技术标准。如果在建筑装饰施工中对原建筑设计中的交通疏散、消防处理随意改变，将会造成严重后果。

3. 环保安全方面

建筑装饰材料的选择和施工应符合《民用建筑工程室内环境污染控制标准》（GB 50325—2020）的要求，避免选择含有毒性物质和放射性物质的建筑装饰材料。

三、施工技术要求

建筑装饰施工是整个建筑工程中的最后一道主要工序，通过一系列施工，使装饰构造设计变为现实。构造方法应该在满足基本要求的前提下力求便于施工，易于制作。这对保证工程质量、缩短工期、降低造价都有重大意义。因此，要求设计人员必须深入现场观察研究，掌握最新的施工工艺和技术，并结合现实条件来构思设计，以形成行之有效的设计方案。

四、经济合理要求

在建筑装饰工程中，材料、构思方案、施工方法等的不同会使工程造价产生很大差别。因此，要根据建筑物的性质、用途和建设单位的经济条件来确定装饰的标准。在同样的造价下，应通过不同的构造处理手法以达到缩短工期、节省原材料、降低施工费用的要求。

第二节 建筑装饰构造类型

建筑装饰工程涉及建筑物室内外各个部位，包括建筑构件在空间所形成的各个界面，如地面、墙面、顶棚等，以及一些独立构件如柱子、楼梯等。如图 2–2–1 所示为建筑物内外装饰部位。建筑装饰构造可分为饰面构造和配件构造两大类。

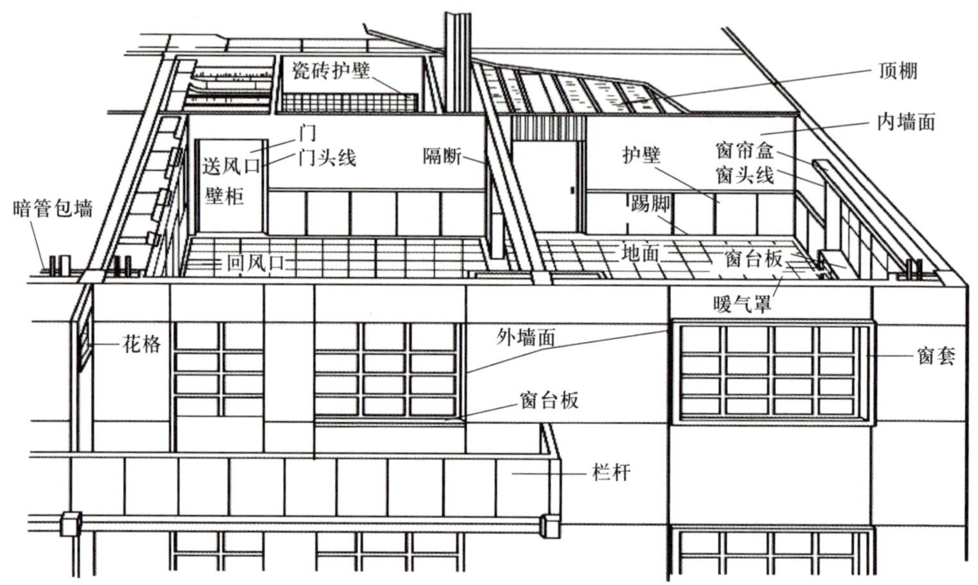

图 2–2–1 建筑物内外装饰部位

一、饰面构造

饰面构造是指覆盖在建筑构件的表面，起着保护和美化构件作用的连接构造做法。饰面构造主要是处理好装饰面层与构件基层的连接问题。例如，在砖墙面贴大理石，在钢筋混凝土楼地板上做木地面，在屋面结构下吊铝合金顶棚等。

1. 饰面构造与饰面位置的关系

饰面总是依附在建筑主体结构构件的外表面，饰面构造与位置的关系密切。一方面由于构件位置不同，外表面的方向不同，使得饰面具有不同的方向性，构造做法也就相应不同；另一方面，由于饰面所处部位不同，虽然选用相同的材料，构造处理也会不同。例如，大理石楼地面由于处于结构层的上面，不会因松离而产生危险，因此采用铺贴即可满足要求；但如果做大理石墙面，则必须连接牢固，以防脱落伤人，所以大理石墙面适宜用钩挂式的构造方法；顶棚的饰面构造更应该小心处理，防止因连接不牢而掉落砸人。

2. 饰面构造的基本要求

（1）牢固可靠。饰面层的牢固程度主要取决于饰面层材料的物理、化学性能，以

及与基层连接的牢固性。如果面层材料与基层材料的膨胀系数不一致，选择的黏结材料不适宜，都会使面层容易开裂和剥落。

（2）厚度与分层。一般情况下，饰面层越厚，其耐久性就越好，但是厚度的增加必须与构造方法和施工技术相结合。例如，墙面抹灰层的厚度一般都控制在 15 ~ 25 mm，并分三次做成，确保黏结牢固而又平整均匀；如果厚度过大而且是一次做成，就会收缩开裂和空鼓分层。

3. 饰面构造的分类

根据建筑装饰材料的加工性能、饰面部位的不同，饰面构造可分为罩面类、贴面类和钉挂类三种，如图 2–2–2 所示。

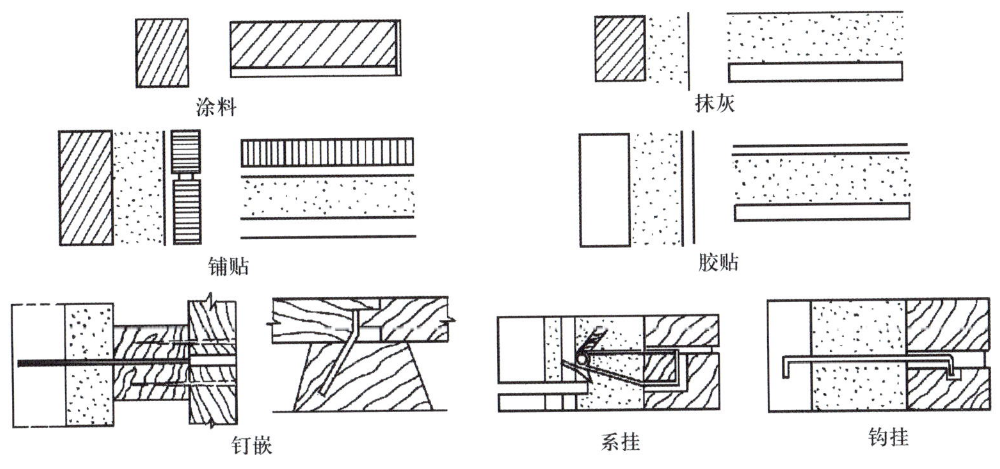

图 2–2–2　饰面构造的分类

（1）罩面类构造

1）涂料。将涂料敷喷于建筑装饰工程的构配件表面，并与其黏结，形成完整又坚韧的保护膜。

2）抹灰。抹灰砂浆主要由胶凝材料（水泥、石灰、石膏等）、细骨料（砂、石、木屑等）、水或其他溶液拌制而成。抹灰层由底层、中层、面层构成。

（2）贴面类构造

1）铺贴。饰面材料有瓷片、缸砖、釉面砖、大理石、花岗石等。墙面的饰面材料厚度在 12 mm 以下，背后常有凹槽，以加强其黏结力。黏结材料常用水泥砂浆。

2）胶贴。饰面材料呈薄片或卷材状，厚度在 5 mm 以下。如墙面的墙布、壁纸、绸缎，以及地面的地毯、胶板、橡胶板等。用胶黏剂直接铺贴在找平层上。

3）钉嵌。饰面材料为自重轻、厚度小、面积大的板材，如木夹板（胶合板）、石膏板、金属板等，可直接钉于基层或用压条、钉子等固定。

（3）钉挂类构造

1）系挂。饰面材料为 20 ~ 30 mm 厚的天然石材或人造石材。可在其背面上方两侧钻小孔，然后用铜丝或镀锌铁丝穿过小孔与结构层的预埋件连接，然后再用水泥砂浆灌注于石材与结构件之间固定。

2）钩挂。饰面材料多为 40 ~ 150 mm 厚的石材，可在石材上留槽口，以便与固定在结构件上的铁钩搭住。

二、配件构造

配件构造是指通过各种加工工艺，把建筑装饰材料制成配件，然后在现场组装，以满足使用和装饰要求的构造。根据材料的加工性能和成型方法的不同，配件构造可分为塑造与铸造、加工与拼装、搁置与砌筑等三种。

1. 塑造与铸造

（1）塑造。塑造是指某些液态材料在常温、常压下，经过一定的物理、化学变化而逐渐失去流动性和可塑性而凝结成固体。它们还可以与砂、石、纤维、颜料等胶结，形成具有不同色彩、强度、性能的预制配件。如采用白色水泥塑造成的花饰，采用含纤维的石膏塑造成的罗马式柱头，采用人造树脂塑造成的动物形象等。

（2）铸造。铸造是指生铁、铜、铝等金属通过铸造成型工艺制成各种花饰、零件等。

2. 加工与拼装

木材和某些人造材料，如石膏板、矿棉板、塑料制品等，具有可锯、可刨、可削、可凿等加工性能和可粘、可钉、可开榫等拼装形式。金属薄板具有可剪、可切、可割的加工性能和可焊、可钉、可卷、可铆的结合拼装性能。玻璃依靠现代工艺，可以加工成各种刻花玻璃、墙体玻璃和屋顶玻璃等。

结合是拼装工序中的主要构造方法。结合的方法有黏结、钉合、榫接及其他做法。常用的结合构造方法见表 2-2-1。

表 2-2-1　　常用的结合构造方法

类别	名称	图形	
黏结	高分子胶		常用高分子胶有环氧树脂、聚氨酯、聚乙烯醇缩乙醛、聚乙酸乙烯酯等
	动物胶		如皮胶、骨胶、血胶
	植物胶		如橡胶、淀粉胶、叶胶
	其他		如沥青、水玻璃、水泥、白灰
钉合	钉	圆钉　销钉　骑马钉　油毡钉　石棉板钉　木螺钉　半圆头　半沉头　方头	

续表

类别	名称	图形
钉合	螺栓	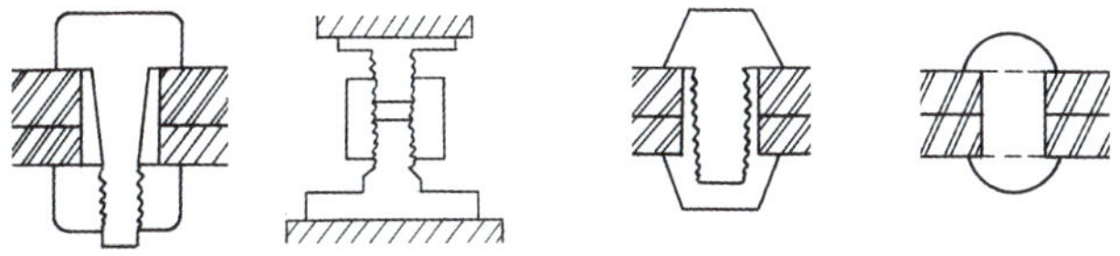 螺栓　调节螺栓　沉头螺母　铆钉
	膨胀螺栓	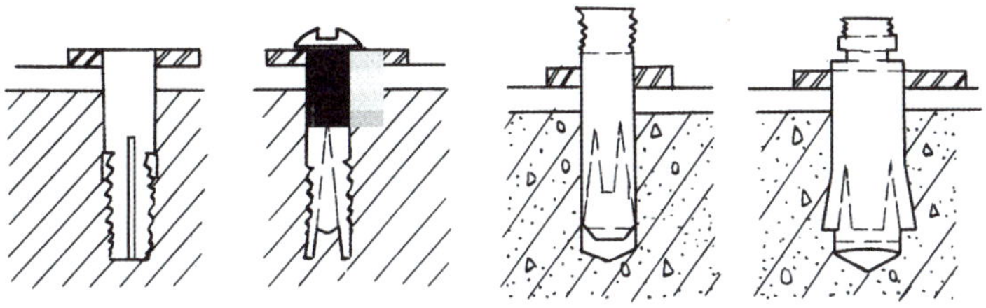 塑料或尼龙膨胀管　钢制膨胀管
榫接	平对接	 凹凸榫　对搭榫　销榫　鸽尾榫
	转角顶接	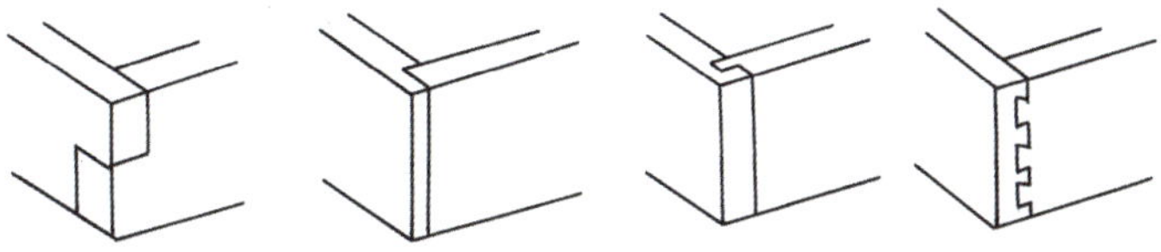
其他	焊接	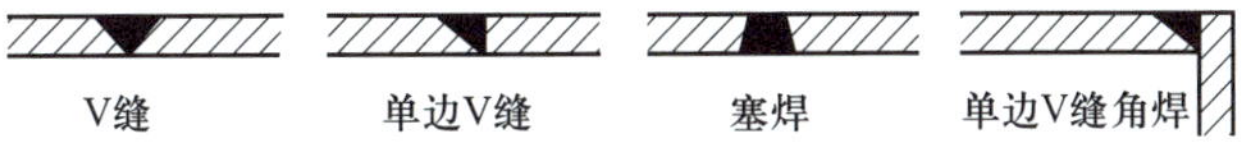 V缝　单边V缝　塞焊　单边V缝角焊
	卷口	 卧式　支撑　立式

3. 搁置与砌筑

搁置与砌筑是将分散的块材用一些黏结材料相互叠置垒砌成各种图案。水泥制品、玻璃制品、山石砖块等分散的块材，可以通过黏结材料有意识地搁置垒砌，胶结成既符合技术要求又有艺术观感的砌体。建筑装饰上常用的搁置与砌筑构造的配件主要有花格、隔断、窗台、壁橱、搁板等。

随着建筑装饰行业的迅猛发展，人们生活水平的不断提高，特别是建筑装饰材料的更新换代和施工技术的日新月异，建筑装饰构造已变得更科学、更合理、更方便、更简洁，建筑装饰设计更重视环保节能、智能处理等。

思考与练习

1. 什么是建筑装饰构造?
2. 建筑装饰构造的基本要求有哪些?
3. 建筑装饰构造有哪些基本类型?
4. 什么是饰面构造? 饰面构造可分为哪几类?
5. 常用的结合构造方法有哪些?

第三章 墙体装饰构造

学习目标

1. 掌握墙体装饰的种类以及各种装饰的构造组成、构造要点。
2. 能够读懂墙体装饰的施工图样。

墙体的装饰构造属于建筑垂直面的装饰构造。墙面装饰分为内墙装饰和外墙装饰。由于室内外所处的环境以及对墙体功能要求的不同，因此在装饰材料的选用上也有差别，室内装饰的材料较注重空间环境氛围，而室外装饰的材料更注重宏观效果。

第一节 概述

一、室内墙面装饰作用

1. 保护墙体

室内墙面虽然不像外墙那样要遭受风霜雨雪的侵袭，但内墙在人们使用的过程中，也会因各种因素而遭受损害。比如厨房、卫生间的湿度过高，墙体易受潮；门厅、过道等处人流较多，墙体容易受到碰撞而损坏。因此，内墙装饰的材料及其构造都要满足保护墙体的要求。

2. 满足使用要求

室内的使用要求不可能千篇一律，所以室内装饰工程应根据不同的使用要求选择不同的材料、工艺和构造方法。

一般内墙要求表面光滑，有较好的反光性。最常用的装饰手法是墙体表面抹灰再喷白浆，以满足基本的使用要求。有些内墙的饰面要具有吸声、保温、令人目视舒适的功能，因而只适宜选用织物、木材、皮革等材料。厨房、卫生间等房间湿度较大，卫生要求较高，应选择防水、耐酸碱、易清洁的材料，如瓷砖、玻璃制品等。播音室、影剧院和人群集中的公共场所对隔声、吸声、反射要求较高，应在材料的选择和构造的处理等方面予以满足。在进行内墙装饰时，还要考虑材料的耐火性，力求材料阻燃或不燃，即使燃烧也应少产生烟雾和有毒气体。

3. 美化室内环境

内墙装饰能不同程度地改变室内空间的感觉，对美化室内环境和营造环境氛围起到重要的作用。内墙饰面装饰效果是依靠质感、色彩和线型来体现的。由于内墙饰面往往是近距离观看的，甚至可能与人体接触，因此，应选择一些质感和触感较好的材料。墙面如果用高明度的暖色，如米黄、浅橙等颜色，能使人产生亲切的感觉，同时增大室内视觉空间；墙面如果用竖向线条分割会使人感到墙面增高，用横向纹理则使人产生低矮的感觉。内墙装饰会对家具和陈设起到衬托作用，对地面和天花板的装饰也能起到一定的协调作用。

二、室内墙面装饰的类型

按所采用的材料和施工方式分类，墙面装饰可划分为抹灰类饰面、涂刷类饰面、贴面类饰面、裱糊类饰面、罩面类饰面、其他材料类饰面（见图 3-1-1 至图 3-1-5）。

图 3-1-1　抹灰类饰面

图 3-1-2　涂刷类饰面

图 3-1-3　贴面类饰面

图 3-1-4　裱糊类饰面

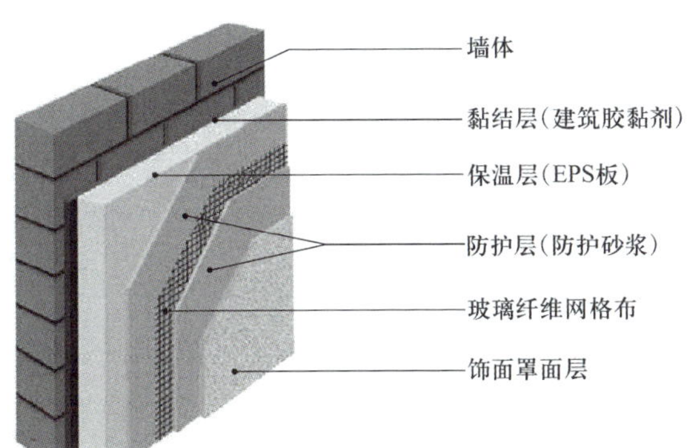

图 3-1-5　罩面类饰面

第二节　抹灰类墙面装饰构造

抹灰类饰面是指用水泥、石灰、石膏、中砂和纸筋等基本材料做成各种装饰抹灰层的墙面。抹灰层除了有保护墙体和改善墙体的物理性能等作用外，还具有装饰美化的作用。

一、墙面抹灰的分类

1. 根据部位不同划分

根据部位不同，墙面抹灰可分为内墙抹灰（见图 3-2-1）和外墙抹灰（见图 3-2-2）。

图 3-2-1　内墙抹灰

图 3-2-2　外墙抹灰

2. 根据使用要求不同划分

根据使用要求不同，墙面抹灰可分为一般抹灰（见图 3-2-3）和装饰抹灰（见图 3-2-4）。

二、墙面抹灰层的构造、组成及作用

墙面抹灰层通常由底层、中层和面层构成，如图 3-2-5 所示。

图 3-2-3　一般抹灰

图 3-2-4　装饰抹灰

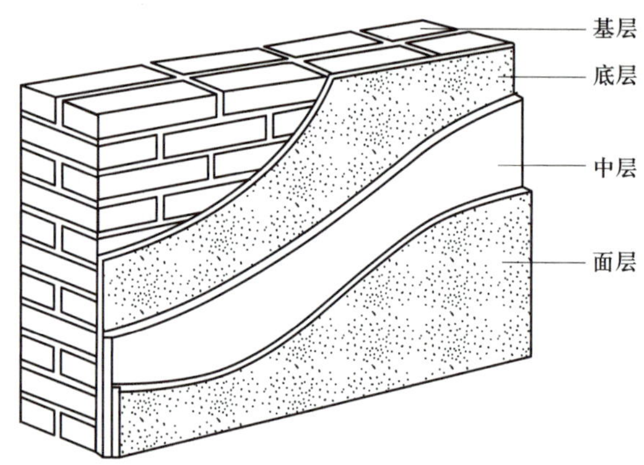

图 3-2-5　墙面抹灰层

1. 底层抹灰

底层抹灰主要起与基层黏结和初步找平的作用，其材料视基层而定，如当基层为砖内墙时，可用石灰砂浆；当基层是混凝土时，可用混合砂浆；当基层需要防水时，应采用水泥砂浆。

2. 中层抹灰

中层抹灰主要起结合的作用，其次是起找平的作用。此外，它还可以填补底层抹灰的干缩裂缝。其材料与底层抹灰相同。

3. 面层抹灰

面层抹灰主要起装饰和保护的作用。要求表面平整、无裂纹、颜色均匀，所用的材料根据建筑和装饰的要求确定。

三、墙面抹灰构造要点

一般抹灰采用抹的手法施工，而装饰抹灰常采用刷、粘、磨等方法进行施工。一般抹灰有石灰砂浆抹灰、混合砂浆抹灰、水泥砂浆抹灰、纸筋灰抹灰、石膏灰抹灰等。装饰抹灰有拉毛灰、拉条灰、水刷石、干粘石、斩假石等。墙面抹灰的常见做法见表 3-2-1。

表 3-2-1　墙面抹灰的常见做法

抹灰名称	分层做法	厚度（mm）	适用范围	备注
石灰砂浆抹灰	底：石灰、砂子的比例为 1∶3 面：石灰、砂子的比例为 1∶2.5	12 8	砖基层墙面	应待前一层七八成干后方可抹后一层
混合砂浆抹灰	底：水泥、石灰、砂子的比例为 1∶1∶6 中：水泥、石灰、砂子的比例为 1∶1∶6 面：刮石灰膏	8 8 1	砖基层墙面	基层为混凝土时，应先按要求做预处理
水泥砂浆抹灰	底：水泥、砂子的比例为 1∶3 中：水泥、砂子的比例为 1∶3 面：水泥、砂子的比例为 1∶2.5	7 5 3	易受潮或碰撞部位	作墙裙时，面层应用铁板抹光滑
纸筋灰抹灰	底：石灰、砂子的比例为 1∶3 面：石灰纸筋	18 2	砖基层墙面	基层为混凝土时，应先按要求做预处理
石膏灰抹灰	底：麻刀、石灰的比例为 1∶2 中：麻刀、石灰的比例为 1∶2 面：石膏粉、水、石灰膏的比例为 13∶6∶4	6 7 2～3	高级装饰内墙	面层分两遍抹成。应在第一遍未收水时即抹第二遍
拉毛灰	底：水泥、石灰、砂子的比例为 1∶1∶6 面：水泥、石灰、砂子、细石粒的比例为 1∶1∶1.5∶2.5	14 6	剧院、电影院等有声学要求的内墙	拉毛工具可用钢丝刷或鬃刷
拉条灰	底：水泥、砂子的比例为 1∶3 面：水泥、细砂、细纸筋石灰膏的比例为 1∶2∶0.5	—	室内吸声墙面	拉粗条形面层，分两小层做成。第一层：水泥、细纸筋石灰膏、砂子的比例为 1∶0.5∶2.5。第二层：水泥、细纸筋石灰膏的比例为 1∶0.5
水刷石	底：水泥、砂子的比例为 1∶3 中：水泥、砂子的比例为 1∶3 面：水泥、石粒的比例为 1∶5	7 5 10	砖石基层	面层厚度通常取石粒粒径的 2.5 倍
干粘石	底：水泥、砂子的比例为 1∶3 中：水泥、砂子的比例为 1∶3 面：刷 903 胶水泥浆撒石粒压平实	12 6 1	砖石基层	石粒粒径为 3～5 mm，做中层时按设计分格

续表

抹灰名称	分层做法	厚度（mm）	适用范围	备注
斩假石	底：水泥、砂子的比例为 1∶3 中：水泥、砂子的比例为 1∶3，刷 903 胶水 面：水泥、白石粒的比例为 1∶2	7 5 12	庭院路径及其他饰面	斩剁的时间以水泥强度还不大、容易剁得动而石粒又剁不掉的程度为宜

第三节 涂刷类墙面装饰构造

涂刷类饰面是指将建筑装饰涂料涂刷于构配件表面并黏结牢固，以起保护、装饰和改善构配件性能作用的装饰层。涂刷类饰面与其他种类饰面相比，具有工效高、工期短、自重轻、造价低、用料少、更新方便等优点，不足之处是易污染、使用年限较短。

一、建筑装饰涂料的分类

1. 按建筑物涂刷部位的不同划分

按照涂刷部位的不同，建筑装饰涂料可分为外墙涂料、内墙涂料、地面涂料、顶棚涂料和屋面涂料。

2. 按装饰质感的不同划分

按照装饰质感的不同，建筑装饰涂料可分为薄质涂料、厚感涂料和复层涂料。

3. 按涂料分散介质的不同划分

按照涂料分散介质的不同，建筑装饰涂料可分为溶剂型涂料、水溶性涂料和乳液型涂料。溶剂型涂料是以有机溶剂为稀释剂，因此易挥发燃烧，会污染环境和损害人体健康；而水溶性涂料和乳液型涂料都是以水为分散介质，不含有机溶剂，故安全、无毒、无味、不易燃烧、不污染环境，被称为绿色涂料，广泛应用于内墙装饰工程中。

二、我国颁布的建筑内墙涂料分类

1. 水溶性内墙涂料

水溶性内墙涂料是以水为溶剂或分散介质的涂料。《水溶性内墙涂料》（JC/T 423—1991）规定了水溶性内墙涂料的技术要求和试验方法等。

2. 合成树脂乳液内墙涂料

合成树脂乳液内墙涂料是以合成树脂乳液为黏结料，加入颜料、填料及各种助剂，经研磨而成的薄型内墙涂料。《合成树脂乳液内墙涂料》（GB/T 9756—2018）规定了合成树脂乳液内墙涂料的产品分类和分等、要求、试验方法等。

3. 复层建筑涂料

复层建筑涂料是用刷涂、辊涂或喷涂等方法，在建筑物墙面上涂布凹凸或平状多层的建筑涂料。《复层建筑涂料》（GB/T 9779—2015）规定了复层建筑涂料的分类和标记、要求、试验方法等。

4. 合成树脂乳液砂壁状建筑涂料

合成树脂乳液砂壁状建筑涂料是以合成树脂乳液为主要黏结料，以彩色砂粒和石粉为骨料，采用喷涂方法施涂于建筑物外墙的，形成粗面涂层的厚质涂料。《合成树脂乳液砂壁状建筑涂料》（JG/T 24—2018）规定了合成树脂乳液砂壁状建筑涂料的分类、要求、试验方法等。

三、内墙涂料装饰的基本构造要点

1. 基层处理

涂刷前必须清除基层表面的灰浆、浮土、附着物等并用水洗干净，如果是油污或隔离剂还要用相应的洗涤剂洗除，再用水冲洗干净。基层表面的孔洞、裂缝必须用同种涂料配制腻子或聚合物水泥砂浆修补刮平。

2. 打底

用稀释的同种涂料打底，能增强涂层与基层的黏结力，节省涂料。

3. 涂装

涂装的作用主要是体现涂层的色彩与光感，在室内装饰中起到丰富墙面装饰质感的作用。

（1）刷涂（见图 3-3-1）。刷涂是指用毛刷蘸浆涂布于墙面上的施工方法。一般两遍成活，一遍为横刷，一遍为竖刷；第一遍干后用砂纸磨平再刷第二遍。

（2）喷涂（见图 3-3-2）。喷涂是指用喷浆机把涂料喷射到墙面上的施工方法。喷涂质量与喷头距墙面的距离和角度有关。太近易成片，造成流坠；太远则易虚，造成漏喷和“花脸”。

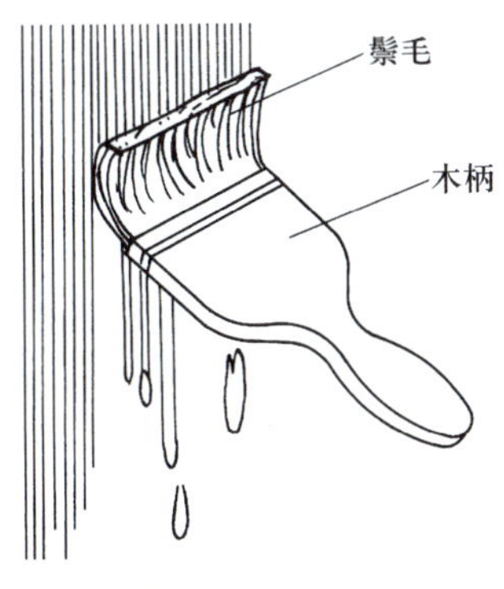

图 3-3-1　刷涂

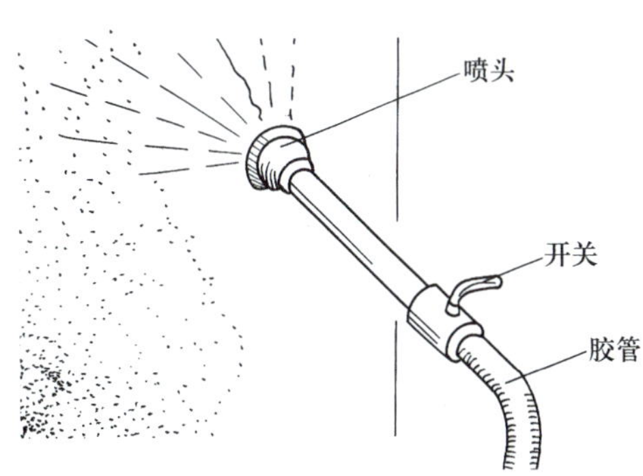

图 3-3-2　喷涂

（3）辊涂（见图 3–3–3）。辊涂是先把涂料涂置于墙面，然后使用辊涂专用工具辊压出凹凸花纹，再在其上施以面漆的做法。辊涂施工的技术关键是涂料的表面张力要适应辊涂的要求。

（4）弹涂（见图 3–3–4）。弹涂的做法是先在墙上刷底漆，再用弹涂器分几次将不同颜色的涂料弹在底漆上，形成具有不同色点的装饰效果。

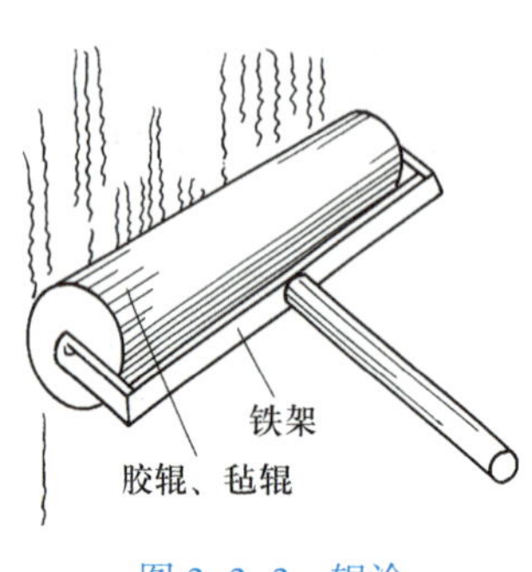

图 3–3–3　辊涂

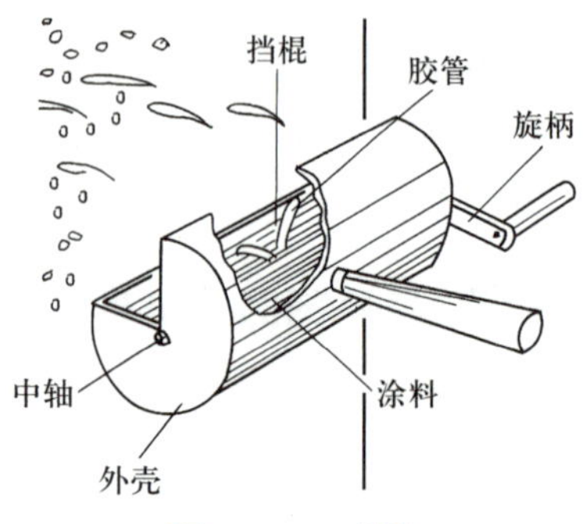

图 3–3–4　弹涂

4. 罩面

罩面是指涂布于主涂层表面的涂料施工。其作用是提高主涂层的防水、耐候和耐污染的性能。内墙涂料装饰的基本构造如图 3–3–5 至图 3–3–10 所示。

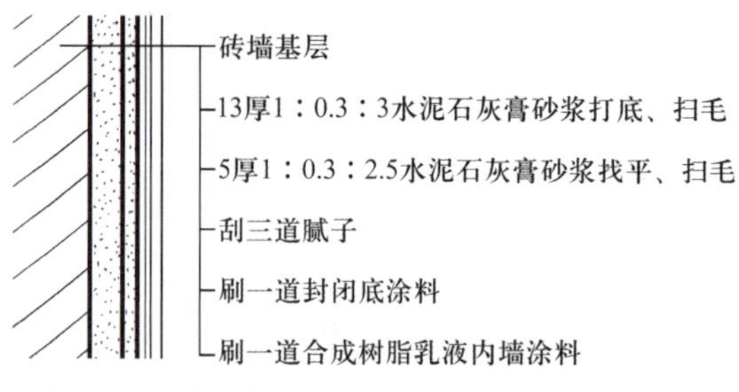

图 3–3–5　合成树脂乳液内墙涂料装饰基本构造 1

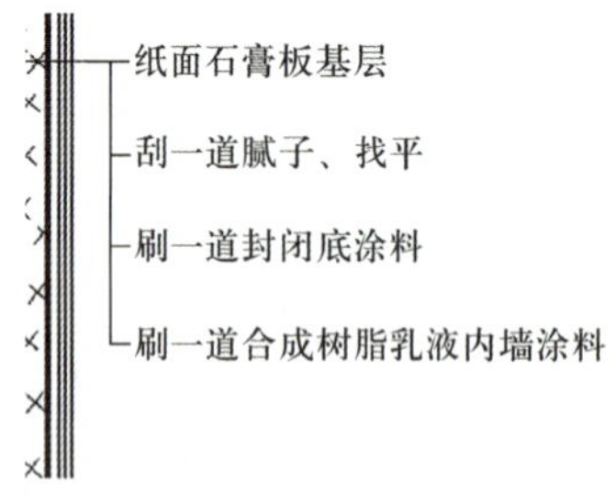

图 3–3–6　合成树脂乳液内墙涂料装饰基本构造 2

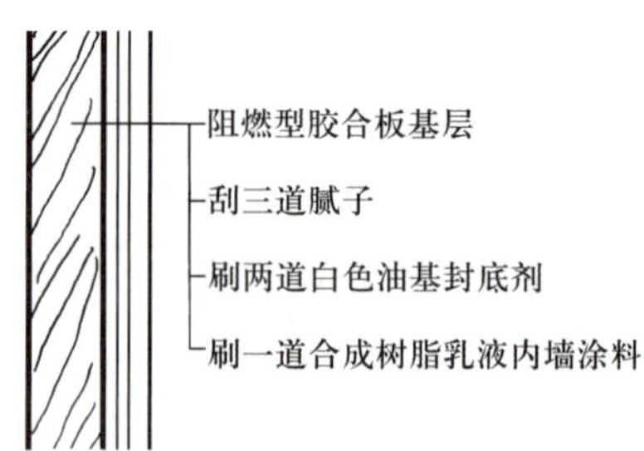

图 3–3–7　合成树脂乳液内墙涂料装饰基本构造 3

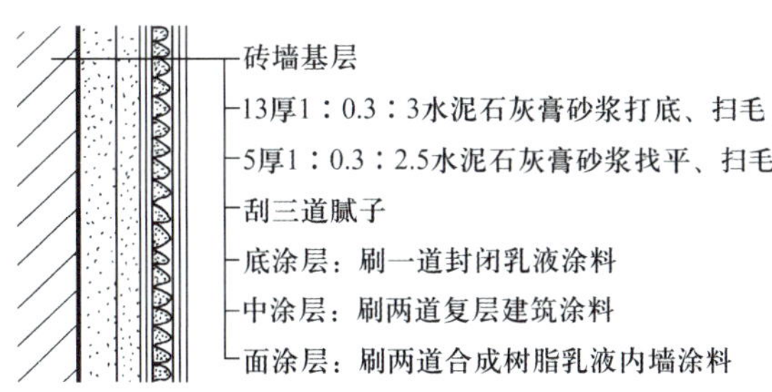

图 3-3-8　复层建筑涂料内墙装饰基本构造

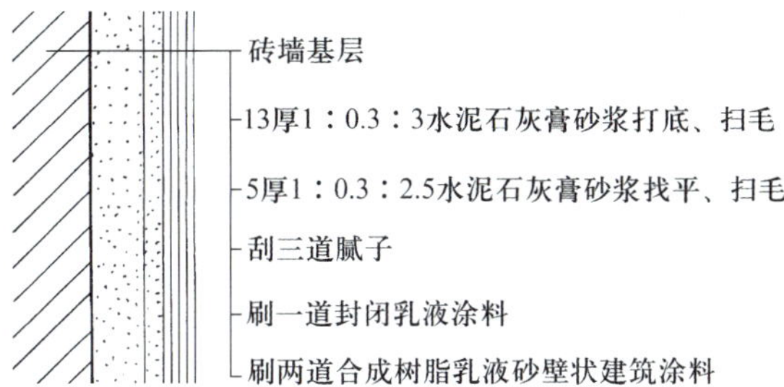

图 3-3-9　合成树脂乳液砂壁状建筑涂料内墙装饰基本构造

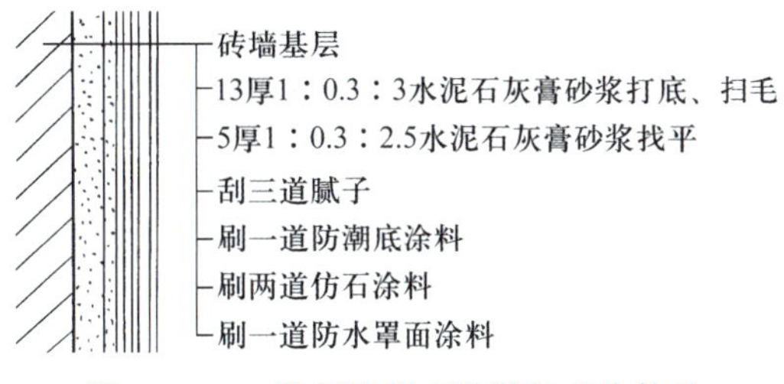

图 3-3-10　仿石涂料内墙装饰基本构造

第四节　贴面类墙面装饰构造

贴面类饰面是将人造或天然板、块，用胶结材料或铁件镶贴固定在墙面上的装饰层。它具有坚固、耐水、美观、易清洗的优点，广泛应用于外墙和需要防潮的内墙装饰中。贴面材料大致可分为陶瓷制品和天然石材。

一、陶瓷制品饰面

陶瓷制品是以陶土或瓷土为原料，压制成型后，经高温焙烧而成。它具有良好的耐水、耐磨、耐酸碱、耐风化的性能。常用的陶瓷制品有瓷砖、面砖、锦砖等。

1. 瓷砖

瓷砖是以瓷土或优质陶土为原料，压制成坯块并经焙烧而成的一种饰面材料。其表面光滑、美观、吸水率低，多用于室内需要经常擦洗的墙面，如厨房、卫生间等处，一般不用于室外。瓷砖底胎一般为白色，表面上釉，釉面有白色和彩色，砖厚 4 ~ 6 mm，砖背有凹槽，以利于与墙体的黏结。

（1）瓷砖的类型。瓷砖除了有常用的方口砖外，还有许多不同类型的砖，以满足各种转角部位、凹凸部位、踢脚部位和墙裙收边部位铺贴的需要，如图 3-4-1 所示。采用这些专用瓷砖铺贴，内墙的装饰会显得非常精致、耐看，如图 3-4-2 所示。

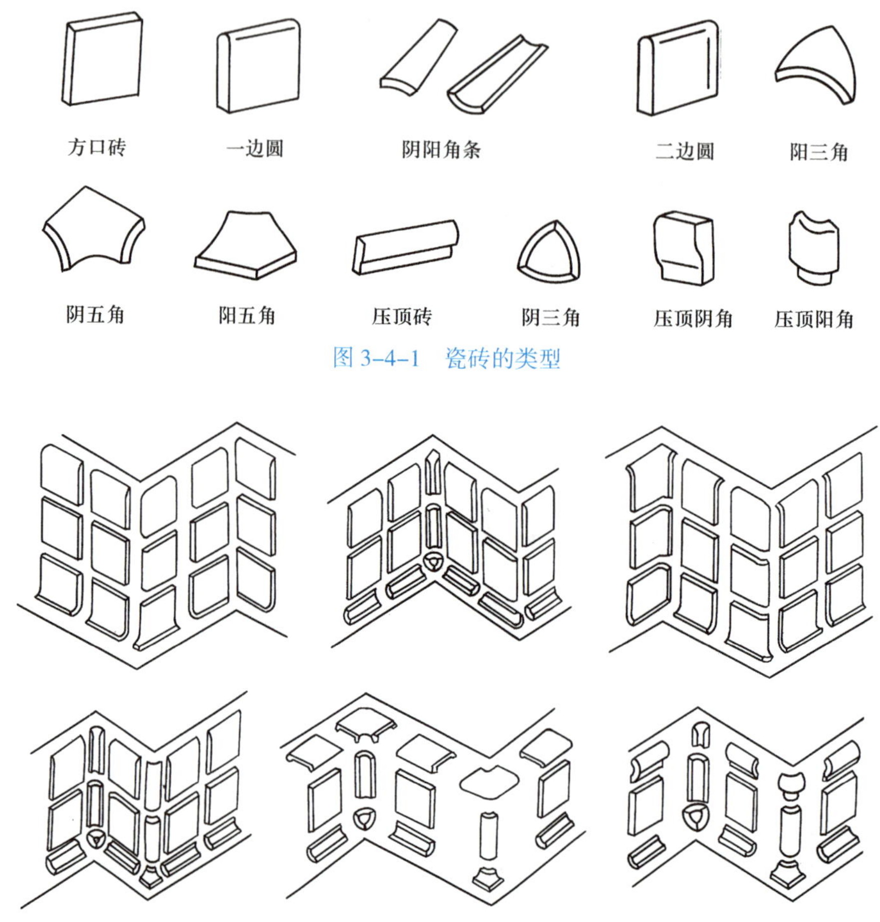

图 3-4-1　瓷砖的类型

图 3-4-2　专用瓷砖的铺贴

（2）瓷砖饰面的构造要点。瓷砖饰面的一般构造：先用 13 mm 厚 1 : 3 的水泥砂浆打底，再以 6 mm 厚 1 : 3 : 2 的水泥石灰膏砂浆作为黏结层，然后把瓷砖贴上，最后用白水泥擦缝。瓷砖的内墙施工如图 3-4-3 所示。

2. 面砖

面砖是用陶土制成坯块经焙烧而成的，厚度为 6 ~ 12 mm，有釉面砖和无釉面砖两种，正面光滑平整或带有凸出花纹，背面有凹槽以利于黏结牢固。

（1）面砖的排列组合造型。面砖的排列对墙面的装饰起着重要作用。不同的排列组合会产生不同的艺术效果，这些排列组合造型如果与具体工程、部位的需要结合，将会使其艺术效果大为增强。面砖的排列组合造型如图 3-4-4 至图 3-4-6 所示。

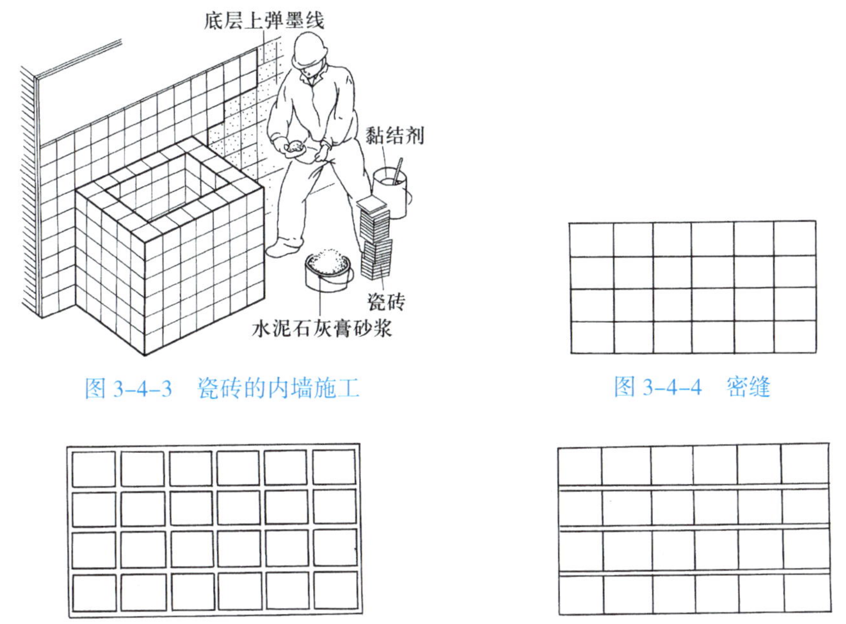

图 3-4-3　瓷砖的内墙施工

图 3-4-4　密缝

图 3-4-5　离缝

图 3-4-6　水平、垂直离缝分格

（2）面砖饰面的构造要点。粘贴外墙面砖时，先用 15 mm 厚 1∶3 的水泥砂浆打底，并找平、扫毛，然后按面砖尺寸和设计间隙在底层上弹墨线，再用 10 mm 厚 1∶0.2∶2.5 的水泥石灰膏砂浆贴面砖（粘贴时，面砖背面随贴随刷一道基体界面处理剂，以增加黏结度），待整面墙贴完后，再用 1∶1 的水泥细砂浆勾缝，如图 3-4-7 所示。面砖的墙面施工如图 3-4-8 所示。

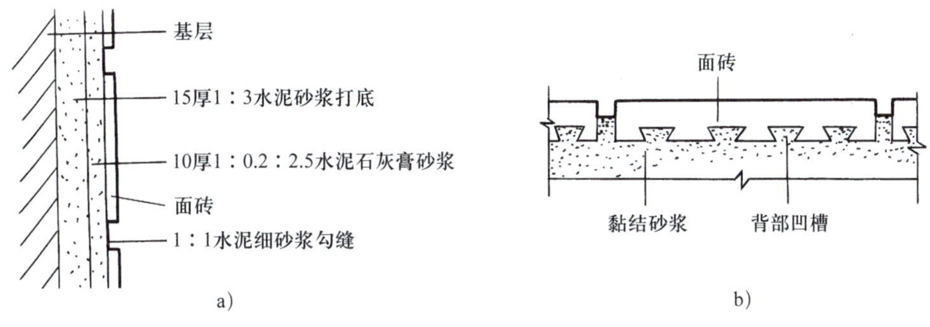

图 3-4-7　粘贴外墙面砖

a）外墙面砖构造　b）外墙面砖细部构造

3. 锦砖

锦砖也称马赛克，可分为陶瓷锦砖和玻璃锦砖。陶瓷锦砖是用优质瓷土烧制的片状小瓷砖，玻璃锦砖是以玻璃为主要原料，加入二氧化硅，经高温、熔化发泡后机压成的小方块。锦砖具有防水防潮、便于清洗的优点，适用于墙体形状多变的装饰工程，可以做成多种颜色，并且色泽稳定、耐污染、易清洁，近年来已大量应用于外墙饰面中。

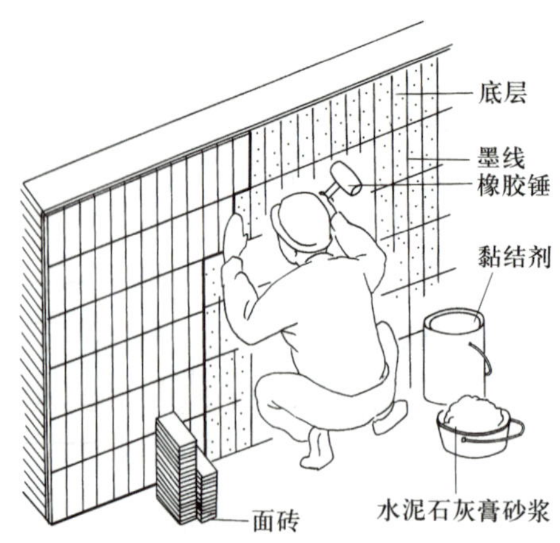

图 3-4-8　面砖的墙面施工

（1）锦砖拼花图案。锦砖拼花产品一般在出厂前均已按各种拼花造型图案拼好并反贴在牛皮纸上，如图 3-4-9 所示。每张纸板标准尺寸为 305.5 mm × 305.5 mm。

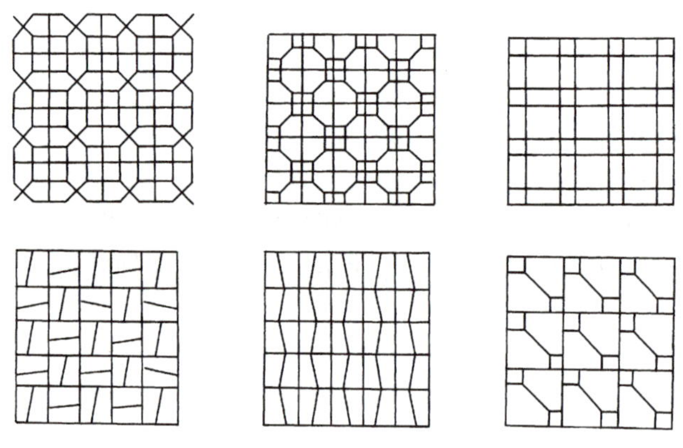

图 3-4-9　锦砖拼花图案

（2）锦砖饰面的构造要点。陶瓷锦砖与玻璃锦砖的镶贴方法基本相同。施工时，用 15 mm 厚 1∶3 的水泥砂浆打底，并找平、扫毛；在底层上弹墨线，再用 3～4 mm 厚 1∶1 的水泥砂浆作为黏结层，并逐张铺贴锦砖；砂浆凝固前，用水洗去牛皮纸，校正缝隙，最后用素水泥砂浆擦缝，如图 3-4-10 所示。锦砖墙面施工如图 3-4-11 所示。

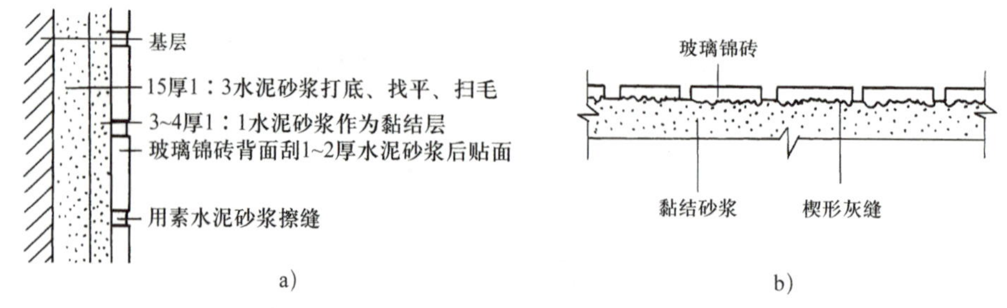

图 3-4-10　镶贴锦砖

a）锦砖饰面构造　b）锦砖细部构造

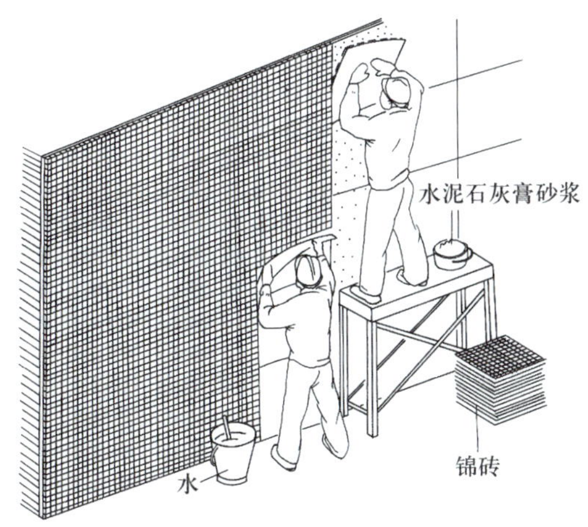

图 3-4-11　锦砖的墙面施工

二、天然石材饰面

天然石材是指天然石料加工成的板材、块材。它具有强度高、结构致密和色泽雅致的优点。常用的天然石材饰面板材有大理石和花岗石。

1. 板材的种类

（1）大理石（见图 3-4-12）。大理石是指变质或沉积的碳酸盐岩类的岩石，如大理岩、白云岩、灰岩、砂岩、页岩、板岩等。大理石属于中硬石材，主要由方解石和白云石组成，其成分以碳酸钙为主。一般来说，除少数几种质地较纯、杂质较少的汉白玉、艾叶青等在室外用比较稳定外，其他品种大多不在室外用，因为碳酸钙在大气中受到硫化物及水汽的作用而易被腐蚀，大理石面层会逐渐失去光泽。磨光后的大理石板材绚丽多彩，斑点条纹清晰可见，很有装饰性。

图 3-4-12　大理石

（2）花岗石（见图 3-4-13）。花岗石是各类岩浆岩（又称火成岩）的统称，如花岗岩、安山岩、辉绿岩、辉长岩、片麻岩等。它属于硬石材，主要由长石、石英及少量的云母等组成，其成分以二氧化硅为主，构造致密，强度、硬度极高，具有良好的抗酸碱和抗风化性能，耐用期可达 100 ~ 200 年，因而多用在室外。经磨光后的花岗石板光亮如镜，质感丰富，具有华丽高贵的装饰效果，而细琢加工的板材又给人以古朴、粗犷的风格。

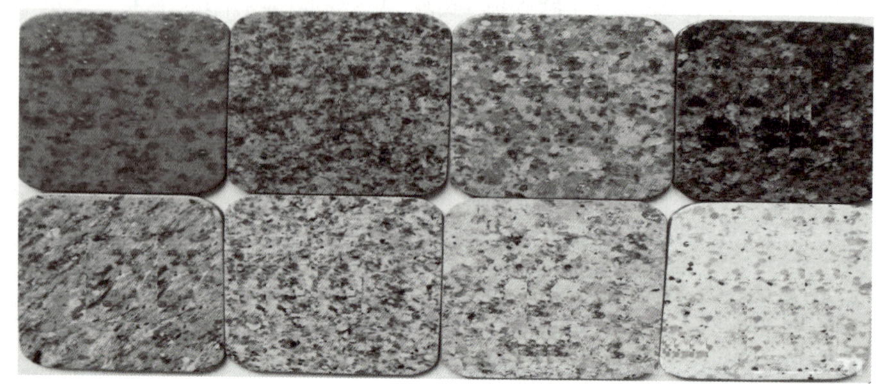

图 3-4-13　花岗石

2. 板材的安装构造

大理石、花岗石的安装构造及施工做法基本相同。常用的有钢筋网挂贴法和干挂法。

（1）钢筋网挂贴法。首先要构造钢筋网，先剔凿出墙面或柱面内预埋的钢筋环，然后插入直径为 8 mm 的竖向钢筋，再在竖向钢筋的外侧绑扎横向钢筋，其位置以低于饰面板缘 20 ~ 30 mm 为宜，如图 3-4-14 所示。

饰面板预拼排好后钻孔打眼。常用的打孔法是用钻头直对板材的端面钻孔，再在板的背面对准端孔底部钻孔，直至与端孔连通，这种孔称为牛鼻子孔。还有一种是孔眼与板面成 35°左右的斜孔，如图 3-4-15 所示。安装时，将不锈钢丝或铜丝穿入板孔内，然后将板就位，再绑扎在钢筋网的横筋上。接着灌注 1 : 3 水泥砂浆，每次灌浆不宜超过 200 mm，离上口 80 mm 即停止，余量作为上层板材灌浆接缝，以便上下结成整体。

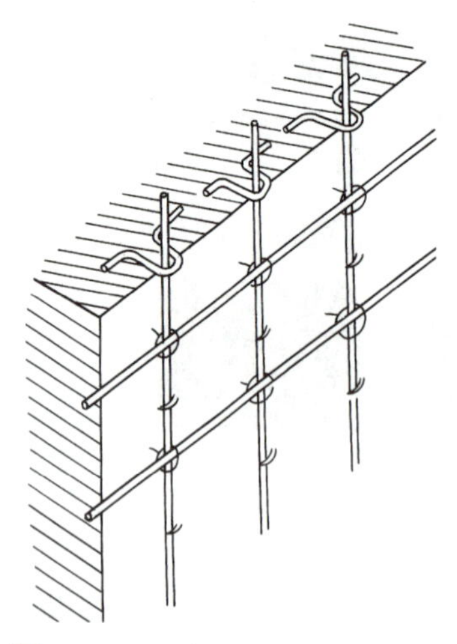

图 3-4-14　墙面、柱面绑扎钢筋

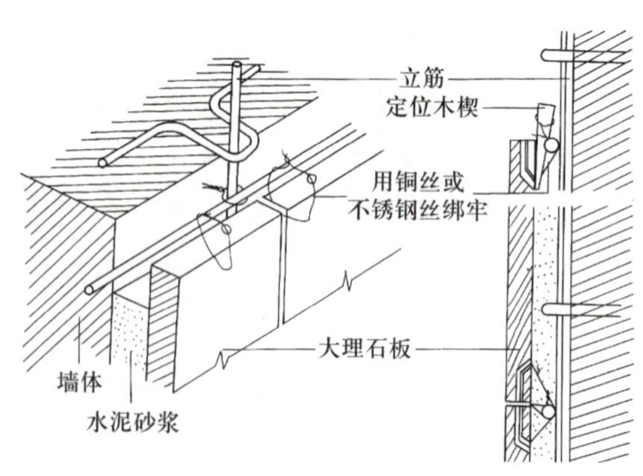

图 3-4-15　钢筋网挂贴法

全部饰面板材安装完毕后，按板材颜色调制水泥色浆嵌缝，最后打蜡上光。此法适用于混凝土墙和砖墙，常用于多层建筑及高层建筑的首层。

（2）干挂法。干挂法是用不锈钢型材或连接件将板块支托并锚固在墙面上的做法。具体做法是：在墙上按石板规格精确钻孔，插入膨胀螺栓及 L 形不锈钢连接件，与石板上端面孔对应，插入不锈钢销子并与上面石板的下端孔对正。石板的左右两侧各有两个孔，以便与销子连接。石板与墙体间留设 80 ~ 90 mm 宽的空气层，使石材免受墙体析出的水分和盐分的影响。此法一般用于高度在 30 m 以下的钢筋混凝土墙，如图 3-4-16 所示。

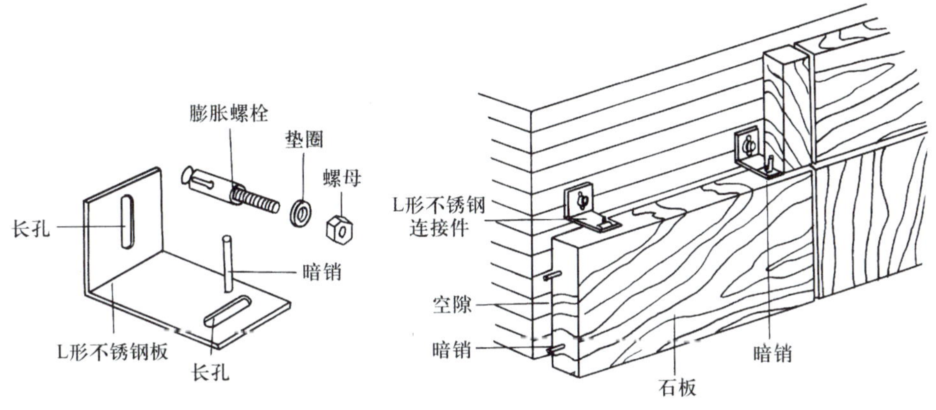

图 3-4-16　干挂法

（3）交接部位的细部构造。在石板饰面的施工安装中，除了要解决好石板与墙体固定的技术问题外，还应处理好石板交接部位的构造问题。例如，细琢饰面板之间的拼接，如图 3-4-17 所示；石料墙面阴阳角的处理，如图 3-4-18 所示；灰缝的形式，如图 3-4-19 所示。

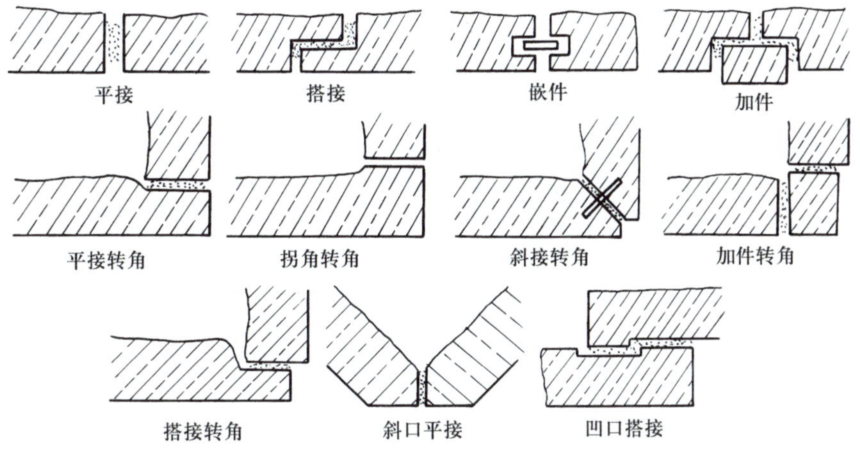

图 3-4-17　细琢饰面板之间的拼接

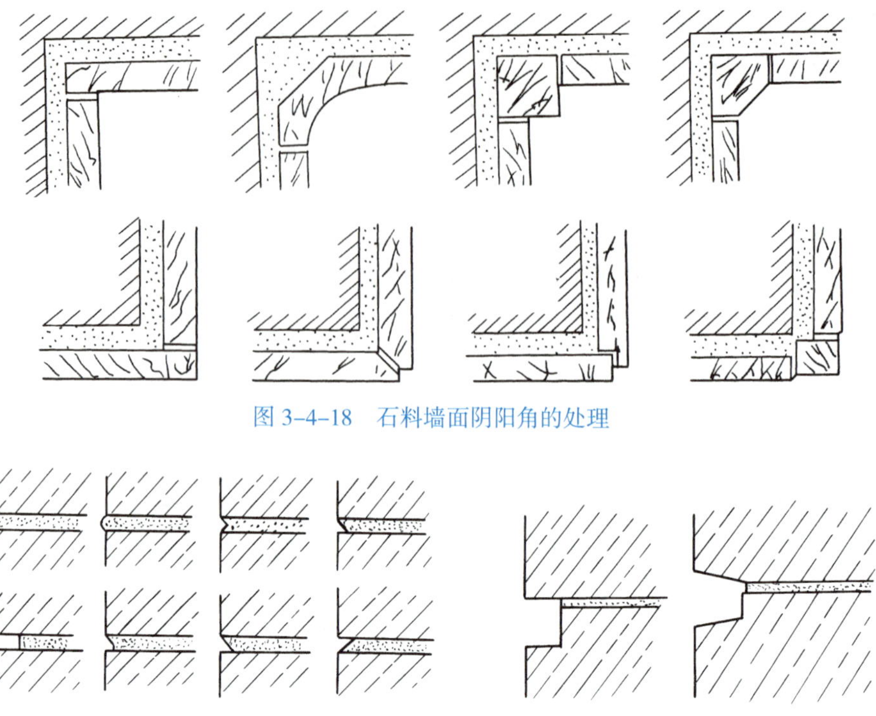

图 3-4-18　石料墙面阴阳角的处理

图 3-4-19　灰缝的形式

第五节　裱糊类墙面装饰构造

裱糊类饰面是指采用壁纸、墙布等材料，通过裱糊的方式，覆盖在内墙上的装饰面层（见图 3-5-1）。

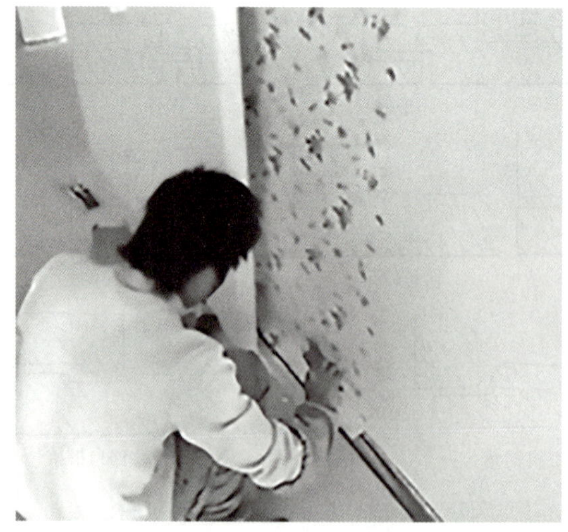

图 3-5-1　裱糊类饰面

一、裱糊类饰面的特点

裱糊类饰面与其他饰面相比，具有以下特点。

1. 装饰性

壁纸、墙布在视觉上有各种颜色、花纹和图案；在触觉上，其表面的凹凸起伏又形成了良好的立体感和质感。

2. 多功能性

如今市场供应的壁纸、墙布可最大限度地满足人们的需要，充分显示了多功能性，如吸声隔声、保温隔热、防霉防潮、阻燃防火、无毒无味，甚至可以生物降解。

3. 施工方便

壁纸、墙布大多用普通黏结剂粘贴，操作极为简便。这对于缩短工期、提高工效有很大的帮助。

4. 抗变形性

大部分壁纸、墙布都具有一定的弹性，可以允许墙体或抹灰层有一定程度的裂纹，对于一些曲面、弯角部位，也可以连接裱糊而不影响花纹的完整性。

5. 维护方便

大多数壁纸、墙布都有一定的耐擦性和防污性。因此，墙面易保持清洁，日后更新也很方便。

二、裱糊类饰面的分类

壁纸、墙布的品种繁多，按其材料特点分类，可归纳为以下几类。

1. 纸面纸基壁纸

纸面纸基壁纸俗称印花墙纸，即在纸面上印花、压花。其特点是价格便宜、透气性好，但不耐水、不耐擦、易破裂、难施工，因而较少被采用。

2. 纺织物墙布

纺织物墙布是指用丝、棉、麻、毛等纤维织成的墙布。其特点是色彩自然、质感丰富、透气性好，给人以舒适、温馨的感觉。这类墙布价格偏高、不易清洁，在潮湿的环境易出现霉变，故应慎用。

3. 天然材料面壁纸

天然材料面壁纸是指用草、麻、木材、芦苇等制成的壁纸，具有返璞归真、情趣自然的格调，越来越受到人们的喜爱。

4. 金属壁纸

这是在基层上涂布金属膜制成的壁纸，具有抛光（金、银）的金属质感与光泽，给人以金碧辉煌和庄重、豪华的感觉。

5. 塑料壁纸

塑料壁纸即 PVC 壁纸。此类壁纸是以纸基或布基或其他纤维为底层，以聚氯乙烯或聚乙烯为面层，经复合、印花或发泡压花等工序制成。它易于粘贴，施工简单，表面不吸水，擦洗方便，陈旧后也易于更换，而且图案、花色丰富，装饰效果好。近年来还出现了影画壁纸，即把彩色照片放大、复制到塑料壁纸上，非常美观。

三、壁纸、墙布的裱糊

1. 裱糊工具

裱糊工具有水桶、板刷、砂纸、弹线包、尺、刮板、毛巾、胶黏剂和裁纸刀等，如图 3–5–2 所示。

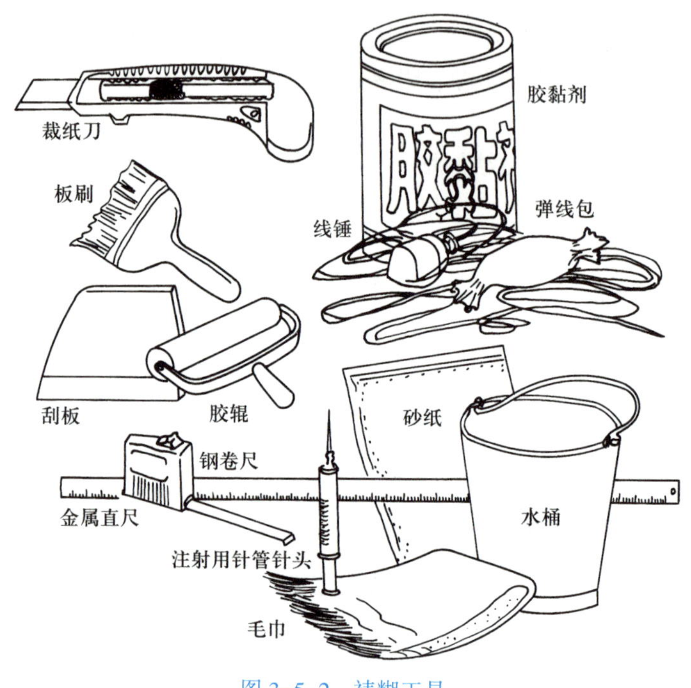

图 3–5–2　裱糊工具

2. 施工顺序及注意事项

裱糊壁纸、墙布前，首先要处理好墙面，然后弹垂直线，再根据房间的高度裁纸，接下来是润纸，最后就可以涂胶裱贴了。应注意的是，湿度较大环境中的墙面，应采用有防水性能的壁纸和胶黏剂。裱糊第一幅壁纸前应弹垂直线作为裱糊时的基准线。PVC 壁纸在裱糊前应先用水润湿数分钟；复合壁纸在裱糊前严禁浸水，只可以在壁纸背面涂刷胶黏剂。

阴角处接缝应搭接，阳角处不得有接缝，应包角、压实，如图 3–5–3 所示。拼缝的处理方法有三种，即搭缝裁接、对接和搭接，如图 3–5–4 所示。赶压气泡时，对于压延壁纸可用钢刮刀刮平；对于发泡及复合壁纸则严禁使用钢刮刀，只可用毛巾赶平。

3. 壁纸、墙布墙面的一般构造

（1）塑料壁纸墙面的一般构造。在砖基层上，用水泥石灰膏砂浆打底，做找平层。干燥后满刮腻子并用砂纸磨平，然后刷封闭乳胶漆和防潮底漆。

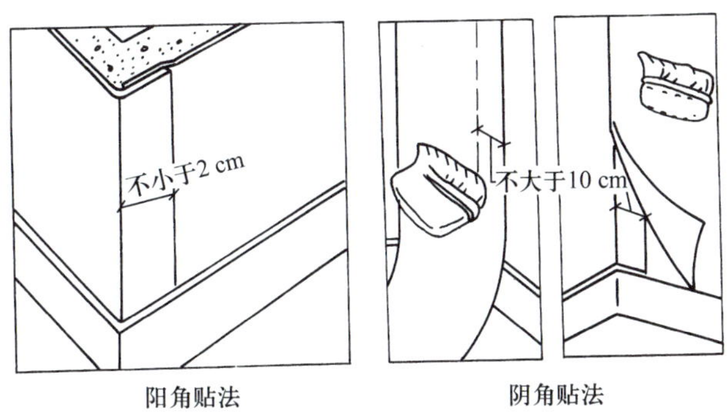

图 3-5-3　转角的处理

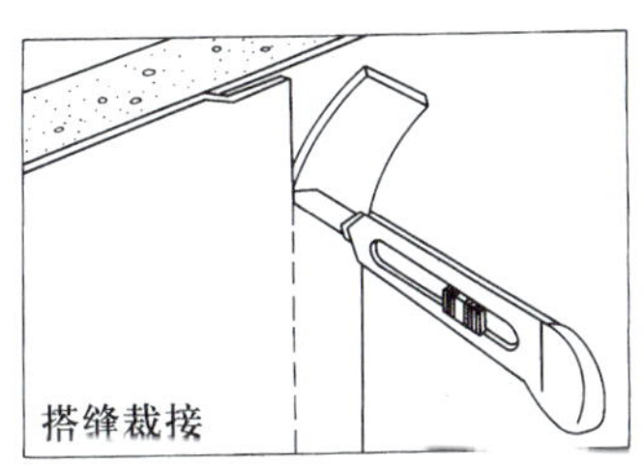

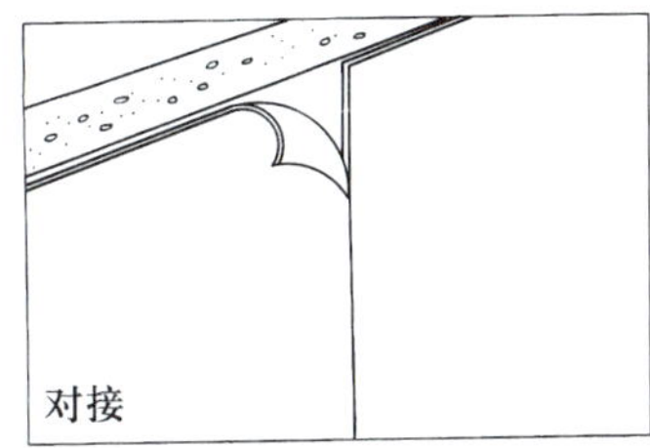

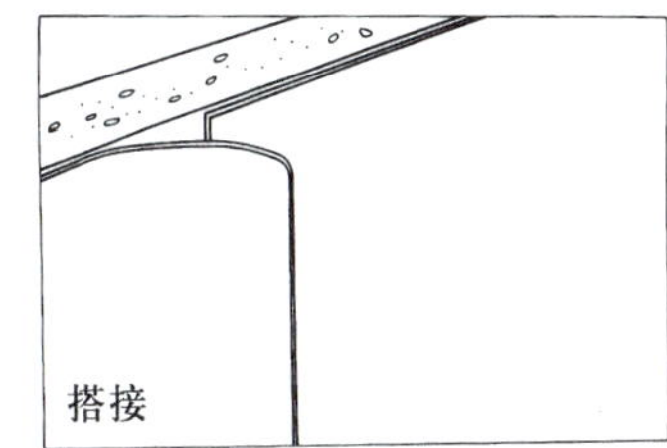

图 3-5-4　拼缝的处理方法

粘贴时，先在墙面上刷一道较稀的底胶；待底胶干燥后再在其上刷壁纸胶黏剂，塑料壁纸的背面也要刷；最后把壁纸贴上，如图 3-5-5 所示。

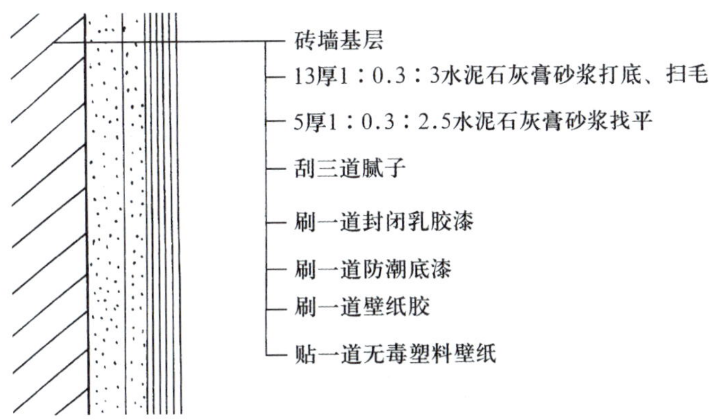

图 3-5-5　塑料壁纸墙面的一般构造

（2）锦缎墙布墙面的一般构造。在墙面基层上用水泥砂浆找平后刷冷底子油；再做一毡二油防潮层；然后立木龙骨，纵横双向构成骨架。锦缎墙布裱糊前，必须先在锦缎背面裱托一层宣纸，锦缎硬朗挺括后再裱糊在阻燃型胶合板或平整光滑的纸面石膏板上，如图 3-5-6 所示。

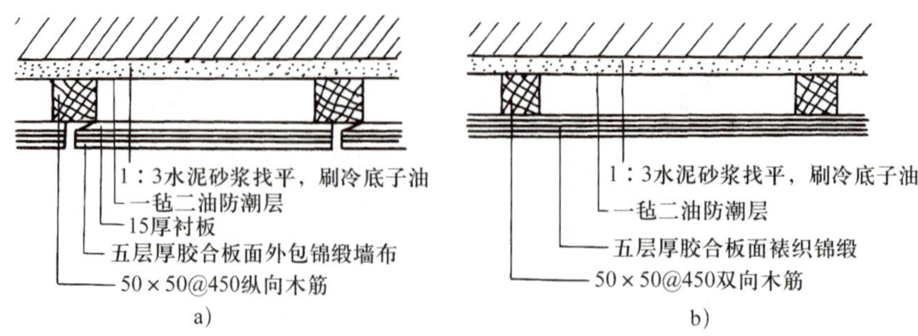

图 3-5-6　锦缎墙布墙面的一般构造

a）纵向木筋骨架　b）双向木筋骨架

第六节　镶板类墙面装饰构造

镶板类饰面是指用木板、竹条、皮革、石膏板、铝塑板、金属薄板、镜面玻璃等各类饰面板，通过镶、钉、贴、拼等构造方法做成的各种装饰墙面（见图 3-6-1 至图 3-6-3）。由于这些装饰面板有较好的接触感和可加工性，而且大多采用装配法干式作业，操作起来较为简便，因而在装饰行业中得到广泛应用。

图 3-6-1　木板墙面

图 3-6-2　镜面玻璃墙面

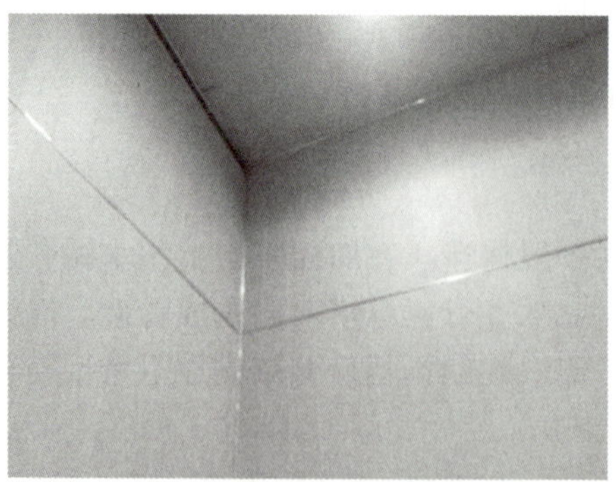

图 3-6-3　铝塑板墙面

一、夹板墙裙和护壁板

夹板上有丰富的纹理和美丽的色泽，给人以质朴高雅的感觉。以夹板做成的墙裙和护壁板，常用于宾馆、住宅中人们容易接触的部位。夹板的高度一般为 1 ~ 1.8 m，也有的一直到顶。镶嵌类墙面装修施工中夹板墙裙和护壁板的构造做法是先在墙内预埋木砖，在木砖上钉木骨架，最后在木骨架上固定夹板，如图 3-6-4 所示。木骨架由竖筋和横筋组成。竖筋间距为 400 ~ 600 mm，横筋间距为 600 mm 左右。当要求护壁板离墙面较远时，可用木砖挑出。为了防止墙上的潮气使夹板翘曲，应采取防潮措施。一般做法是先抹防潮砂浆，干燥后刷冷底子油，然后贴上油毡防潮层，并在护壁板的上下部留通风孔。夹板墙裙和护壁板的细部构造是影响装饰质量和美观的重要因素。比如，板缝的处理就有斜接密缝、平接留缝和压条盖缝等，如图 3-6-5 所示。

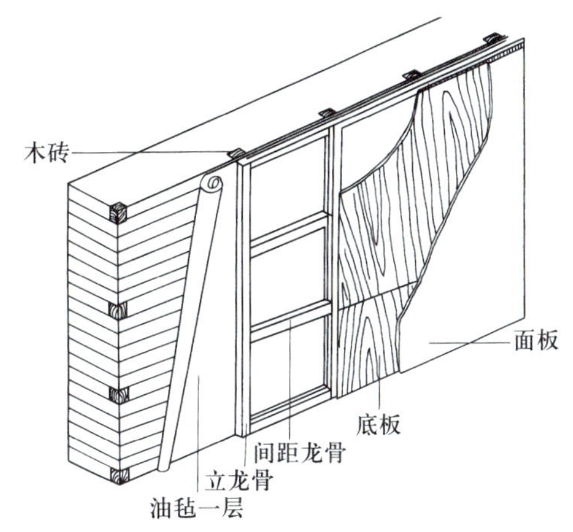

图 3-6-4 镶嵌类墙面装修施工

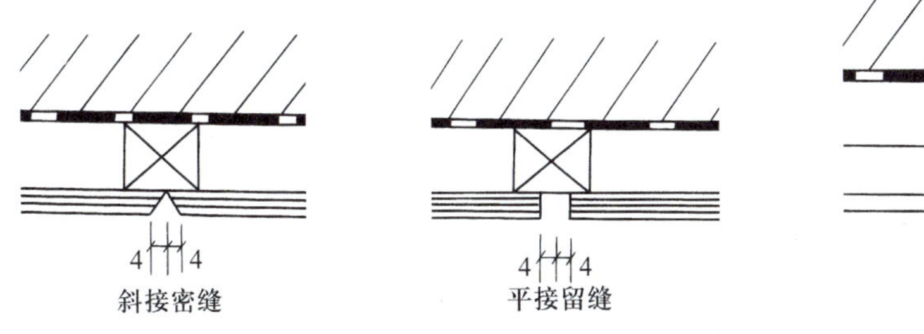

图 3-6-5 护壁板缝的处理

夹板墙裙和护壁板的内转角是视线集中的部位，必须细心处理，如图 3-6-6 所示。外转角不但引人注意，而且容易因碰撞损坏，因此更要精心构造，如图 3-6-7 所示。

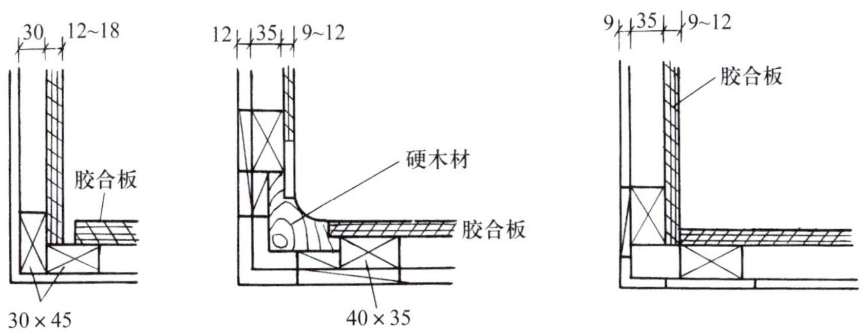

图 3-6-6 夹板墙裙和护壁板内转角的装饰构造

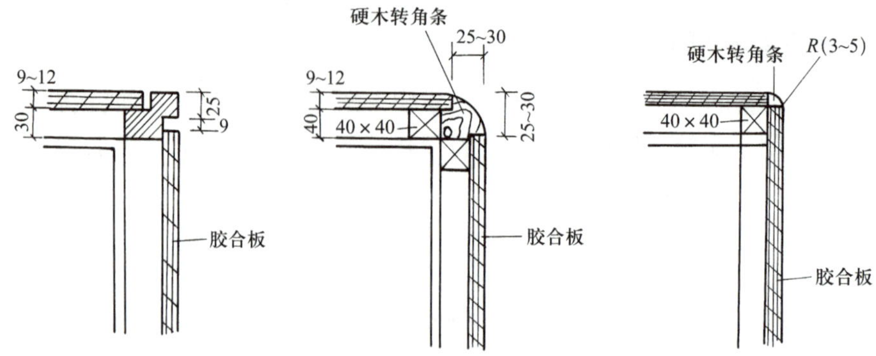

图 3-6-7　夹板墙裙和护壁板外转角的装饰构造

胶合板墙裙和护壁板的上部压顶做法没有太大的区别，只是胶合板墙裙做得较低，通常压顶条与窗台线拉齐；而护壁板往往做到顶，上面的压顶条可以与天花板的木线相结合，如图 3-6-8 所示。

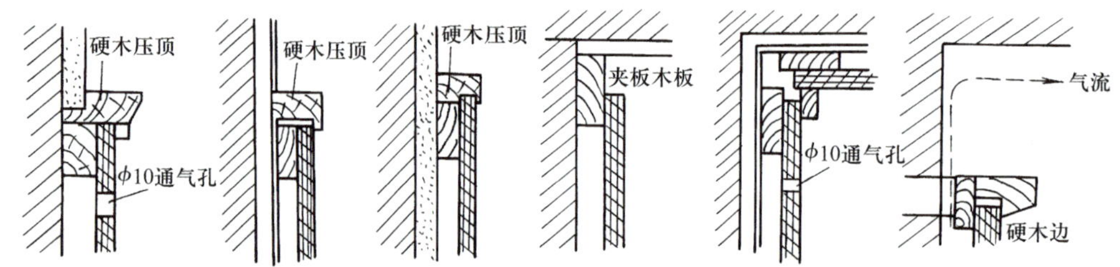

图 3-6-8　胶合板墙裙和护壁板上部压顶构造

踢脚板的处理方法大致分为三种：第一种是壁板直接到地，留地线脚凹口；第二种是踢脚板与壁板齐平，但踢脚板的上下部留线脚；第三种是外凸式或内凹式，如图 3-6-9 所示。

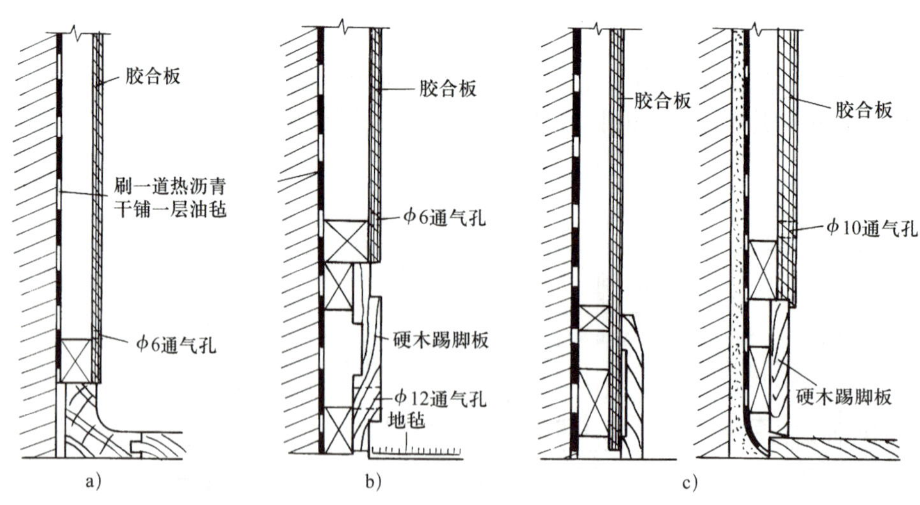

图 3-6-9　踢脚板的处理方法

a）壁板直接到地　b）踢脚板与壁板齐平　c）外凸式或内凹式

二、镜面玻璃墙面

镜面玻璃是以高级浮法平板玻璃经镀银、镀铜、镀漆等特殊工艺加工而成的。其基本构造如图 3–6–10 所示。

采用镜面玻璃装饰的墙柱面，使墙柱得以虚化，空间感得以扩大，亮度得以提高。由于镜面能反映周围的景观，故可使空间变得丰富生动，如果把镜面玻璃用于入口处或转角处，还可以把不同的空间连通起来。镜面玻璃如果与灯具照明相结合，其效果会更加光彩夺目。镜面玻璃还可以将四周磨成斜边，通过光线折射后形成立体感，给人以新颖、高雅的感觉。镜面玻璃墙面的构造方法：先在墙上按玻璃尺寸构建纵横龙骨架，然后铺钉胶合板或纤维板作衬板，最后将镜面玻璃固定在衬板上。其基本构造如图 3–6–11、图 3–6–12 所示。

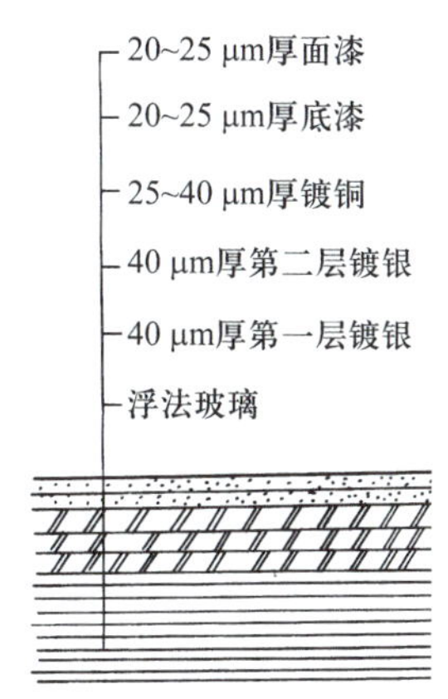

图 3–6–10　镜面玻璃基本构造

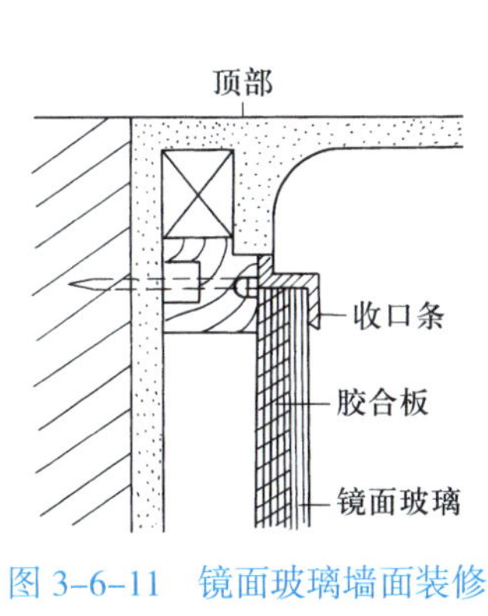

图 3–6–11　镜面玻璃墙面装修木龙骨基本构造

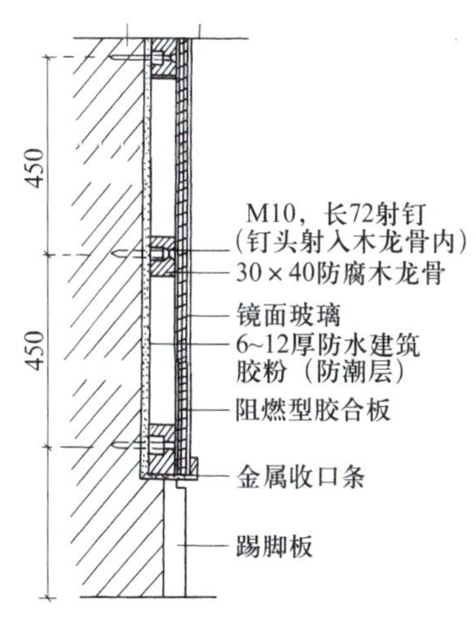

图 3–6–12　镜面玻璃墙面装修基本构造

固定玻璃的方法有四种：一是在玻璃上钻孔，用镀铬螺钉或铜螺钉把镜面玻璃固定在龙骨上；二是用压条压住镜面玻璃，用螺钉把压条固定在龙骨上；三是在镜面玻璃的交点处设嵌钉固定；四是用环氧树脂或双面强力弹性胶带把镜面玻璃直接粘在衬板上。必须注意的是，墙体表面要做好防潮层；木龙骨要刷满防腐、防火涂料；胶合板要采用阻燃型材料。

三、铝塑板墙面

铝塑板是用铝合金片和聚乙烯复合材料加工而成的。它具有质轻、易加工、防火、防水、耐候、耐久、耐冲击和装饰效果好的性能特点。其基本构造如图 3–6–13 所示。

1. 铝塑板的种类

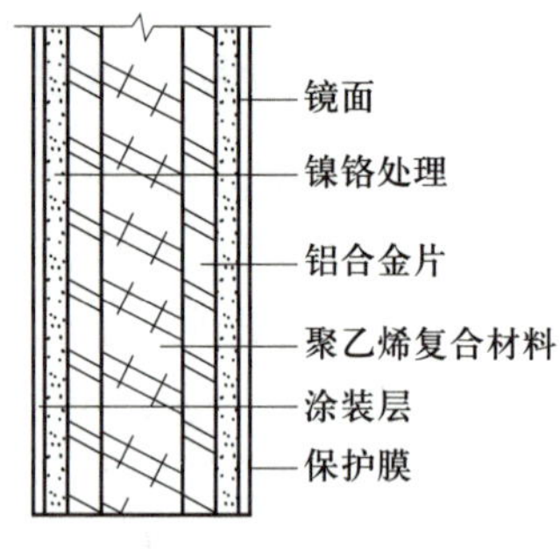

图 3-6-13　铝塑板基本构造

（1）普通型铝塑板。普通型铝塑板有单面与双面之分。单面的面层为铝片，双面的面层和底层均为铝片。普通型铝塑板颜色多样。

（2）镜面铝塑板。铝塑板的铝片板面经电镀处理呈镜面效果，颜色多样，富丽堂皇。

（3）镜纹铝塑板。与镜面铝塑板大致相同，不同的是镜纹铝塑板的镜面板上有花岗石或木材的花纹，纹理逼真，光滑优美。

2. 铝塑板内墙饰面的构造做法

铝塑板内墙饰面的构造大致分为三种，即无龙骨贴板构造、轻钢龙骨贴板构造和木龙骨贴板构造。需要注意的是，无论采用何种构造，都不允许将铝塑板直接贴在粗糙的抹灰找平层上。

（1）无龙骨贴板构造做法。首先，墙体表面要做预处理，并做 12 mm 厚 1∶3 的水泥砂浆找平层，接着粘贴纸面石膏板，然后涂刷封闭乳胶漆和防潮底漆，最后在纸面石膏板上粘贴铝塑板。粘贴铝塑板大致有三种做法。

1）胶黏剂直接粘贴法。在铝塑板背面、纸面石膏板的表面均匀涂布立时得胶或其他橡胶类强力胶，待胶黏剂稍具黏性时，就把铝塑板上墙就位，并抄平、压实，如图 3-6-14 所示。

2）双面胶带及胶黏剂并用粘贴法。首先根据设计的尺寸在墙上弹线，然后将薄质的双面胶带按“田”字形分布粘贴在纸面石膏板上，无双面胶带的空处均涂布立时得胶或其他橡胶类强力胶，最后将铝塑板上墙就位，抄平、压实，如图 3-6-15 所示。

3）发泡双面胶带直接粘贴法。首先将发泡双面胶带粘贴在纸面石膏板上，然后将铝塑板上墙就位，抄平、压实，如图 3-6-16 所示。

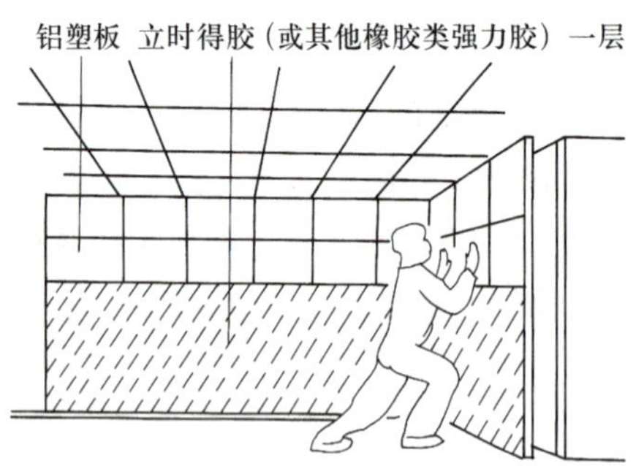

图 3-6-14　铝塑板胶黏剂直接粘贴法

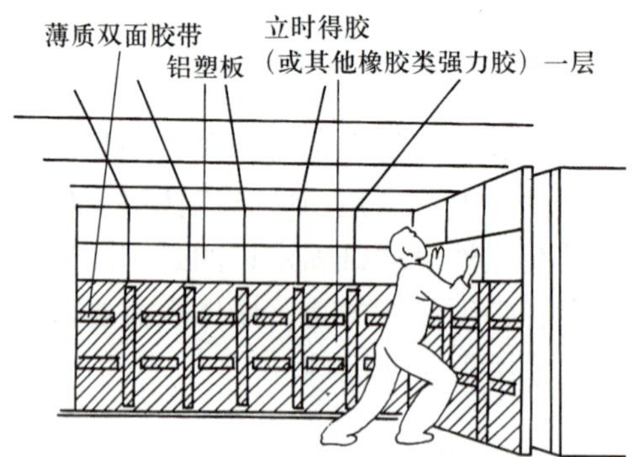

图 3-6-15　铝塑板双面胶带及胶黏剂并用粘贴法

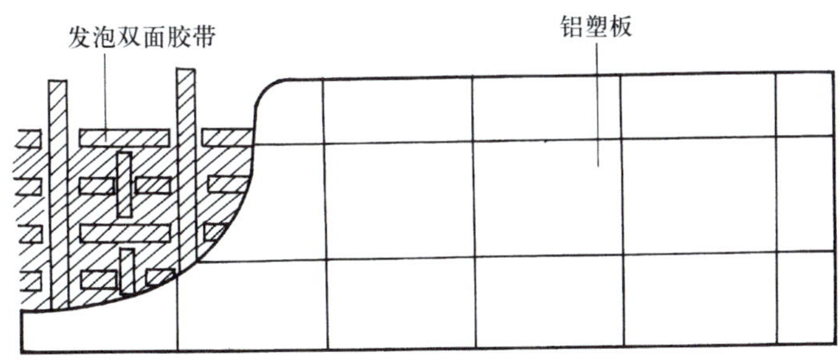

图 3–6–16　铝塑板发泡双面胶带直接粘贴法

（2）轻钢龙骨贴板构造做法。首先，墙体表面要做预处理，务求平整、干净，然后做水泥砂浆找平层，并在找平层上安装轻钢龙骨，再在龙骨上安装纸面石膏板。接着在板上满刮腻子并找平、涂刷封闭乳胶漆和防潮底漆，最后粘贴铝塑板，如图 3–6–17 和图 3–6–18 所示。

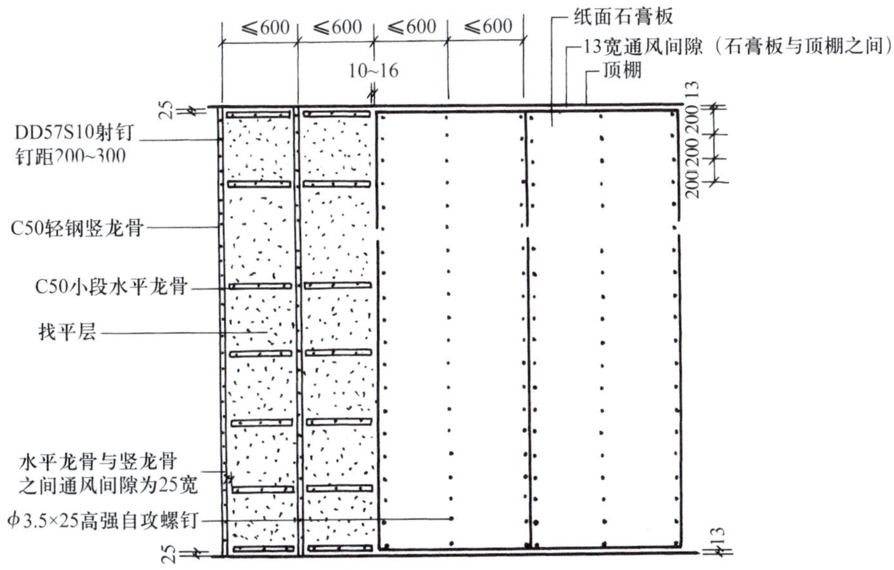

图 3–6–17　轻钢龙骨贴板基本构造

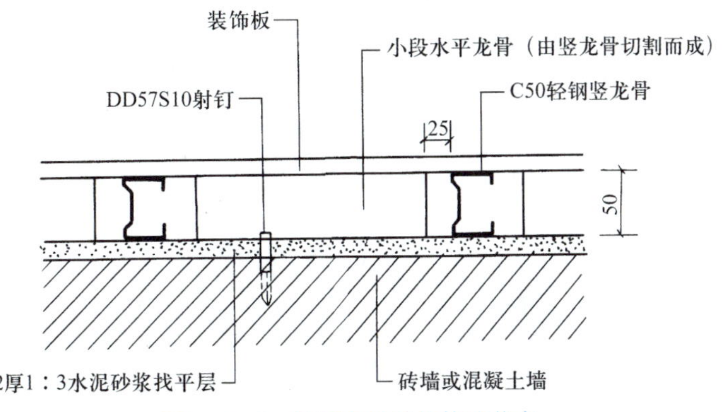

图 3–6–18　轻钢龙骨贴板构造节点

（3）木龙骨贴板构造做法。首先，墙体表面做预处理，并做 12 mm 厚 1∶3 的水泥砂浆找平层，然后涂布防潮底漆，接着在找平层上安装木龙骨架，并在木龙骨架上铺钉胶合板，最后再安装铝塑板。安装铝塑板的方法有以下两种。

1）粘贴做法。与无龙骨贴板构造做法大致相同，只是将纸面石膏板改成胶合板。

2）紧固件固定做法。用紧固件及饰条把铝塑板固定在胶合板上，其构造如图 3-6-19 所示。

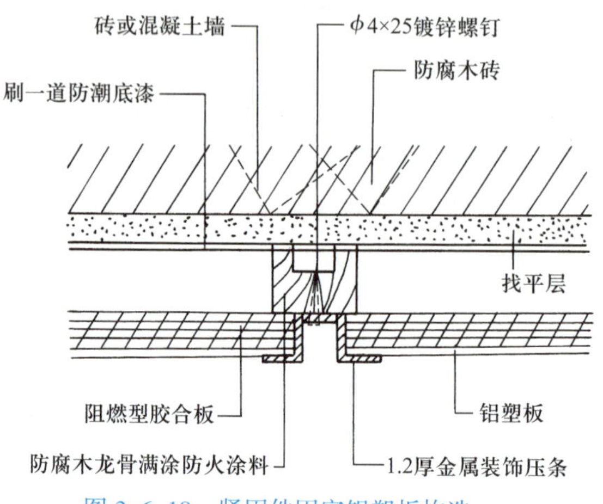

图 3-6-19　紧固件固定铝塑板构造

第七节　空心玻璃砖墙体装饰构造

空心玻璃砖墙体（见图 3-7-1）是高档的建筑装饰之一，既可用于全部墙体，也可用于局部点缀。其特点是提供自然采光、透光不透明，还兼具隔声隔热、防火防潮的特点，其透光与散光现象所造成的视觉效果极富装饰性。

图 3-7-1　空心玻璃砖墙体

空心玻璃砖是由两块分开压制的玻璃在高温下封接而成的。有正方形和矩形两种形状，有透明和蓝、绿、灰、褐等颜色，有平行纹、菱形纹、钻石纹、流星纹、水波纹、云形纹等纹路，有 50 mm、80 mm、95 mm、100 mm 等厚度，如图 3–7–2 所示。空心玻璃砖墙体的装饰构造有多种做法，可分为砌筑法和胶筑法两种。

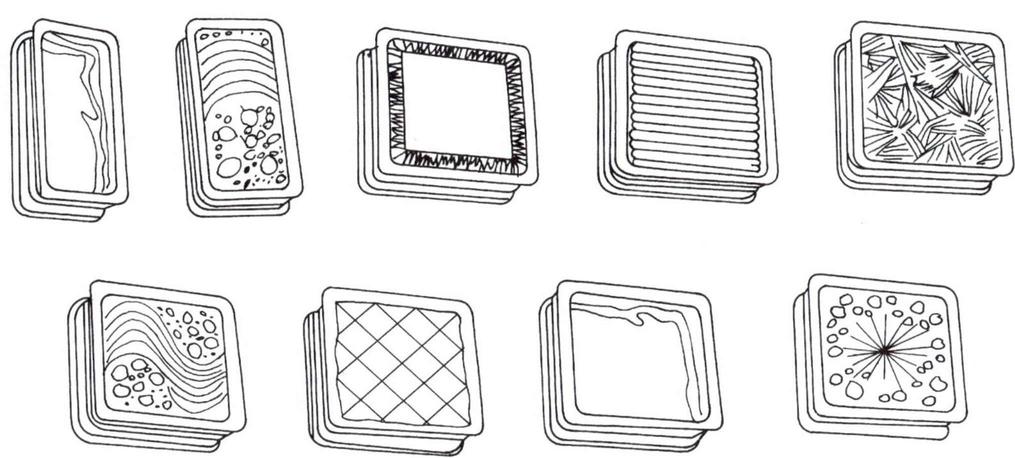

图 3–7–2　空心玻璃砖饰面图案示例

一、砌筑法

首先在墙体四周剔槽并安装槽钢固定件，接着用平头螺钉固定槽钢，然后用 1∶1 的白水泥石英彩砂浆砌筑空心玻璃砖。为了增强空心玻璃砖墙体的强度和整体性，砌筑时，每砌一块砖，就在横向砖缝内加配一根直径为 6 mm 的钢筋，竖向砖缝也要做这样的处理。钢筋应拉紧，两端与槽钢用螺钉固定。空心玻璃砖墙体砌筑完毕应立即进行表面勾缝，最后用金属板或木线进行封口、收边装饰。空心玻璃砖外墙装修立面、构造如图 3–7–3 至图 3–7–5 所示。

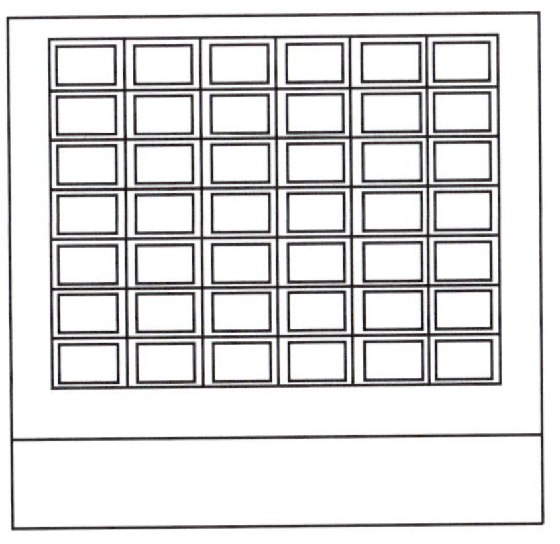

图 3–7–3　空心玻璃砖外墙装修立面

二、胶筑法

胶筑法是将空心玻璃砖用胶黏剂黏结砌筑成墙体的一种构造做法。首先是在原有墙体的侧面做金属固定件，用以固定木条和硬质泡沫塑料（胀缝）；接着在硬质泡沫塑料上干铺一层石油沥青油毡，供空心玻璃砖墙滑缝之用；然后用胶黏剂砌筑空心玻璃砖，每块空心玻璃砖在砌筑前，要先放置木垫块，卡在玻璃砖的凹槽内，以保证空心玻璃砖墙的平整性。空心玻璃砖墙的四周还需要放置两根直径为 6 mm 的加强钢筋，每隔三条直砖缝也放置一根直径为 6 mm 的加强钢筋，钢筋两端套丝固定。最后勾砖缝、封口和收边的装饰。其构造做法如图 3–7–6 至图 3–7–8 所示。

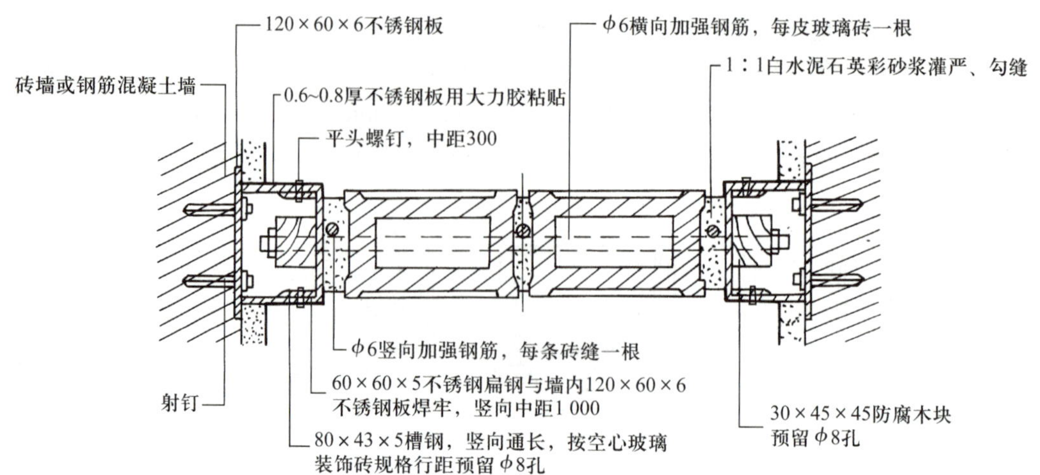

图 3-7-4　空心玻璃砖外墙砌筑基本构造节点

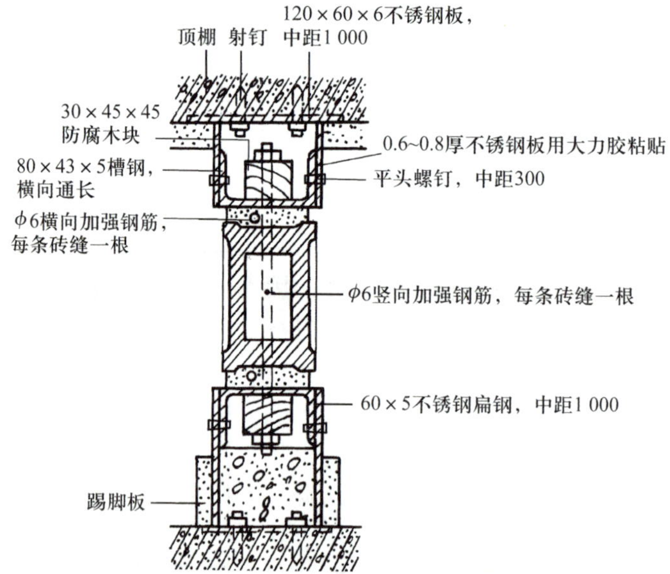

图 3-7-5　空心玻璃砖外墙砌筑构造

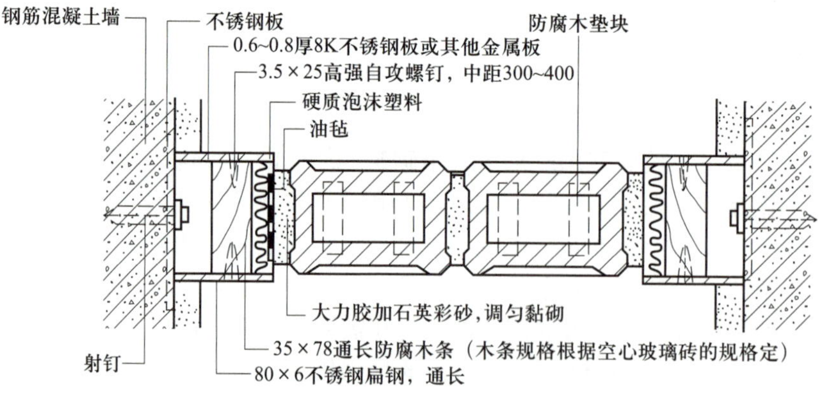

图 3-7-6　空心玻璃砖外墙胶筑基本构造节点

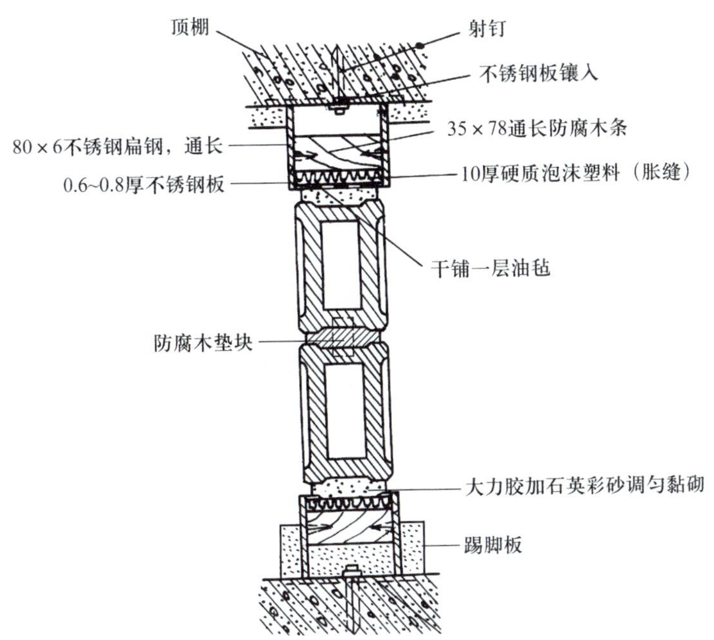

图 3-7-7 空心玻璃砖外墙胶筑构造

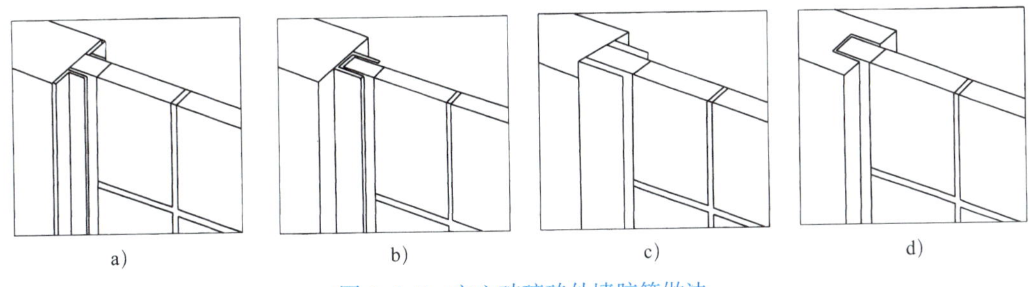

图 3-7-8 空心玻璃砖外墙胶筑做法

a）┌形不锈钢板镶嵌法 b）匚形不锈钢板镶嵌法 c）不锈钢平板镶嵌法 d）墙体开槽镶嵌法

第八节 玻璃幕墙装饰构造

玻璃幕墙是近代科学技术发展的产物，是现代高层建筑时代的显著特征。它改变了传统建筑的实墙体结构，而成为光影兼备、玲珑剔透的虚墙面，并以其简单轻巧的几何造型、丰富多彩的墙面影像，给人以崭新的感觉，从而焕发出独特的建筑艺术魅力，如图 3-8-1 所示。

玻璃幕墙是指由玻璃板作为墙面的饰面材料，与金属构件一起组成悬挂在建筑物结构框架表面的非承重墙。由于它像帷幕一样，故称为玻璃幕墙。

玻璃幕墙的构造：玻璃板和固定玻璃板的骨架构成的部件连接在横梁上，横梁连接在立柱上，立柱悬挂在主体结构上。这样做是为了在温度变化和主体结构侧移的情况下，立柱有变形的余地。立柱上下由活动接头连接，使立柱各段可以上下相对移动，如图 3-8-2 所示。

图 3-8-1　玻璃幕墙

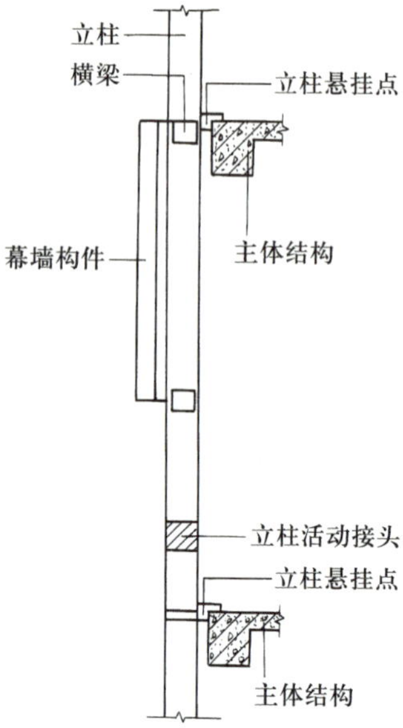

图 3-8-2　玻璃幕墙的组成

根据玻璃幕墙的组合形式和构造方式的不同，玻璃幕墙可以分为四种，即明框玻璃幕墙、隐框玻璃幕墙、半隐框玻璃幕墙和无骨架玻璃幕墙。

一、明框玻璃幕墙

明框玻璃幕墙的玻璃板镶嵌在铝框内，成为四边有铝框的幕墙构件。幕墙构件镶嵌在横梁上，形成横梁和立柱均外露、铝框分格明显的立面，如图 3-8-3、图 3-8-4 所示。

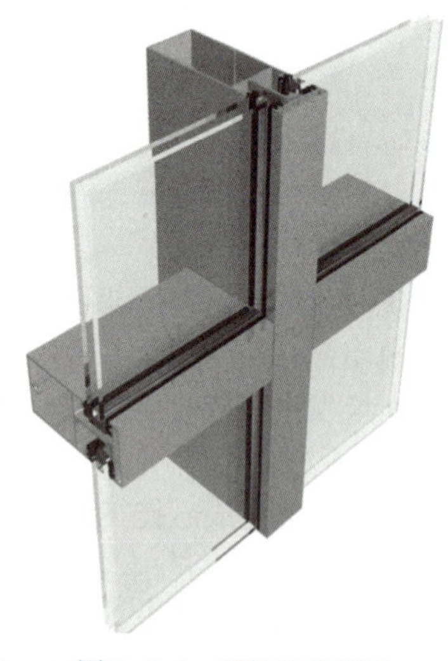

图 3-8-3　明框玻璃幕墙

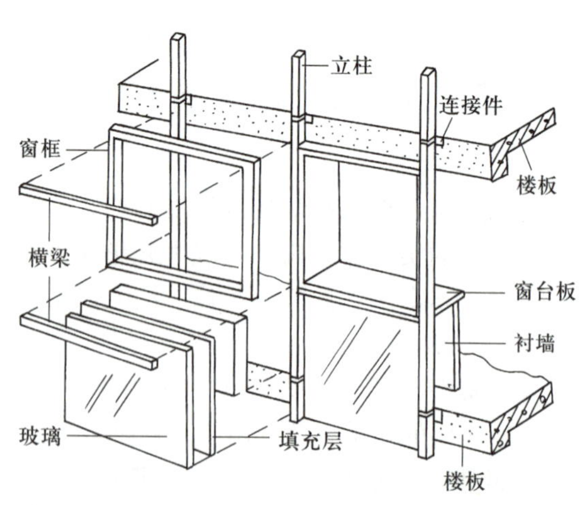

图 3-8-4　明框玻璃幕墙的构造

明框玻璃幕墙构件的玻璃与铝框之间必须留有空隙，以满足在温度变化和主体结构发生位移时所需的活动空间。

二、隐框玻璃幕墙

隐框玻璃幕墙的构造是在铝合金构件组成的框格上固定玻璃框，玻璃框的上框挂在铝合金上。隐框玻璃幕墙节点放在整个框格体系的横梁上，其余三边分别用不同方法固定在竖杆及横梁上。玻璃用结构胶预先粘贴在玻璃框上，玻璃框之间用结构密封胶密封。玻璃框及铝合金框格体系均隐在玻璃后面，从外立面看不到铝合金框，如图 3-8-5、图 3-8-6 所示。

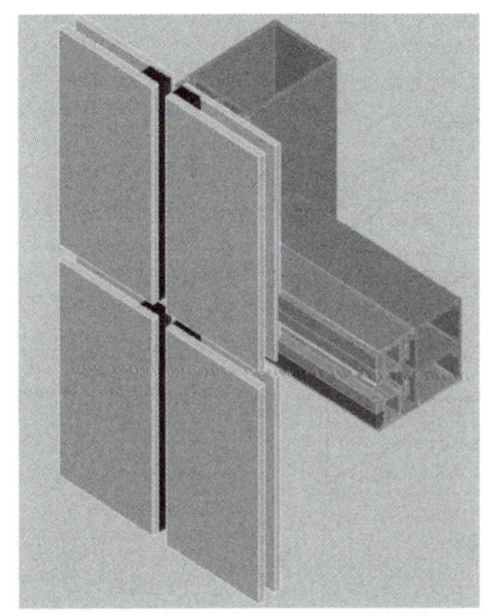

图 3-8-5　隐框玻璃幕墙

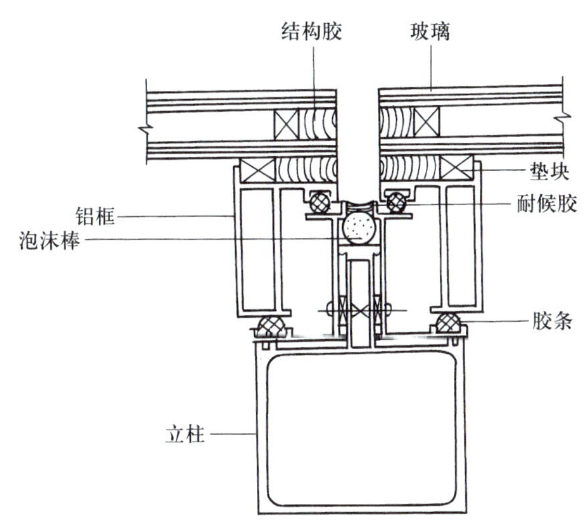

图 3-8-6　隐框玻璃幕墙节点

典型的隐框玻璃幕墙构件如图 3-8-7 所示。其中，玻璃板有单层、双层或夹片等各种形式。结构胶黏结铝框和玻璃板，双面贴胶条临时支撑玻璃板并待结构胶固化，同时又保证了胶缝的厚度。横梁和立柱通过铝框连接。

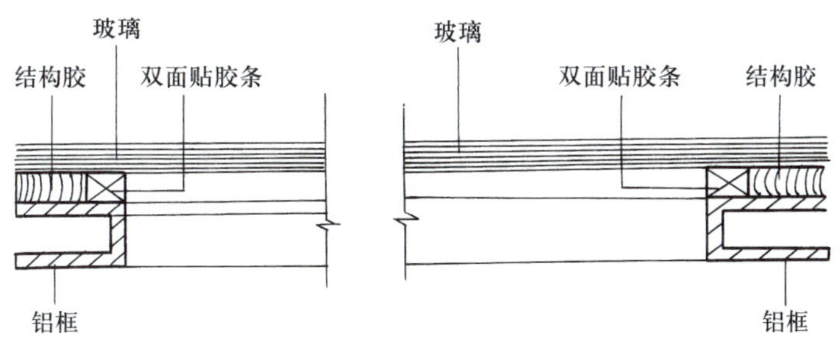

图 3-8-7　隐框玻璃幕墙构件

三、半隐框玻璃幕墙

半隐框玻璃幕墙的构造是利用结构硅酮胶为玻璃板相对的两边提供结构支撑力，另两边则用框料和机械性扣件固定。它有以下两种形式。

1. 竖隐横不隐玻璃幕墙

这种玻璃幕墙的立柱隐在玻璃后面，玻璃安放在横梁的镶嵌槽内，并主要由横梁受力，镶嵌槽外加盖铝合金压板。这种体系一般是先在车间将玻璃粘贴在两竖边有安装沟槽的铝合金玻璃框上，然后再将玻璃框竖边固定在铝合金框格体系的立柱上。玻璃上下两横边则固定在铝合金框格体系横梁的镶嵌槽内。竖隐横不隐玻璃幕墙如图 3-8-8 所示。

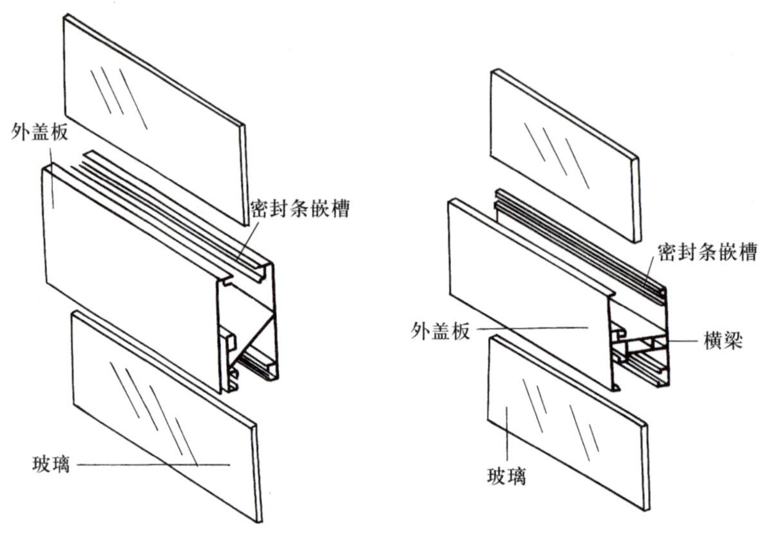

图 3-8-8　竖隐横不隐玻璃幕墙

2. 横隐竖不隐玻璃幕墙

这种玻璃幕墙横向采用结构胶黏结玻璃的方法，结构胶固化后运往施工现场，玻璃的竖边用铝合金压板固定在立柱的镶嵌槽内，形成从上到下整片玻璃由立柱压板分隔成的长条形，主要由立柱受力。横隐竖不隐玻璃幕墙如图 3-8-9 所示。

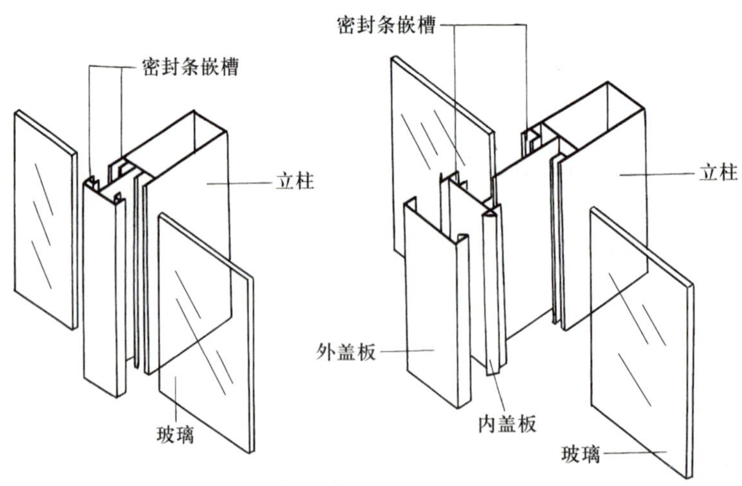

图 3-8-9　横隐竖不隐玻璃幕墙

四、无骨架玻璃幕墙

无骨架玻璃幕墙的玻璃板无须金属骨架支托。在这里，玻璃板既是饰面材料，又是承受自重及风荷载的构件。由于没有骨架，整个玻璃幕墙完全是通长的大块玻璃，更具通透性，视野更为开阔，立面也更简洁。无骨架玻璃幕墙一般用在高层建筑的裙房外围，或是建筑物首层的开阔部位。无骨架玻璃幕墙的构造主要有两种类型：一种是有肋玻璃的构造，另一种是无肋玻璃的构造。

1. 有肋玻璃的玻璃幕墙

为了增强玻璃结构的刚度，保证其在风荷载下应有的安全稳定性，除了玻璃应有足够的厚度外，还应加设与面玻璃呈垂直分布的肋玻璃。肋玻璃与面玻璃的相交形式有四种，即后置式、骑缝式、平齐式和凸出式。

（1）后置式（见图 3-8-10）。肋玻璃置于面玻璃的后部，靠密封胶与面玻璃黏结成一个整体。

（2）骑缝式（见图 3-8-11）。肋玻璃位于面玻璃后部的接缝处，靠密封胶将三块玻璃连接在一起。

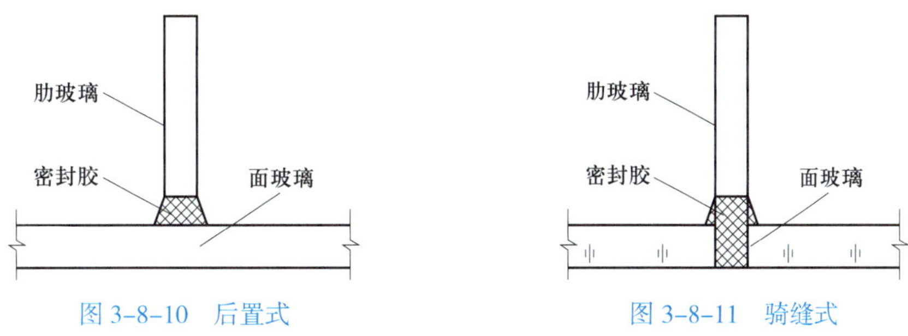

图 3-8-10　后置式　　图 3-8-11　骑缝式

（3）平齐式（见图 3-8-12）。肋玻璃位于两块面玻璃之间，肋玻璃的一侧与面玻璃表面平齐，肋玻璃与面玻璃之间用密封胶黏结。

（4）凸出式（见图 3-8-13）。肋玻璃位于两块面玻璃之间，凸出面玻璃表面，肋玻璃与面玻璃之间用密封胶黏结。

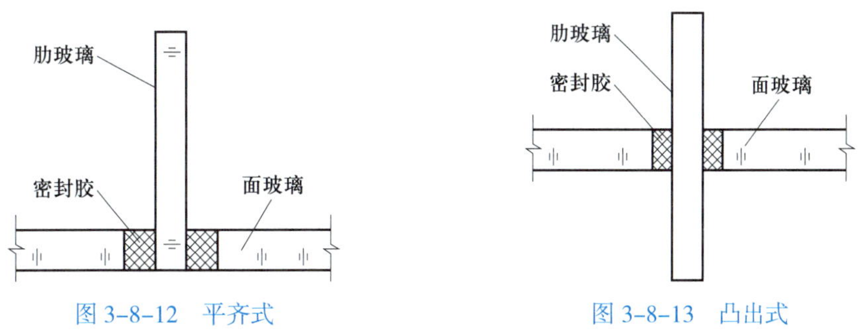

图 3-8-12　平齐式　　图 3-8-13　凸出式

2. 无肋玻璃的玻璃幕墙

无肋玻璃的玻璃幕墙最常见的做法是将大块玻璃的两端嵌入金属框内，用硅酮胶嵌缝、固定。如果玻璃的高度在 5 m 以上，则必须对玻璃的底部加以支撑，并在顶部设置悬吊，以减少对底部支撑的压力。

第九节 石材幕墙装饰构造

石材幕墙的墙面饰面材料为天然建筑石材。石材宜选用花岗岩，也可选用大理石、石灰岩、石英砂岩等。石材幕墙坚硬耐久、美观大气，如图 3–9–1 所示。

图 3–9–1　石材幕墙

一、石材的技术要求

1. 石材规格、厚度、色差、断面、弯曲强度、吸水率、六面防护等要满足设计及规范要求，石材幕墙中的单块石板板面面积不宜大于 1.5 m^2，石材厚度应不小于 25 mm（见表 3–9–1）。

表 3–9–1　石材面板的弯曲强度、吸水率、最小厚度和单块面积要求

项目	天然花岗石	天然大理石	其他石材	
（干燥及水饱和）弯曲强度标准（MPa）	≥ 8.0	≥ 7.0	≥ 8.0	8.0 ≥ f ≥ 4.0
吸水率（%）	≤ 0.6	≤ 0.5	≤ 5	≤ 5
最小厚度（mm）	≥ 25	≥ 35	≥ 35	≥ 40
单块面积（m^2）	不宜大于 1.5	不宜大于 1.5	不宜大于 1.5	不宜大于 1.0

2. 在严寒和寒冷地区，石材幕墙用石材面板的抗冻系数不小于 0.8。

3. 石材外表面的色泽应符合设计要求，花纹图案应按样板检查。石材四周应与设计、施工封样进行比对，不得有明显的色差。

4. 石材连接部位应无崩坏、暗裂等缺陷，其他部位崩边不大于 5 mm × 20 mm 或缺角不大于 20 mm 时可修补后使用，但每层修补的石材块数应不大于 2%，且宜用于立面不明显部位。

5. 石材上孔或槽的位置、数量、深度以及孔或槽的壁厚均应符合设计要求，与图样相吻合。

6. 石材开槽后不得有损坏或崩裂现象，槽口打磨成 45° 倒角，槽内洁净光滑，如图 3–9–2 所示。

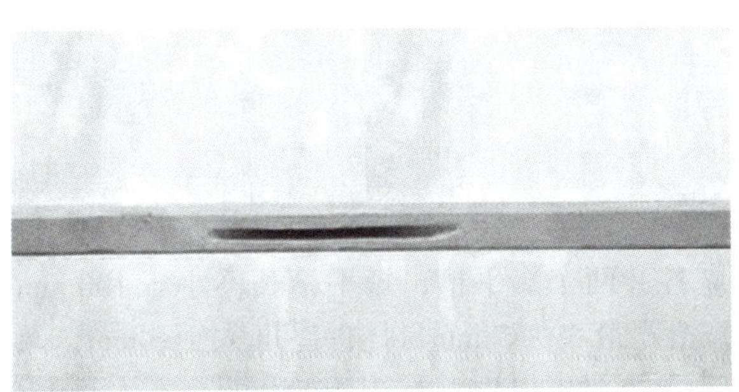

图 3–9–2　石材开槽槽口

二、石材幕墙平、立面的构造

石材幕墙构造的主要部分是石材板和支撑结构（横梁立柱、钢结构、连接件等），板材挂装系统宜设置防脱落装置，如图 3–9–3 所示。

图 3–9–3　金属挂件与石材幕墙的黏结固定

根据安装形式不同，石材幕墙的构造可以分为三种，即短槽式挂件石材幕墙、通槽式挂件石材幕墙和背栓式挂件石材幕墙。

1. 短槽式挂件石材幕墙

短槽式挂法一般采用蝶形挂件或 T 形挂件，如图 3-9-4 所示。

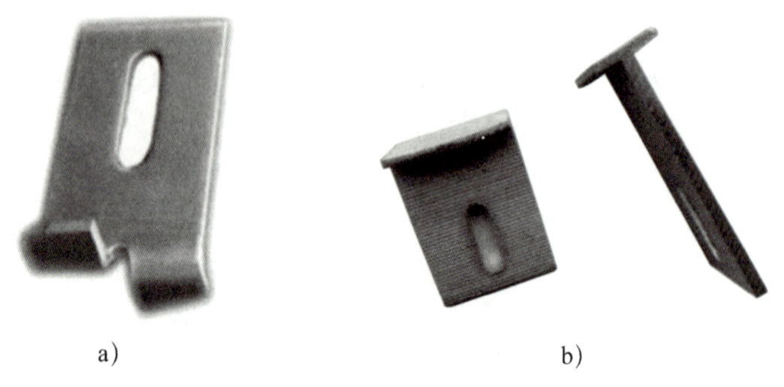

a)　　b)

图 3-9-4　短槽式挂件

a）蝶形挂件　b）T 形挂件

石材板上下边应各开两个短平槽，短平槽长不小于 100 mm，在有效长度内槽深度不小于 16 mm，槽宽最小为 7 mm，挂件厚度大于 3 mm，两短槽边距离石材板两端的距离应不小于 3 倍石板厚度，不小于 85 mm、不大于 180 mm，如图 3-9-5、图 3-9-6 所示。

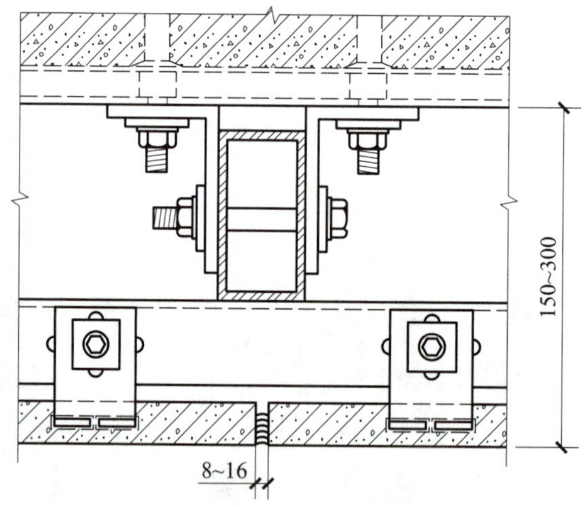

图 3-9-5　短槽式挂件构造（平面）

2. 通槽式挂件石材幕墙

通槽式挂法一般采用铝合金 SE 组合挂件（部分采用 T 形挂件或蝶形挂件），如图 3-9-7 所示。

每块石材板上下边开通长槽，槽深度小于 15 mm，开槽宽度宜为 6 ~ 7 mm，挂件厚度大于 4 mm，如图 3-9-8、图 3-9-9 所示。

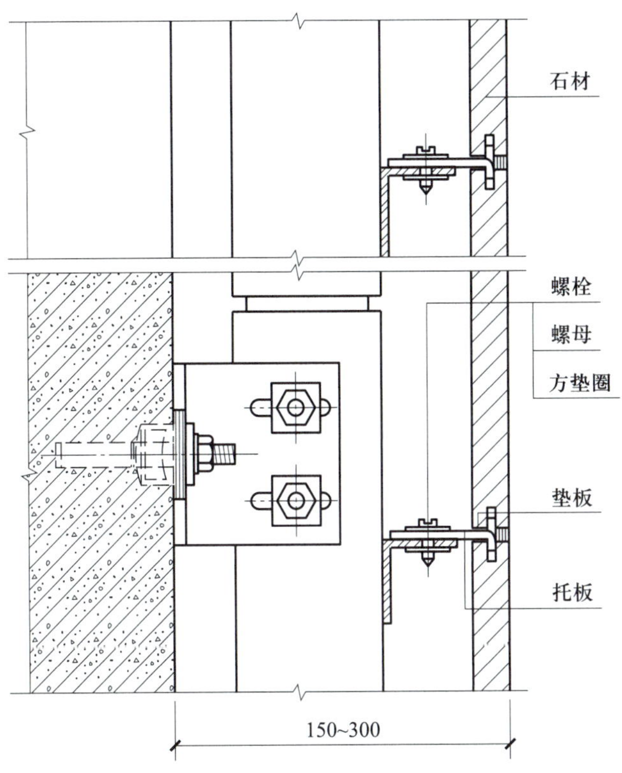

图 3-9-6 短槽式挂件构造（立面）

图 3-9-7 SE 组合挂件

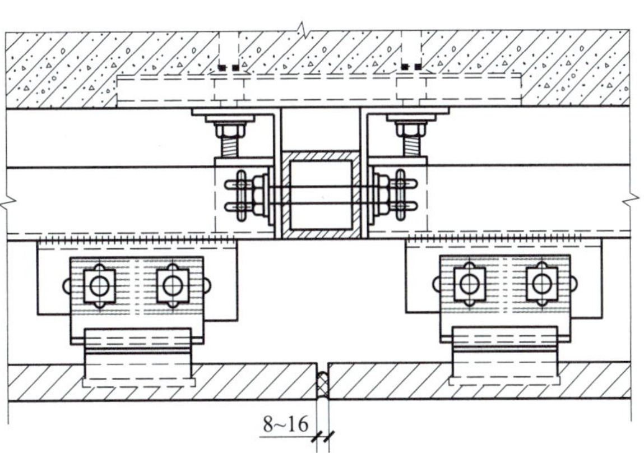

图 3-9-8 通槽式挂件构造（平面）

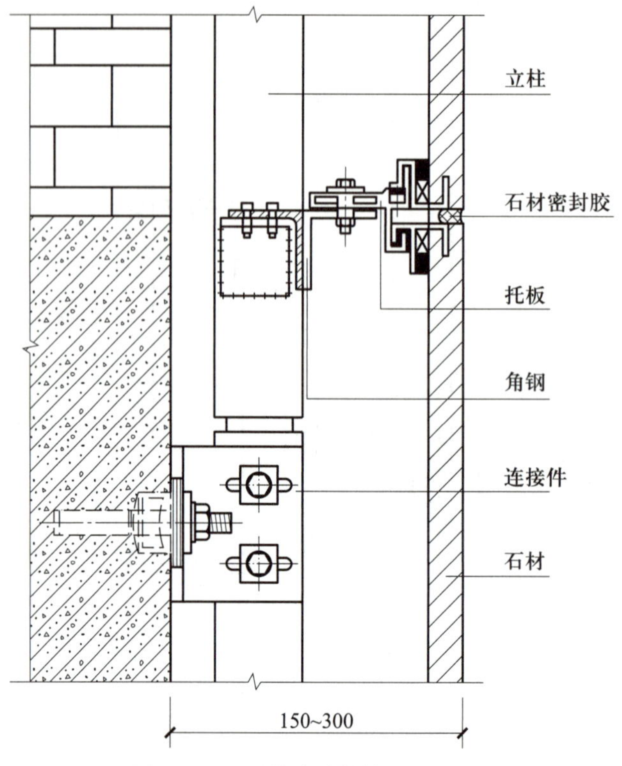

图 3–9–9　通槽式挂件构造（立面）

3. 背栓式挂件石材幕墙

背栓式石材幕墙由石材面板、背栓、铝合金转接件、横竖龙骨、填缝胶、转接角码及埋件等组成。在工厂时，用机械设备对石材面板预加工背栓孔，石材运到施工现场后，再安装背栓及铝合金转接件，然后挂接到横竖龙骨上。背栓孔中心线到板边的距离最小为 50 mm，孔底到板面保留厚度最小为 8 mm，如图 3–9–10 至图 3–9–12 所示。

图 3–9–10　背栓式挂件

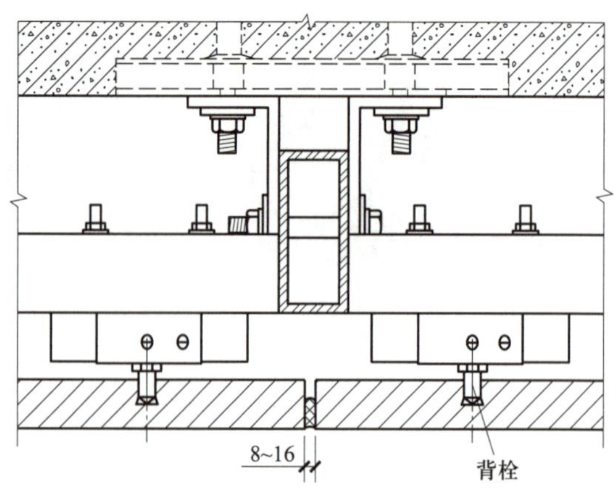

图 3–9–11　背栓式构造（平面）

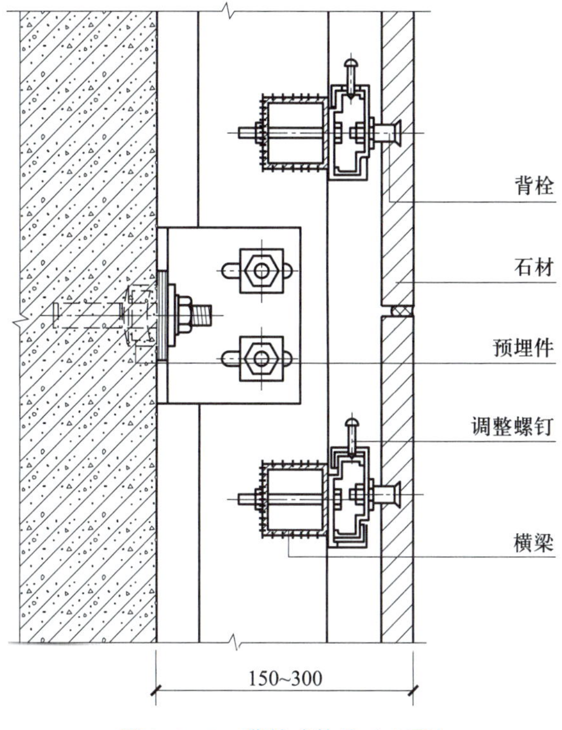

图 3-9-12　背栓式构造（立面）

三、石材幕墙细部节点构造

1. 石材幕墙转角处构造

（1）石板的转角宜采用不锈钢支撑件或铝合金型材专用件组装，不锈钢支撑件厚度应不小于 3 mm，铝合金型材厚度应不小于 4.5 mm，连接部位壁厚应不小于 5 mm。

（2）转角立柱与另一面的石材距离为 150 ~ 300 mm。

（3）幕墙中不同的金属材料接触处，除不锈钢外均应设置耐热的环氧树脂玻璃纤维布或尼龙垫片。

石材幕墙转角处构造如图 3-9-13 所示。

2. 石材幕墙上口封顶节点构造

（1）女儿墙上口封顶石材应向内侧找 10% 的坡度，石材接缝处打胶饱满连续。

（2）压顶石材宜采用短槽托板支撑，石材开槽要求和短槽式石材幕墙相同。

石材幕墙上口封顶节点构造如图 3-9-14 所示。

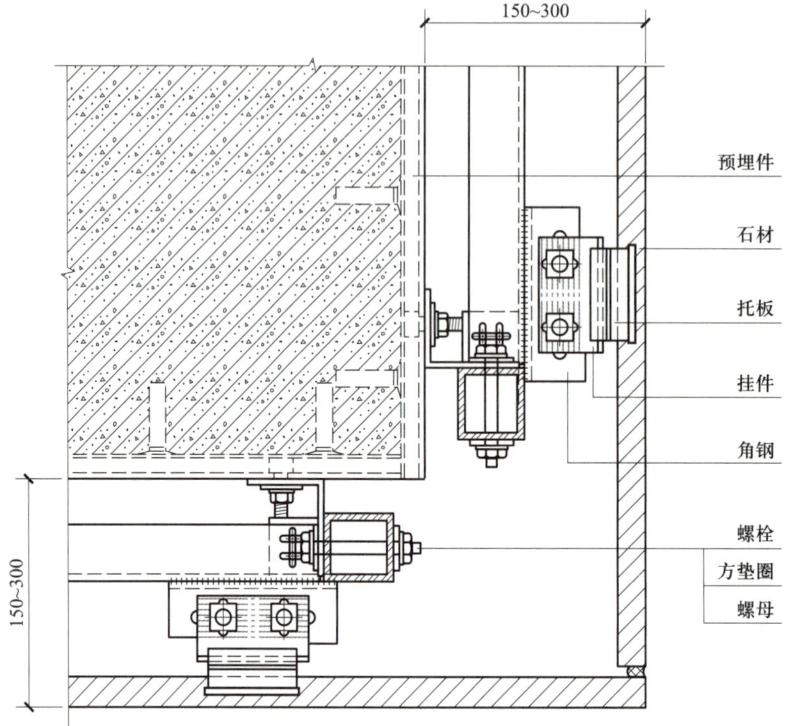

图 3-9-13　石材幕墙转角处构造

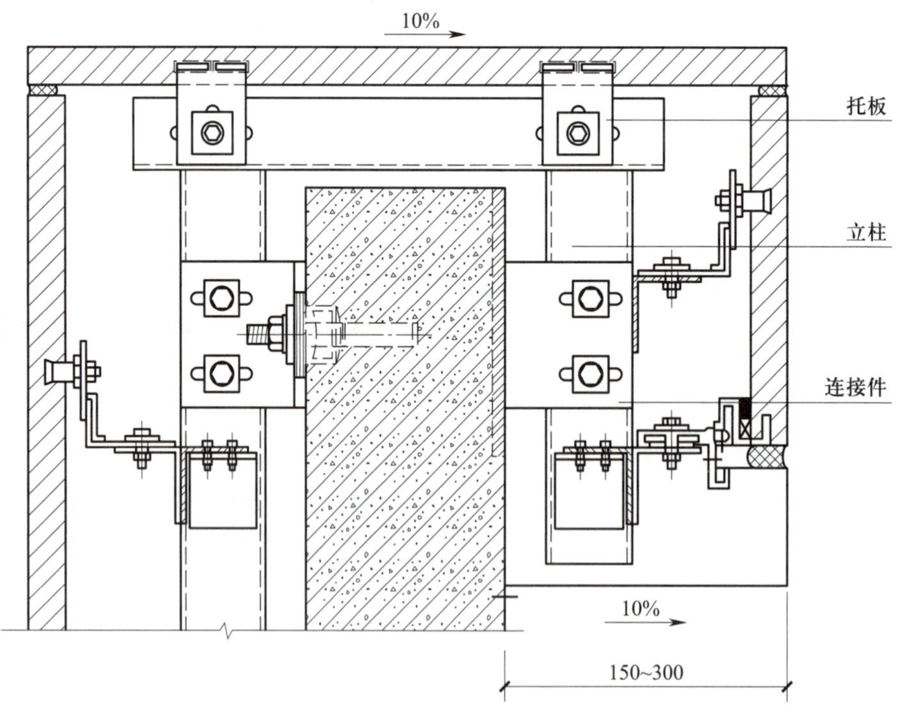

图 3-9-14　石材幕墙上口封顶节点构造

3. 石材幕墙下口封底节点构造

（1）下口收口石材或铝板向外侧找 10% 的坡度。

（2）渗漏检验应按每 100 m^2 幕墙面积抽查一处，并应在易发生漏雨的部位如阴阳角等处进行淋水检查。

石材幕墙下口封底节点构造如图 3-9-15 所示。

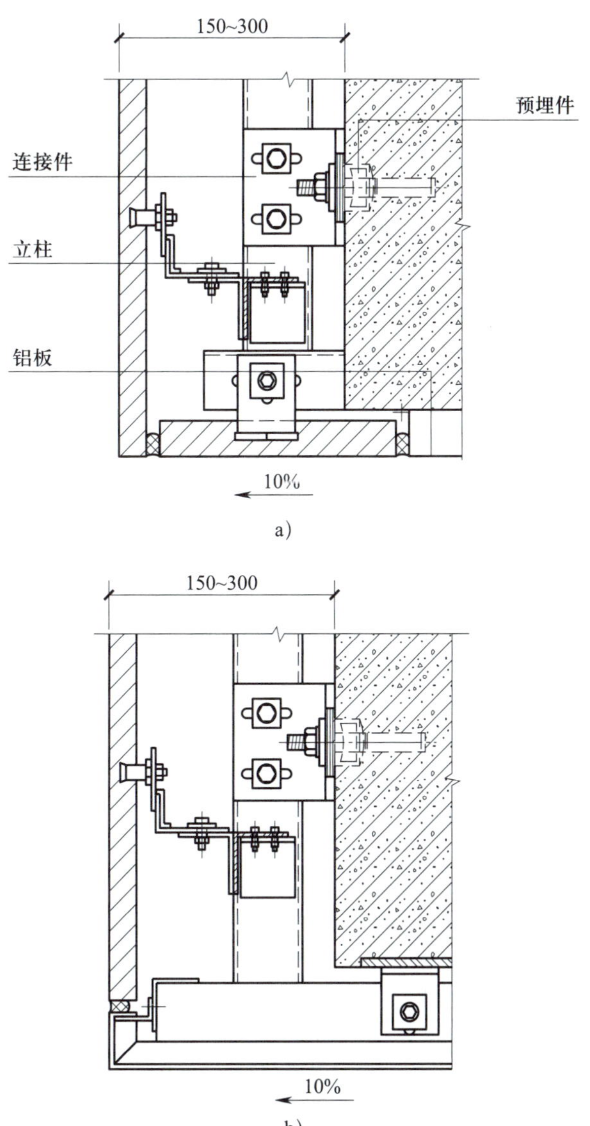

图 3-9-15　石材幕墙下口封底节点构造

a）下口石材封底节点构造　b）下口铝板封底节点构造

4. 石材幕墙防火、防雷节点构造

（1）幕墙结构中应自上而下安装防雷装置，并应与主体结构防雷装置做可靠连接。

（2）防雷连接导线应在材料表面保护膜去除部位进行连接。

（3）幕墙的防火层必须采用经防腐处理且厚度不小于 1.5 mm 的耐热钢板，不得采用铝板。

石材幕墙防火、防雷节点构造如图 3-9-16 所示。

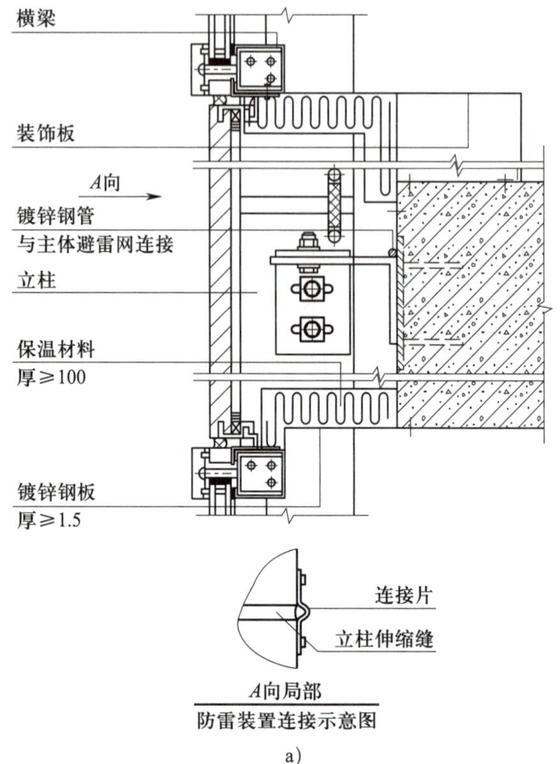

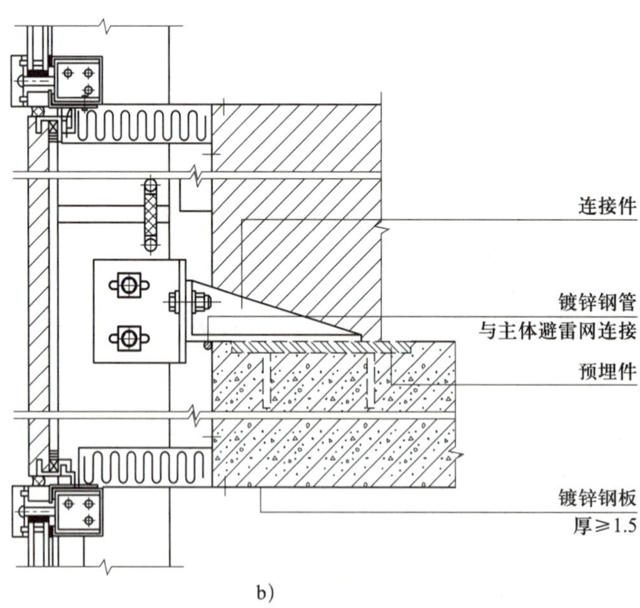

图 3-9-16 石材幕墙防火、防雷节点

a）节点一 b）节点二

第十节　金属幕墙装饰构造

金属幕墙是一种新型的建筑幕墙形式，其墙面饰面材料为金属，如图 3–10–1 所示。金属面板材料易于加工，颜色多样，安全性较高，可做多种线条造型，所以备受青睐。

图 3–10–1　金属幕墙

一、金属面板材料的分类

金属幕墙按建筑设计的要求，可使用的面板材料有单层铝板、铝塑复合板、蜂窝铝板、彩色钢板、搪瓷涂层钢板、不锈钢板、锌合金板、钛合金板、铜合金板等。

1. 单层铝板

单层铝板厚度应不小于 2.5 mm，常用的厚度为 3 mm。铝板需设置加强筋，加强筋间距不大于 600 mm，如图 3–10–2 所示。铝板幕墙的表面宜采用氟碳涂料喷涂处理。

2. 铝塑复合板

铝塑复合板简称铝塑板，是以塑料为芯层、两面为铝材的 3 层复合板材，产品表面一般覆以装饰性和保护性的涂层或薄膜作为装饰面，如图 3–10–3 所示。其上下铝板的厚度不小于 0.5 mm，板材总厚度应不小于 4 mm。铝材材质一般采用 3000、5000 等系列的铝合金板材，涂层应采用氟碳树脂涂层。3000 系列铝板又称防锈铝板，主要合金成分为锰元素；5000 系列铝板属于较常用的合金铝板系列，主要合金元素为镁，含镁量为 3%～5%，又称铝镁合金，主要特点为密度低、抗拉强度高、延伸率高。

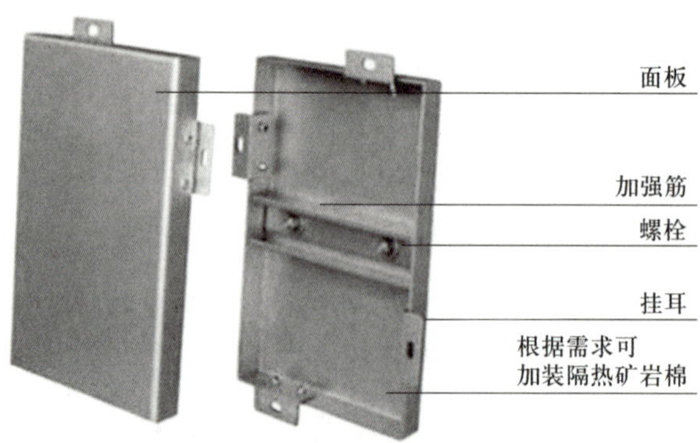

图 3-10-2　单层铝板

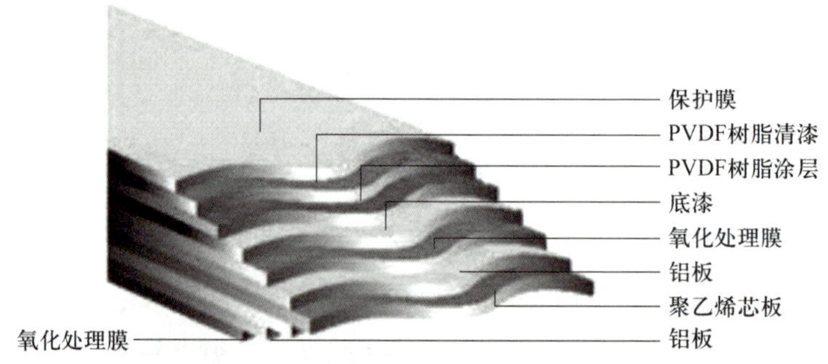

图 3-10-3　铝塑复合板

3. 蜂窝铝板

蜂窝铝板是由两块铝板中间加蜂窝芯材黏接而成的一种复合材料，如图 3-10-4 所示。蜂窝铝板可选用的厚度为 10 mm、12 mm、15 mm、20 mm 和 25 mm，厚度为 10 mm 的蜂窝铝板应由 1 mm 的正面铝合金板和 0.5 ~ 0.8 mm 厚的背面铝合金板及蜂窝芯材黏接而成，厚度在 10 mm 以上的蜂窝铝板，其正面和背面的铝合金板厚度均应为 1 mm。

蜂窝芯材除铝箔外还有玻璃钢蜂窝和纸蜂窝，但蜂窝铝板做幕墙使用时应选用铝蜂窝，蜂窝的形状有正六角形、扁六角形、长方形、正方形、十字形、扁方形等。

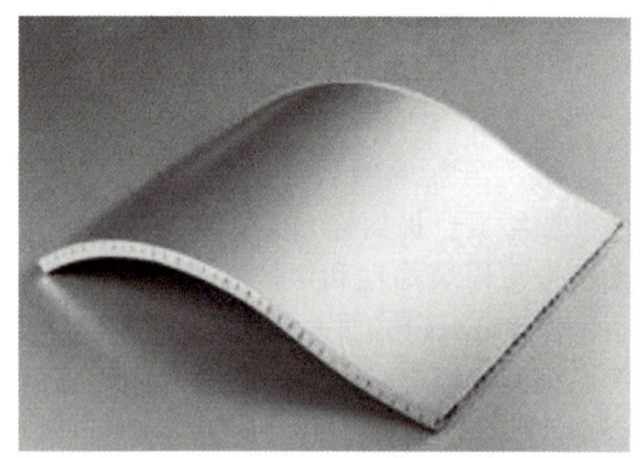
图 3-10-4　蜂窝铝板

4. 彩色钢板

彩色钢板是一种以经表面预处理后的优质冷轧钢板、热镀锌钢板或镀铝锌钢板为基板，然后连续涂覆有机涂料的钢板。具有轻质高强、色彩鲜艳、耐久性好等特点，如图 3-10-5 所示。

图 3-10-5　彩色钢板

5. 搪瓷涂层钢板

搪瓷涂层钢板是指一种将无机玻璃质材料通过熔融凝于基体钢板并与钢板牢固结合在一起的新型复合材料，如图 3-10-6 所示。钢板的内外表层应上底釉，外表面搪瓷瓷层厚度要求见表 3-10-1。

图 3-10-6　搪瓷涂层钢板

表 3-10-1　搪瓷涂层钢板外表面搪瓷瓷层厚度

瓷层		瓷层厚度最大值（mm）	检测方法
底釉		0.08 ~ 0.15	测厚仪
底釉 + 层面釉	干法涂搪	0.12 ~ 0.3（总厚度）	测厚仪
	湿法涂搪	0.3 ~ 0.45（总厚度）	测厚仪

6. 不锈钢板

不锈钢板表面光滑、可塑性较高，有镜面不锈钢板、亚光不锈钢板、钛金板等。不锈钢板具有耐久、耐磨性，但过薄的钢板会鼓凸，过厚的钢板自重和价格又非常高，所以不锈钢板幕墙使用得不多，一般用于幕墙的局部装饰，如图 3–10–7 所示。

图 3–10–7　不锈钢板

二、金属幕墙构造

铝板幕墙一直在金属幕墙中占主导地位，其轻量化的材质，减少了建筑的负荷；防水、防污、防腐蚀性能优良，保证了建筑外表面持久常新；加工、运输、安装等都比较容易实施，为其广泛使用提供了强有力的支持；色彩的多样性及可以任意组合的外观形状，拓展了建筑师的设计空间；因此，铝板幕墙成为一种极富冲击力的建筑形式。

1. 铝板幕墙标准节点构造

（1）铝板角码与主次龙骨之间设置 2 mm 厚环氧树脂玻璃纤维布或尼龙垫片。

（2）金属板材应沿周边用螺栓固定于横梁或立柱上，螺栓直径应不小于 4 mm，采用不锈钢螺栓。

（3）铝板间缝隙宽度为 15 mm，面板安装平整，打胶应均匀连续。

铝板幕墙横剖面标准节点如图 3–10–8 所示。

2. 金属幕墙铝板压顶、防雷节点构造

（1）幕墙女儿墙压顶应设置向内排水的 5% 坡度，同时铝单板内设置连续镀锌钢板做挡水板。

（2）幕墙防雷采用屋面压顶铝板通过铜索与竖向龙骨可靠连接、竖向龙骨与主体结构预留防雷钢筋连接的方法。

（3）保温需包住女儿墙顶部，保证保温的连续性。

金属幕墙铝板压顶、防雷节点如图 3–10–9 所示。

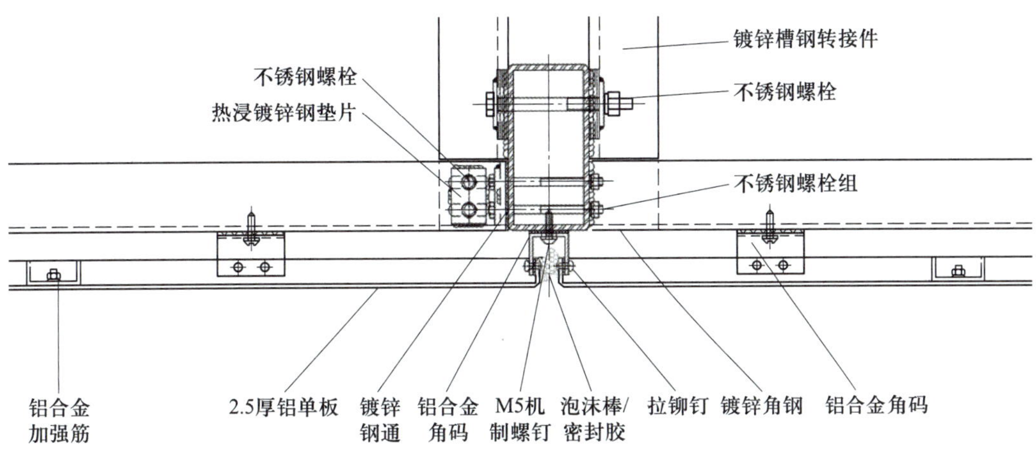

图 3-10-8 铝板幕墙横剖面标准节点

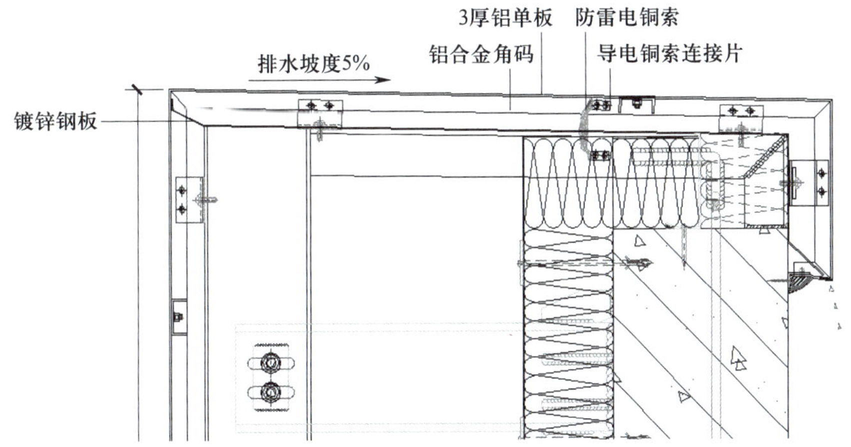

图 3-10-9 金属幕墙铝板压顶、防雷节点

3. 金属幕墙救援窗节点构造

（1）救援窗主要用于发生火灾时外部人员救援，宽度应不小于 800 mm、高度应不小于 1 200 mm，四周用防火岩棉封堵，通道距离室内楼地面不宜大于 1 200 mm。

（2）救援窗外窗应有红色标志，保证救援时能明确找到。

（3）救援窗开启扇及通道四周应用 100 mm 厚防火岩棉（A 级）进行封堵。

（4）救援窗通道两侧宜开检查门，便于维修。

（5）救援窗通道处应避让竖向、横向龙骨，严禁切割竖向龙骨，同时该部位应按需要独立设置龙骨。

（6）救援窗应保证能从室外开启，开启扇转轴为不锈钢棒。

（7）室外开启窗需增加连续的披水胶条。

金属幕墙救援窗横剖面及节点如图 3-10-10 所示。

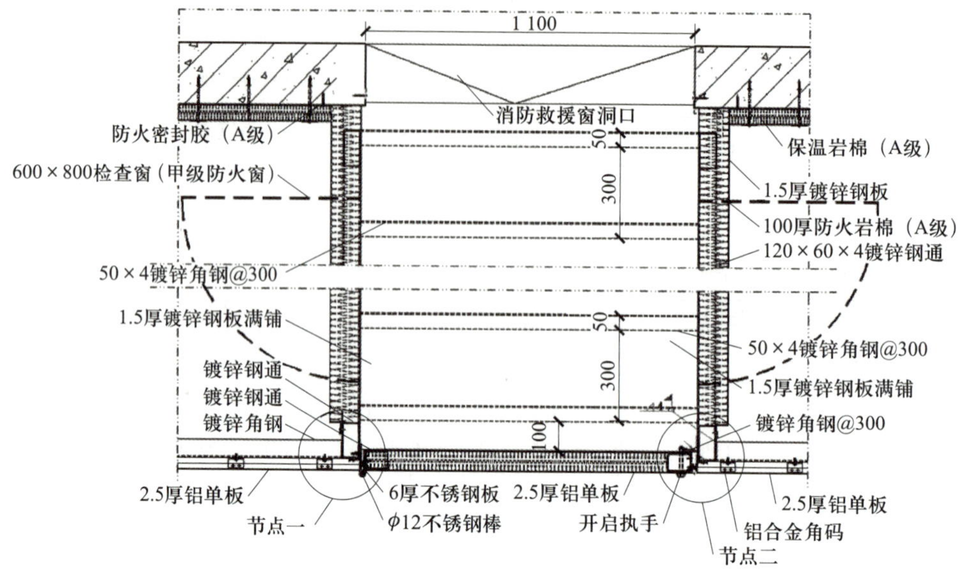

a）

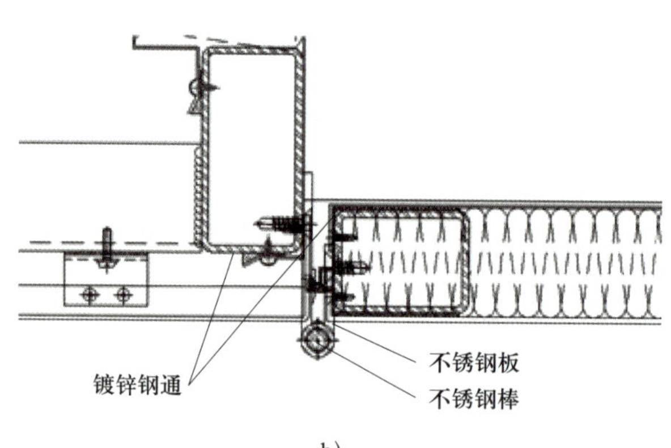

b）

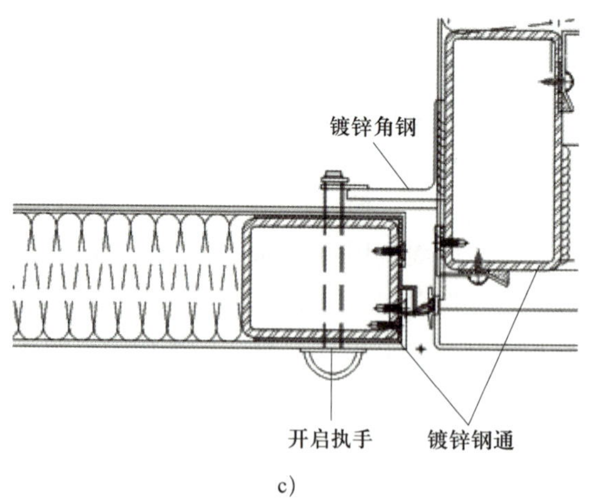

c）

图 3-10-10　金属幕墙救援窗横剖面及节点

a）横剖面　b）节点一　c）节点二

第十一节 隔墙与隔断装饰构造

非承重的内墙通常称为隔墙（见图 3-11-1），起着分隔房间的作用。隔断（见图 3-11-2）是指分隔室内空间的装修构件，与隔墙有相似之处，但也有根本区别。利用隔断分隔的空间，在空间的变化上可以产生丰富的意境，增加空间的层次、拓展深度，使空间既分又合，且互相连通。两者的区分要从两方面来考虑：一是在分隔空间的程度及特点上不同，二是拆装的灵活性不同。

图 3-11-1 隔墙

图 3-11-2 隔断

一、隔墙

隔墙按其构造方式可以分为三大类，即砌块式隔墙、立筋式隔墙和条板式隔墙。

1. 砌块式隔墙

砌块式隔墙（见图 3-11-3）是指采用普通砖、空心砖、加气混凝土块、玻璃砖等块材砌筑而成的隔墙。其构造简单，但应用时要注意块材之间的结合、墙体稳定性、墙体重量及刚度对结构的影响。

2. 立筋式隔墙

立筋式隔墙（见图 3-11-4）也称龙骨隔墙，主要用木料或钢材构成骨架，再在两侧做面层。简单来说是指在隔墙龙骨两侧安装面板以形成的轻质隔墙。

3. 条板式隔墙

条板式隔墙（见图 3-11-5）是不用骨架，而用厚度比较厚、高度相当于房间净高的板材拼装而成的隔墙（在必要时可按一定间距设置一些竖向龙骨，以增加其稳定性）。

图 3-11-3 砌块式隔墙

图 3-11-4 立筋式隔墙

图 3-11-5 条板式隔墙

二、隔断

1. 隔断的分类

一般隔断可以分为门套式隔断、通透式隔断和活动式隔断。

2. 隔断的构造要点

（1）门套式隔断与通透式隔断。这两种隔断的共同特点是：通体与四壁相接，与整个室内装修同时制作，是室内装修的一个重要组成部分，并成为两个空间共享的艺术作品，使两个不同的区域能够有机地联系在一起，使不同空间的居室风格达到完美的统一，空间更加充满活力。

门套式与通透式虽是两种不同的隔断，但在设计中两者又相互借鉴、融合统一。

（2）活动式隔断

1）拼装式隔断。拼装式隔断由若干独立的隔扇拼装而成。因为没有导轨和滑轮，不能左右移动，要一扇一扇地安装和拆卸。拼装式隔断封装面板既可用木质的，也可用金属的。隔断的上部安装一个通长的固定槽，用螺钉固定在平顶上。固定槽的形式有槽形和 T 形两种。固定槽有木质和钢质两种。

2）折叠式隔断。折叠式隔断可以随意展开和收拢，主要由轨道、滑轮和隔扇三部分组成。其结构一般采用悬吊导向式固定结构，将隔扇顶部的滑轮和轨道与上部悬吊系统相连，由悬吊导向式固定结构承受整个隔断的重量。为了保证隔断具有较好的隔声性能，必须处理好隔扇与隔扇之间、隔扇与楼地面之间以及隔扇与洞口两侧间的缝隙。

第十二节 软包类墙面装饰构造

软包是指一种在室内墙表面用柔性材料加以包装的墙面装饰方法。它所使用的材料质地柔软、色彩柔和，能使整体空间氛围变得柔和，其纵深的立体感也能提升装修档次。除了美化空间的作用外，更重要的是，软包具有阻燃、吸声、隔声、防潮、防霉、抗菌、防水、防油、防尘、防污、防静电、防撞的功能。软包类装饰墙如图 3-12-1 所示。

软包类墙面装饰可分为常规传统软包、型条软包及皮雕软包三大类。

一、常规传统软包

构造要点：先铺设基层板（9 mm 板或 12 mm 板），然后上面加一层 30 ~ 50 mm 厚的泡沫垫，再用布艺或者人造皮革或者真皮饰（包）面。

二、型条软包

构造要点：先将型条按需要图形固定在墙面上，中间填充海绵，最后用塞刀把布或皮革塞在型条里。

图 3-12-1 软包类装饰墙

三、皮雕软包

皮雕软包是一种新型软包，是用专用模具经高温一次热压成型。其款式新颖，阻燃耐磨。

1. 简述室内墙面装饰的作用和类型。
2. 抹灰类墙面由哪三层组成？各层的作用是什么？
3. 内墙涂料装饰的构造要点有哪些？
4. 涂装的作用及种类有哪些？
5. 简述瓷砖饰面的构造要点。
6. 板材的种类有哪些？什么叫干挂法？
7. 简述墙面抹灰的构造要点。
8. 空心玻璃砖墙体的装饰构造做法有哪些？
9. 裱糊类饰面的特点是什么？
10. 裱糊类饰面分为哪几类？
11. 铝塑板有哪些种类？
12. 玻璃幕墙根据组合形式和构造方式不同分为哪几种？各自有哪些特点？
13. 简述肋玻璃与面玻璃的相交形式，并画出示意图。
14. 什么是石材幕墙？石材幕墙构造的主要部分有哪些？
15. 石材幕墙中的单块石板板面面积和石材厚度有什么要求？
16. 短槽式挂法一般采用什么挂件？
17. 什么是金属幕墙？金属幕墙按使用面板材料分为哪几类？
18. 简述铝板幕墙标准节点构造。

19. 简述救援窗的开启方式及宽度和高度要求。
20. 隔断和隔墙的区别是什么？
21. 隔墙按构造方式分为哪几类？
22. 软包类墙面装饰分为哪几类？
23. 什么是皮雕软包？

第四章 楼地面装饰构造

学习目标

1. 掌握常见楼地面装饰构造的要求、类型及其基本做法。

2. 熟悉楼地面特殊部位的装饰构造做法。

3. 在设计楼地面装饰构造时，会根据不同的使用和装饰要求选择相应的材料、构造方法，达到实用、经济、美观的效果。

楼地面是楼面和地面的简称。楼地面的装饰构造一般由承受荷载的结构层和满足使用要求的饰面层组成。有的楼层为了满足隔声、保温、隔热、防潮、防水或敷设管线等要求，还需要在结构层和饰面层中间增加一个垫层。

第一节 概述

一、楼地面的功能和要求

1. 保护结构层

装饰后的楼地面对结构层能起到良好的保护作用，如耐磨损、易清洁、不起尘、防磕碰以及能避免因水渗漏而引起的楼板内部钢筋锈蚀。

2. 隔声吸声

隔声包括隔绝空气传声和固体传声两方面。要隔绝空气传声首先要避免地面有裂缝和孔洞，其次是增加楼板层的容量。要隔绝固体传声则应防止在楼板上出现过多的冲击能量，如采用地毯、橡胶、软木等富有弹性的铺面材料作为面层，以吸收冲击能量。表面光滑、致密度高、刚性较大的材料反射声波的能力较强，不宜作为隔声吸声的材料使用。同时，在结构和构造上，还可以采用间断的方式来隔绝固体传声。

3. 保温

在不采暖的建筑中，楼地面构造不考虑热工问题。但在卧室、起居室等房间可采用热导率较小的材料，如木材、橡胶、地毯等，让人们在寒冬时能减少脚下冰冷的感

觉。在有采暖或空调设备的建筑中，当上下层温度不同时，应在楼地面垫层中增加保温材料，以减少热量的散失。

4. 满足弹性要求

弹性地面使人产生舒适感和安全感，也有利于减少噪声。对于某些专业性较强的场所，如健身房、体育馆等，对地面饰面层的弹性会提出更加具体的要求。

5. 防水防潮

卫生间、厨房等特别容易潮湿的房间，地面应做好防潮、防渗漏的处理。除了支撑构件采用钢筋混凝土外，面层材料也应选用具有防水性能的块材，如陶瓷地砖、大理石等。

6. 耐腐蚀

化验室、厨房等有酸碱腐蚀的房间，地面应做好相应的防腐蚀处理。

7. 满足美观要求

楼地面的处理应营造良好的空间氛围，选用的色彩、纹理、图案应与墙面、顶棚等界面一并考虑、统一设计，综合考虑色彩、光线因素。

二、楼地面的装饰类型

楼地面的装饰类型大致可分为整体类楼地面和铺贴类楼地面两大类。

1. 整体类楼地面

整体类楼地面是按设计要求选用不同材质和相应配合比，经施工现场整体浇筑而成的。常用的有以水泥为胶凝材料的水泥地面、水磨石地面、混凝土地面；以沥青为胶凝材料的沥青地面；以树脂（如聚醋酸乙烯乳液、丙烯酸树脂乳液、环氧树脂等）为胶凝材料的现浇塑料地面。其中水泥类现浇整体地面因其坚固、耐磨、防火防水、易清洁等优点应用最广泛。

2. 铺贴类楼地面

采用生产厂家定型生产的板块材料，在施工现场铺设和黏结面层的楼地面即为铺贴类楼地面。铺贴类楼地面主要包括块状材料地面，如铺砖地面，地面砖、缸砖及陶瓷锦砖地面等；木地面，如条木地面和拼花木地面等；塑料地面，如聚氯乙烯塑料地面等。

三、楼地面装饰的基本做法

楼地面装饰的做法大体可分为直接式和构架式两种。楼地面直接式装饰做法是指直接在混凝土地板上进行装饰；楼地面构架式装饰做法是指先在混凝土地板上设置构架，然后在其上面进行装饰。下面举例说明。

楼地面直接式装饰做法（一般）如图 4-1-1 所示。它是以水泥砂浆作为找平层和结合层。面层材料除水泥砂浆外，还可以使用地砖、地毯等铺装材料。直接式装饰做法适用于办公室、住宅、学校、商店等室内地面。

楼地面直接式装饰做法（防水）如图 4-1-2 所示。首先在混凝土地板上加防水层，并在上面灌注轻质混凝土以保护防水层，再在其上面抹水泥砂浆底层，最后铺贴防水瓷砖等材料。这种做法适用于卫生间、水产店等房间地面。

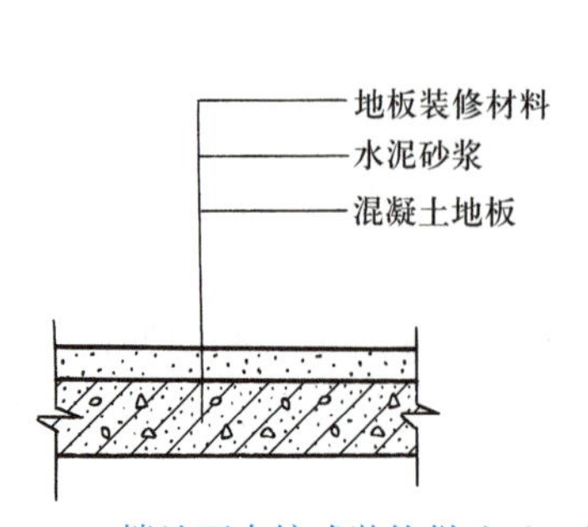

图 4-1-1　楼地面直接式装饰做法（一般）

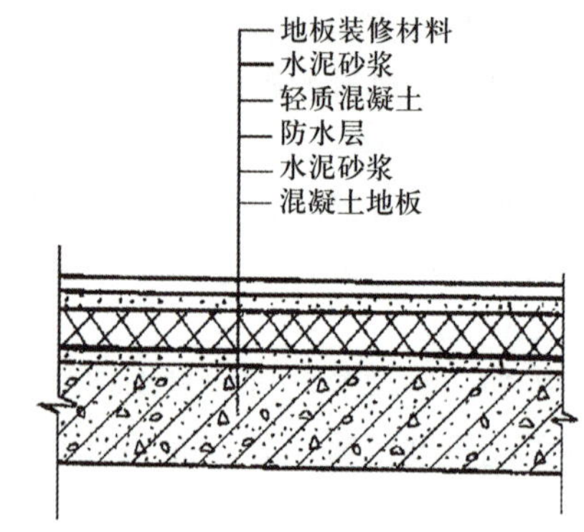

图 4-1-2　楼地面直接式装饰做法（防水）

楼地面构架式装饰做法如图 4-1-3 和图 4-1-4 所示。其中，图 4-1-4 适用于由于各种原因需要升高的地面。

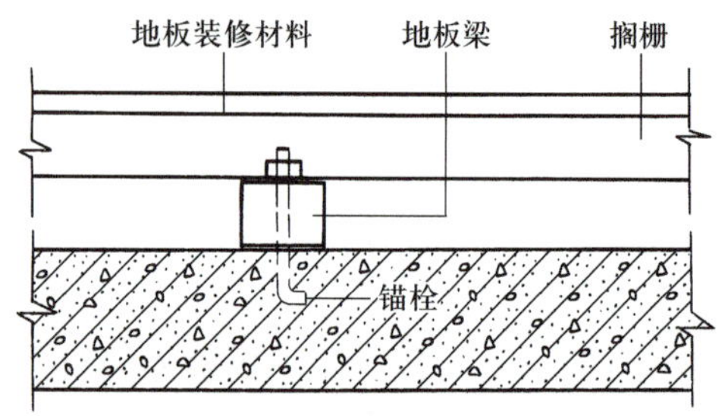

图 4-1-3　楼地面构架式装饰做法 1

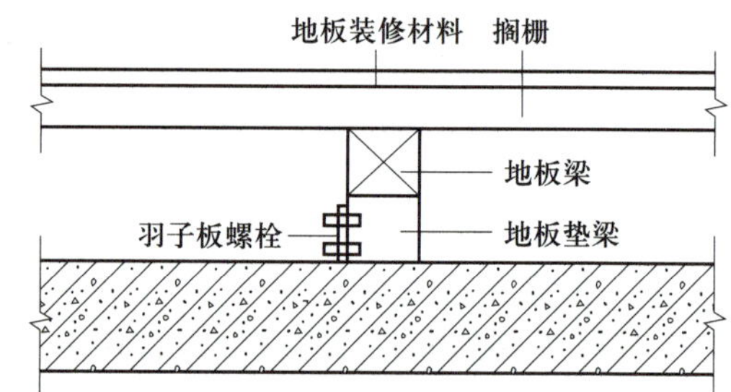

图 4-1-4　楼地面构架式装饰做法 2

第二节　常见楼地面装饰构造

楼地面装饰常会采用一些材料实现楼地面的装饰功能和使用功能，以满足不同场合对楼地面的要求。例如，对防水防潮要求较高的场合常使用陶瓷地砖、现浇水磨石，对舒适性要求较高的场合常使用木材、地毯等。

一、陶瓷地砖楼地面

陶瓷地砖是用瓷土加添加剂经制模成型后烧结而成的，具有表面平整细致、质地坚硬耐磨、耐酸碱、吸水率低、易清洁、不脱色、不变形、色彩丰富、色调均匀、可拼出各种图案等优点。

陶瓷地砖品种多样、花色繁多，一般可分为普通陶瓷地面砖、全瓷地面砖和玻化地面砖三大类。在每一大类中，又可分为亚光、彩釉、渗花、抛光、耐磨、防滑等许多种。

陶瓷地砖不仅适用于各类公共场所，也适用于家庭地面的装饰。应根据楼地面的功能要求、艺术效果、所处部位等因素选择地砖的品种和花色。对于有防水防潮要求

的地面，如厨房、卫生间、餐厅等的地面，要在构造上做相应的处理。陶瓷地砖的性能及适用场合见表 4-2-1。

表 4-2-1　　陶瓷地砖的性能及适用场合

品种	性能	适用场合
彩釉砖	吸水率不大于 10%，强度高，化学稳定性、热稳定性好，抗折强度不小于 20 MPa	室内地面、室内外墙面
釉面砖	吸水率不大于 22%，精陶材质，釉面光滑，化学稳定性良好，抗折强度不小于 17 MPa	厨房、卫生间
仿石砖	吸水率不大于 5%，质地酷似天然花岗岩，外观似花岗岩粗磨板或剁斧板，具有吸声、防滑和特别装饰功能，抗折强度不小于 25 MPa	室内地面及外墙、庭院小径地面及广场地面
仿花岗岩抛光地砖	吸水率不大于 1%，质地酷似天然花岗岩，外观似花岗岩抛光板，抗折强度不小于 27 MPa	宾馆、饭店、剧院、商业大厦、娱乐场所等室内大厅走廊的地面、墙面
瓷质砖	吸水率不大于 2%，烧结程度高，耐酸耐碱，耐磨程度高，抗折强度不小于 25 MPa	人流量大的地面、楼梯踏步
劈开砖	吸水率不大于 8%，表面不挂釉的，其风格粗犷，耐磨性好；挂釉的则花色丰富，抗折强度大于 18 MPa	室内外地面、墙面，釉面劈开砖不宜用于室外地面
红地砖	吸水率不大于 8%，具有一定吸湿防潮性	地面

陶瓷地砖的背面有凸棱或凹槽，便于砖块与基层黏结牢固。地砖的铺贴一般从中线开始，如果有镶边，先铺镶边部分，后铺其余地面。

陶瓷地砖楼地面构造做法如图 4-2-1、图 4-2-2 所示。

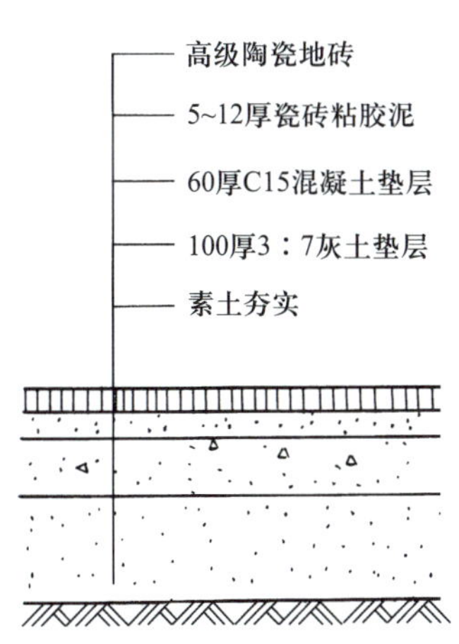

图 4-2-1　陶瓷地砖楼地面构造做法（不防水地面）

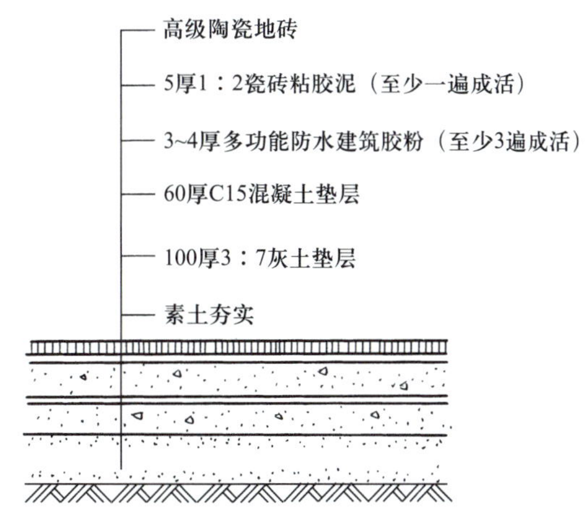

图 4-2-2　陶瓷地砖楼地面构造做法（一般防水地面）

二、花岗岩和大理石楼地面

花岗岩和大理石都属于天然石材，是从天然岩体中开采出来，加工成块材或板材，再经过精磨、细磨、抛光及打蜡等工序加工成各种不同质感的高级装饰材料。天然石材一般具有抗拉性能差、传热快、易产生冲击噪声、开采加工困难、运输不便、价格昂贵等缺点，但它们具有抗压性能好、硬度高、耐磨耐久、外观大方稳重等优点。

花岗岩板和大理石板楼地面面层是在结合层上铺设而成的。一般先在刚性平整的垫层或楼板基层上铺 30 mm 厚 1∶3 干硬性水泥砂浆找平层，赶平、压实；然后铺贴大理石板或花岗岩板，并用水泥砂浆灌缝，铺贴后表面应加以保护；待结合层的水泥砂浆强度达到要求，且做完踢脚板后打蜡。花岗岩和大理石楼地面构造做法如图 4-2-3 所示。

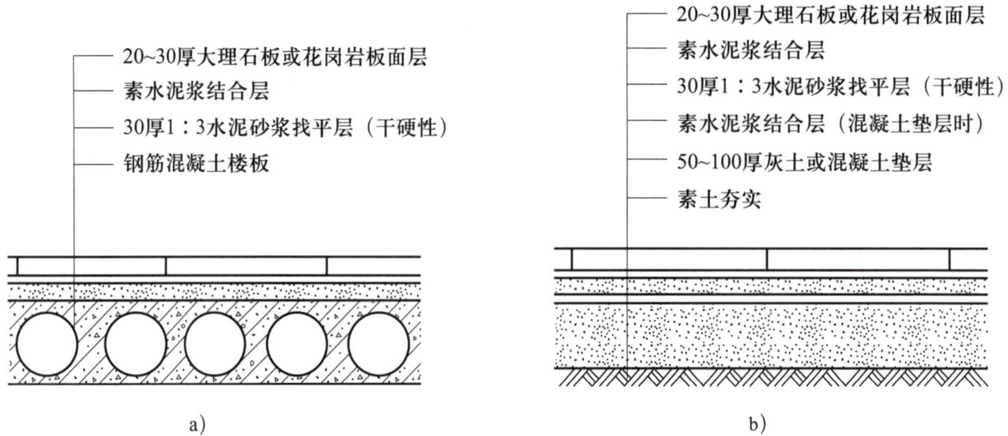

图 4-2-3　花岗岩和大理石楼地面构造做法

a）楼面构造　b）地面构造

三、现浇水磨石楼地面

现浇水磨石楼地面具有平整光滑、整体性好、坚固耐久、厚度小、自重轻、分块自由、耐污染、不起尘、易清洁、防水好、造价低等优点，但现场施工工期长、劳动量大。水磨石地面石粒密实，显露均匀，具有天然石料的质感；黑白石子水磨石素雅朴实，彩色石子水磨石色泽鲜艳，如果配以美术图案则成为美术水磨石楼地面，装饰效果更好。

现浇水磨石楼地面的构造一般分为底层和面层两部分。先在基层上铺 20 mm 厚 1∶3 水泥砂浆找平层，当有预埋管道和受力构造要求时，应采用厚度不小于 30 mm 的细石混凝土找平；为做出装饰图案，并防止面层开裂，要在找平层上镶嵌分格条；用 1∶（1.5～3）的水泥石子抹面，厚度随石子粒径大小而变化。

现浇水磨石楼地面的构造做法如图 4-2-4 所示。

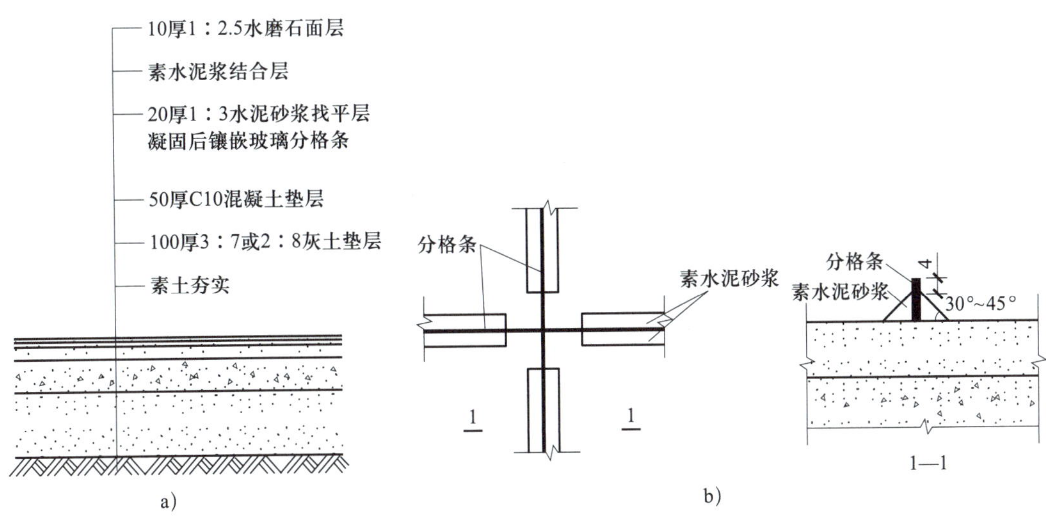

图 4-2-4　现浇水磨石楼地面构造做法

a）地面构造　b）分格条镶固做法

四、木地面

木地面是指表面由木板铺钉或硬质木块胶合而成的地面。木地板显示自然本色，给人以返璞归真、回归自然的感觉。它的优点是吸声、无毒、不起灰、不返潮和易清洁，而且还具有良好的弹性、蓄热性和接触性。

1. 木地板的分类

根据材质不同，木地板一般分为实木地板、实木复合地板、强化木地板、竹地板和软木地板，如图 4-2-5 所示。

（1）实木地板。实木地板是以天然木材为原料，从面到底是由同一树种加工而成的地板。由于其选用天然材料，始终保持材料的自然本色，不会产生污染，不易吸尘，是名副其实的绿色建材。按其结构可分为平口地板、企口地板、指接实木地板、集成指接实木地板。

（2）实木复合地板。实木复合地板属于实木地板的换代产品。它是将优质实木锯切、刨切成表面板、芯板和底板单片，然后根据不同品种材料的力学性能将三种单片依照纵向、横向、纵向三维排列方法，用胶黏剂粘贴起来，并在高温下压制成板，这就使木材的异向变化得到控制。

市场上的实木复合地板主要有两大类：一类是三层实木复合地板，另一类是多层实木复合地板。三层实木复合地板是由三层实木单板交错层压而成，其表层为优质阔叶材规格板条镶拼板或整幅木板，材种多为柞木、山毛榉、桦木、水曲柳等；芯层由质地坚韧、稳定性良好的木板条组成，材种多为松木、杨木等；底层为旋切单板，材种多为杨木、桦木、松木。多层实木复合地板是由原木切成 2 ~ 3 mm 厚的薄木，然后用胶进行纵横交错叠压制成的。这种构造特点减少了木材应力变化，因而其性能是各种木地板中最稳定的，是当前地暖地板的最佳选择。

a）

b）

c）

d）

e）

图 4-2-5　木地板种类

a）实木地板　b）实木复合地板　c）强化木地板　d）竹地板　e）软木地板

实木复合地板既有实木地板美观自然、脚感舒适、保温性能好的长处；又克服了实木地板因单体收缩，容易起翘裂缝的不足。而且实木复合地板安装简便，一般情况下不用打龙骨，很受消费者喜爱。

（3）强化木地板。强化木地板因为价格便宜、易打理等优点已占得地板市场绝大多数份额。它的结构一般分为四层：表层为耐磨层，是含有三氧化二铝等耐磨材料的表层纸；第二层为装饰层，是计算机仿真制作的印刷纸；第三层为人造板基材，多采用高密度纤维板、中密度纤维板或特殊形态的优质刨花板；第四层为底层，是防潮平衡层，一般采用有一定强度的厚纸在三聚氰胺或酚醛树脂中浸渍，可以阻隔来自地面

的潮气与水分，从而保护地板不受地面潮湿的影响，进一步强化了底层的防潮和平衡功能。

（4）竹地板。竹地板是以天然优质竹子为原料，经过二十几道工序，脱去竹子原浆汁，经高温高压拼压，再刷3层油漆，最后用红外线烘干而成。竹地板按其加工处理方式可分为本色竹地板和炭化竹地板。本色竹地板保持了竹材原有的色泽，而炭化竹地板的竹条要经过高温高压的炭化处理，使竹片的颜色加深，并使竹片的色泽均匀一致。

（5）软木地板。软木地板实际上不是用木材加工成的地板，而是以栎树的树皮为原料，经过粉碎、热压而成板材，再通过机械设备加工而成的。

2. 木地板的构造

纯木地板是以柚木、枫木、柞木、樱桃木等有特色的条木加工而成的。复合木地板是一种双面都贴有单层面板的复合构造的木地板。软木地板是以天然软木为主要原料，通过特殊工艺加工而成的地板，它与普通木地板相比，具有更好的保温性和吸声性。

为了加强木地面的整体性，木地板的侧面常常加工有拼缝。拼缝的形式有销板、企口、压口、平口等，如图4–2–6所示。

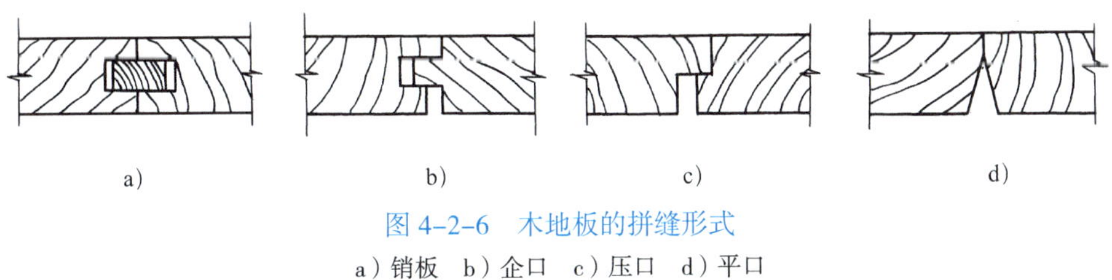

图4–2–6　木地板的拼缝形式

a）销板　b）企口　c）压口　d）平口

木地面的构造方式大致可分为有地垄墙和无地垄墙两类。无地垄墙又可分为实铺和空铺两种，每种又可分为单层木地面和双层木地面。装修标准较高的木地面，大多采用双层木地面的做法。

木地面面板的铺钉应顺光线和行走方向进行。顺光线铺钉，不仅能增加视觉上的舒适感，而且还能隐藏面板凹凸不平的缺陷，同时木纹更显得清晰美观；顺行走方向铺钉，能减少行走时对面板的磨损且便于清扫。

（1）实铺式木地面。实铺式木地面是将木搁栅直接固定在结构基层上，不再需要用地垄墙等架空支撑。

实铺式木地面有铺钉式和粘贴式两种做法。铺钉式木地面是在混凝土垫层或楼板上固定小断面的木搁栅，木搁栅的断面尺寸一般为50 mm × 50 mm或50 mm × 70 mm，其间距为400 ~ 500 mm，然后在木搁栅上铺木板材。木板材可采用单层和双层做法。粘贴式木地面是在混凝土垫层或楼板上先用20 mm厚1 : 2.5的水泥砂浆找平，干燥后用专用胶黏剂黏结木板材，且施工简便、造价低，故应用广泛，如图4–2–7所示。

实铺式木地面的构造要求板与板之间要错缝排紧、粘牢，拼口衔接严密。为了防止木板松脱，要注意在事前控制好木板的含水率和使基层干燥清洁。另外，木板还应做好防腐处理。

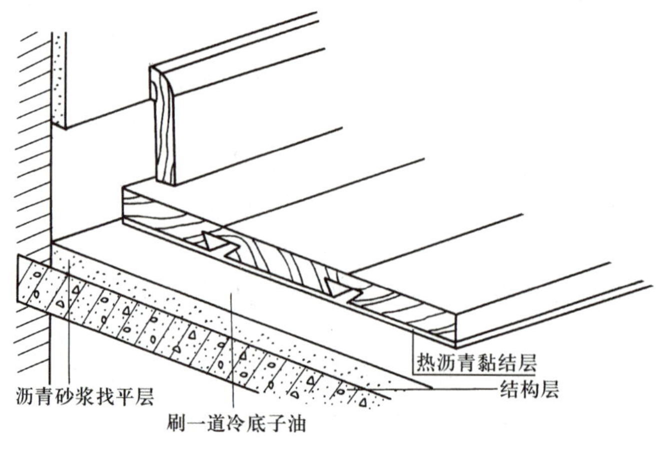

图 4-2-7　实铺式木地面（粘贴式）

（2）架空式木地面。架空式木地面是指面层木板被架空搁置，不让它与地面接触，使木地板下有足够的空间，以便于通风、保持干燥。架空式木地面有高架空铺和低架空铺之分。

1）高架空铺木地面。常用于地板面距建筑地面高度大于 250 mm 的空间。当房间高度不高时，搁栅两端直接搁置在基础墙上；当房间高度较高时，为减少搁栅的挠度，常在房间中间加设地垄墙或砖墩。地垄墙上放置垫木，垫木下铺一层油毡，把木搁栅放在垫木上，当木搁栅固定平整后，即可铺设面板。

为了防止木材腐烂，应加强通风，不但每道地垄墙上要预留通风孔，而且外墙勒脚处也要设通风口。另外，木地板与墙面间也要留 10 ~ 20 mm 的空隙。

为了防止地面潮气上升导致木材腐烂，地面应满铺一层防潮层，如图 4-2-8 所示。

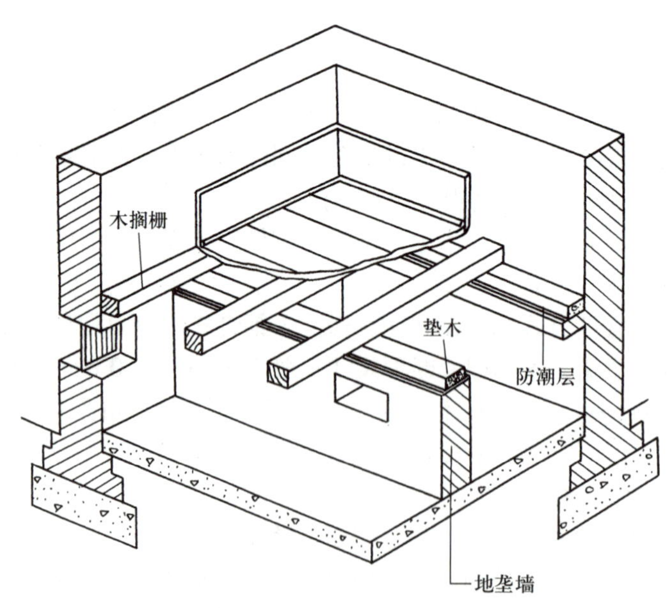

图 4-2-8　高架空铺木地面

2）低架空铺木地面。低架空铺木地面不设地垄墙，只设木搁栅。木搁栅借预埋铁件固定于钢筋混凝土楼板或混凝土基层上，而条形木地板就直接铺钉在木搁栅上。

为了通风，常在木搁栅顶面开设通风槽，如图 4–2–9 所示。同时，木地板与墙面之间要留 10 ~ 20 mm 的空隙。

为了提高木地面的弹性，也可以做纵横两层木搁栅，搁栅下面放置垫木，以使木搁栅平坦，如图 4–2–10 所示。

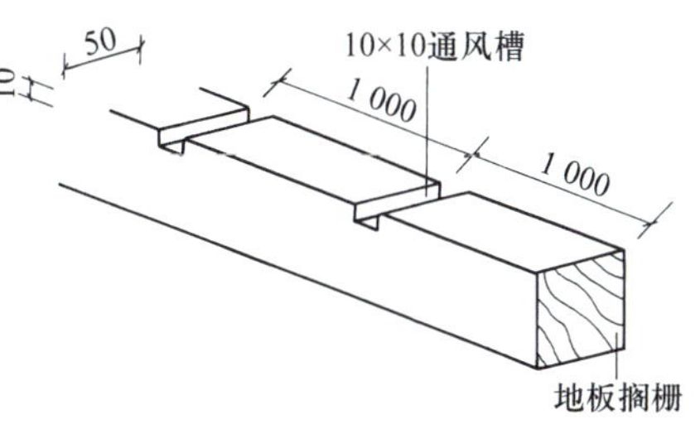

图 4–2–9　地板搁栅顶面通风槽

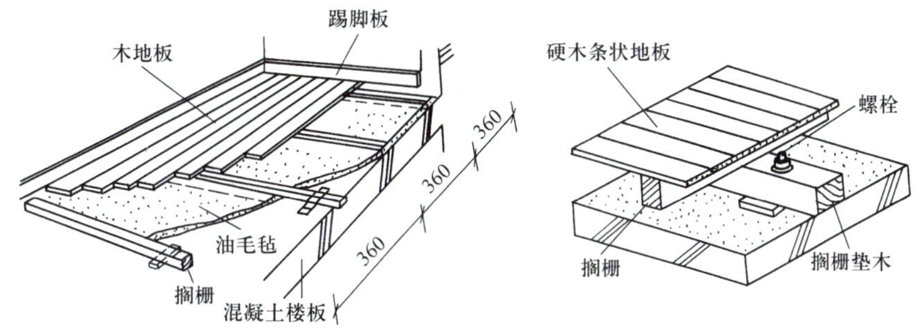

图 4–2–10　搁栅下放置垫木

低架空铺木地面的构造做法简单，结构可靠又节约木材，因而被广泛采用，如图 4–2–11 所示。

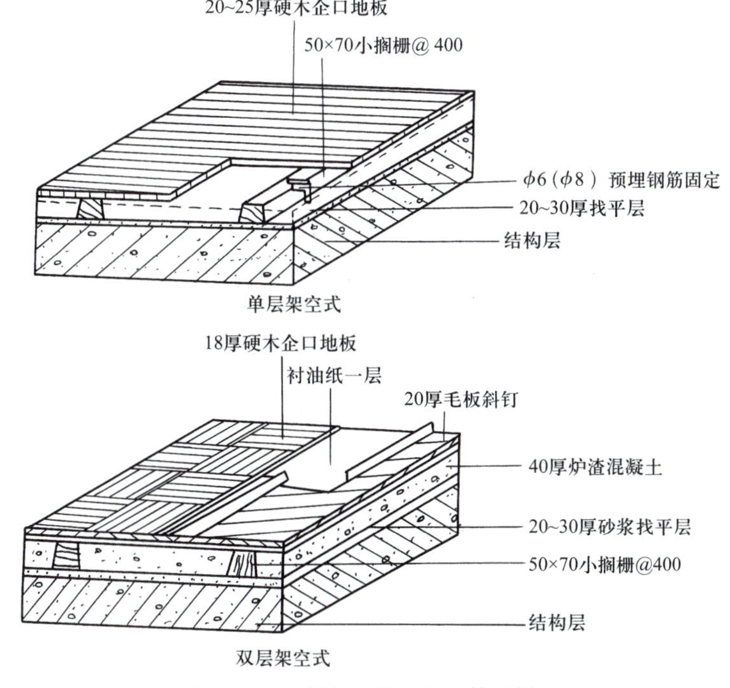

图 4–2–11　低架空铺木地面构造做法

（3）弹性木地面。弹性木地面适用于对地面弹性有较高要求的空间场合，如练功房、比赛场和舞台等。

从构造上看，弹性木地面可以分为衬垫式和弓式两类。衬垫式弹性木地面选用橡胶、软木、泡沫、塑料或其他弹性好的材料做衬垫，衬垫可以做成块状和条形，如图 4-2-12 所示。

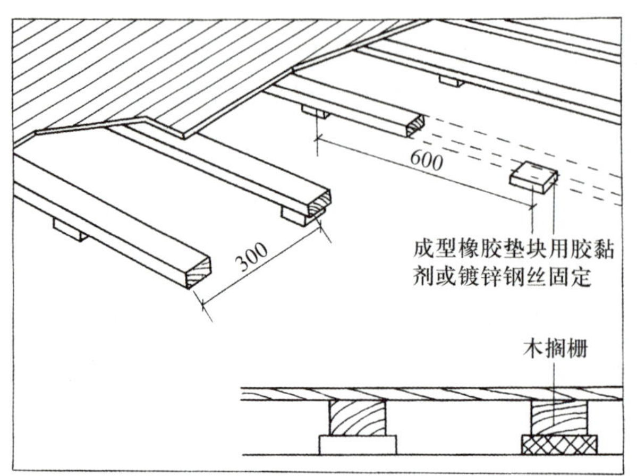

图 4-2-12　橡胶垫木地面做法

弓式弹性木地面分为木弓式、钢弓式两种。常用的木弓式弹性木地面是利用木弓支托搁栅来增加弹性，木弓下设通长垫木，垫木用螺栓固定在结构层上。木弓长 1 000 ~ 1 300 mm，两端放置金属圆管作为活动支点。搁栅上钉毛板，然后在毛板上铺油纸，油纸上再铺设硬木面板，如图 4-2-13 所示。

弹性木地面四周与墙之间应留足够的空隙，以利于通风和保持干燥。

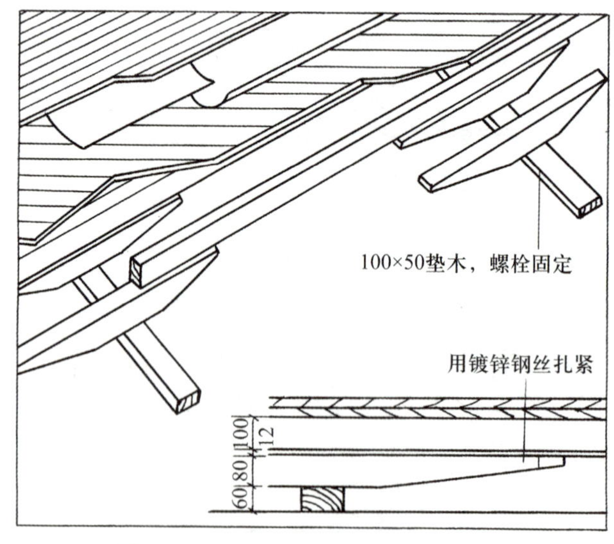

图 4-2-13　弹性木地面做法（木弓式）

五、地毯地面

地毯是一种高级地面装饰材料，它具有吸声、隔声、保温、隔热、防滑、质感柔软、脚感舒适等优点，而且色彩图案丰富。由于地毯本身就是工艺品，所以，给人以美的享受。一般地毯具有较好的装饰和实用效果，而且施工、更换简单方便，适用于展览馆、疗养院、实验室、游泳馆以及其他重要建筑空间的地面装饰。

地毯主要按材质、编织工艺、规格用途等分类。按材质的不同划分，主要有纯羊毛地毯、混纺地毯、化纤地毯、麻绒地毯、塑料地毯和橡胶绒地毯等；按编织工艺的不同划分，主要有编织地毯、机织地毯、簇绒地毯和无纺地毯等；按规格用途的不同划分，主要有标准机织地毯、走廊毯、单块工艺毯和方块地毯等。

地毯的铺设范围有满铺和局部铺设两种，铺设方式有固定式与活动式之分。

1. 固定式铺设

固定式铺设是将地毯裁边、黏结拼缝成整片，摊铺拉平后四周与房间地面加以固定的一种铺设形式。固定式铺设地毯不易移动或隆起。固定式铺设有两种方法：一种是用倒刺板固定，另一种为粘贴固定。

（1）倒刺板固定。在房间地面周边钉上带朝天小钉的倒刺板，把地毯背面钩住固定。倒刺板厚 4 ~ 6 mm、宽 24 ~ 25 mm，用三夹板或五夹板制作，板上有两排朝天的铁钉。

倒刺板应固定在踢脚板外 8 ~ 10 mm 处，以作地毯掩边之用，也利于锤子砸钉。当地毯完全铺好后再用扁铲将地毯边缘塞入踢脚板下面预留的空隙中。采用倒刺板固定地毯，一般要放海绵衬垫，以此增加地毯地面的弹性、柔软性和防潮性。海绵衬垫先用胶黏剂固定，注意不要压住倒刺板，并离开倒刺板 10 mm 左右，以免影响倒刺板条的钉尖与地毯的钩结，如图 4-2-14 所示。

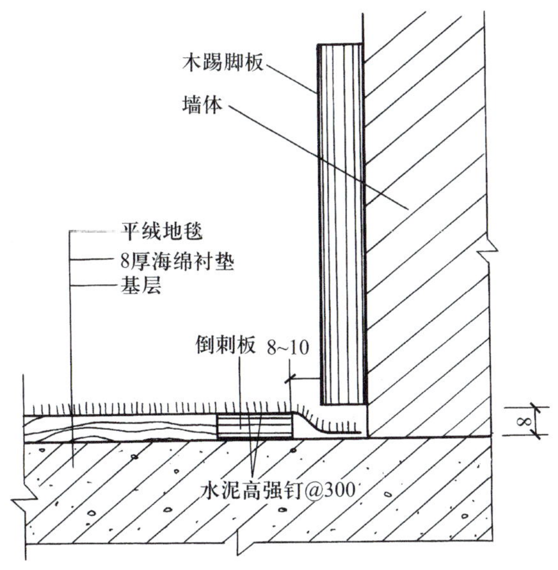

图 4-2-14　倒刺板、踢脚板与地毯的固定

地毯的固定与收口常使用铝合金收口条。

铝合金收口条也称铝合金倒刺条，用于地毯端部边缘处，以防止地毯毛边外露，并起固定的作用。其中，L形铝合金收口条多用于地面有高低差的部位，如厨房、卫生间等。而室内地面与外门口（或其他材料地面）相接的分隔处，则适宜采用铝合金压条，起到对地毯的固定与收口的双重作用，并防止行人将毯边踢起，如图 4–2–15 所示。

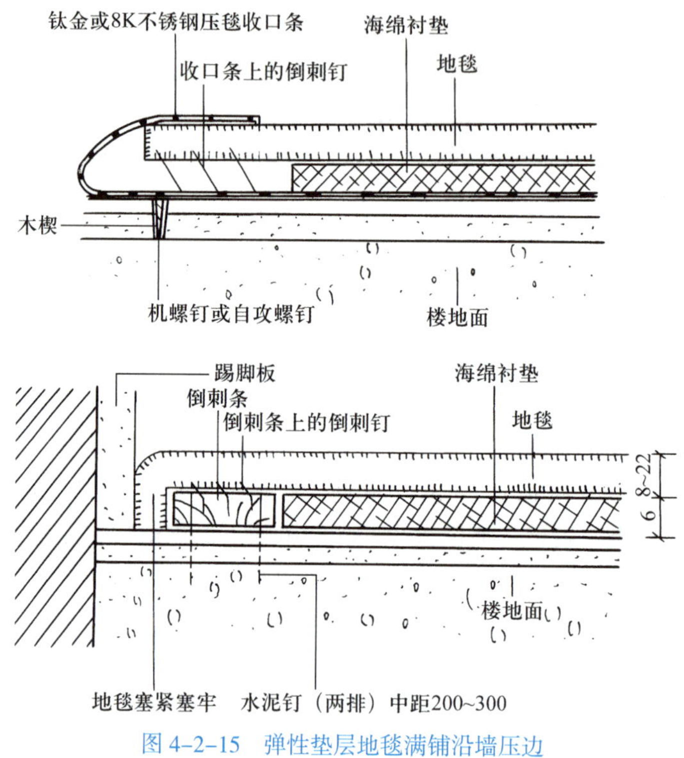

图 4–2–15　弹性垫层地毯满铺沿墙压边

（2）粘贴固定。用胶黏剂粘贴固定地毯，地面一般不放垫层。地毯依靠胶黏剂直接固定在地面上。刷胶的方法有两种：一种是局部刷胶，另一种是满刷胶。人流少而家具陈放多的地面，宜选用局部刷胶的方法；反之，则选用满刷胶的方法。

胶黏剂可选用地板胶。先把胶液涂刷在地面上，静候 5 ~ 10 min，待溶剂挥发后即可铺放地毯。局部刷胶铺设地毯时，先在房间中央刷一块胶，然后铺放地毯，接着用地毯撑子往墙四周用力拉平，再在墙边刷两条胶带并把地毯粘牢、压平、掩边。如果是走廊，宜从一端铺向另一端。

当地毯需要拼缝时，不管是选用胶黏剂还是胶烫带，都务必使两条地毯间的拼缝粘牢、密实。

2. 活动式铺设

活动式铺设是将地毯明摆浮搁在地面上，无须将地毯固定于地面上的一种铺设形式。这种形式施工工艺简单，更换容易，对于受磨损不均的地面，更显示出其优越性。

但是，其应用有一定的局限性，一般适用于下列几种情况。

（1）装饰性的工艺地毯。采用装饰性工艺地毯是为了装饰。地毯往往铺设在醒目的部位，以显示其豪华的气派，用时即铺开，不用时即收走。

（2）人流少的地方。如果室内墙体四周有较多的重物压在上面或某些临时用途的房间，均适宜选用活动式铺设方式。

（3）方块地毯。方块地毯的基底比较厚重，人行走其上，地毯非但不易卷起，反而会促使毯块间更加密实。

活动式地毯铺设的收口与固定式铺设的处理方法相同。

3. 楼梯地毯铺设

铺设楼梯地毯务必精心施工，因为行人来往频繁，对铺设要求高。

铺设时，先将倒刺板钉在踏步板和挡脚板的阴角两边，两条倒刺板顶角之间应留出地毯塞入的间隙（一般约为 15 mm），朝天小钉倾向阴角面（见图 4–2–16），然后用海绵衬垫把踏面及阴角包住，衬垫超出转角不少于 50 mm。

地毯铺设由上而下逐级进行。顶级地毯须用压条钉固定于平台上。在每级的阴角处。用扁铲将地毯绷紧和压入两根倒刺板之间的缝隙内。多余部分可叠钉在最下一级踏步的竖板上。最后把防滑条铺钉在踏步板阴角边缘处，然后用不锈钢膨胀螺钉加以固定，钉距为 150 ~ 300 mm。

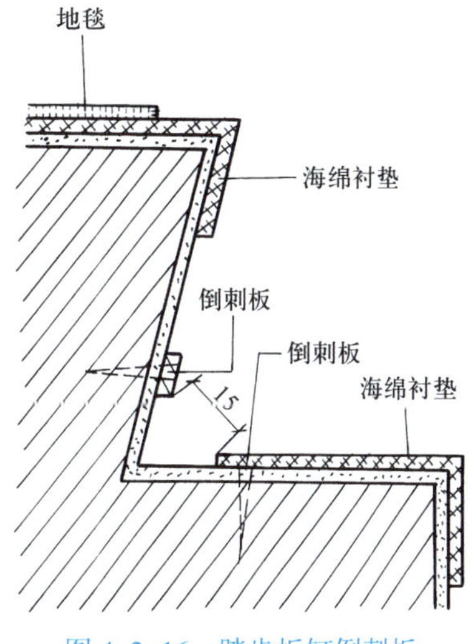

图 4–2–16　踏步板钉倒刺板

六、塑料地板

塑料地板是指用聚氯乙烯树脂塑料地板作为饰面材料铺贴的楼地面。塑料地板具有脚感舒适、易于清洁、美观、吸水率低、绝缘性好、耐磨等优点。产品有高、中、低不同档次，为不同装饰标准提供了选择余地。塑料地板适用于办公室、住宅及有抗腐蚀、抗静电要求的楼地面。

1. 塑料地板的分类

塑料地板的种类、花色众多。按厚度可分为厚地板和薄地板；按结构可分为单层地板、双层复合地板和多层复合地板；按颜色可分为单色地板和复色地板；按质地可分为软质地板、半硬质地板和硬质地板；按表面装饰效果可分为印花地板、压花地板、发泡地板、仿水磨石地板等；按树脂性质可分为聚乙烯塑料地板、氯乙烯 – 醋酸乙烯共聚物地板和丙乙烯地板。

2. 塑料地板构造

（1）基层处理。塑料地板的基层一般是混凝土及水泥砂浆类，基层应平整、干燥、有足够的强度，各个阴阳角方正、无油脂尘垢。当表面有麻面、起砂和裂缝等缺陷时，应用水泥腻子修补平整。

（2）铺贴。塑料地板的铺贴有两种方式：一种方式是直接铺贴（干铺），主要用于人流量小及潮湿房间的地面。铺设大面积塑料卷材要求定位截切，足尺铺贴，同时应注意在铺设前 3～6 天进行裁边，并留有 0.5% 的余量。另一种方式是胶粘铺贴，适用于半硬质塑料地板。胶粘铺贴采用胶黏剂与基层固定，胶黏剂多与地板配套供应。

塑料地板的构造如图 4–2–17 所示。

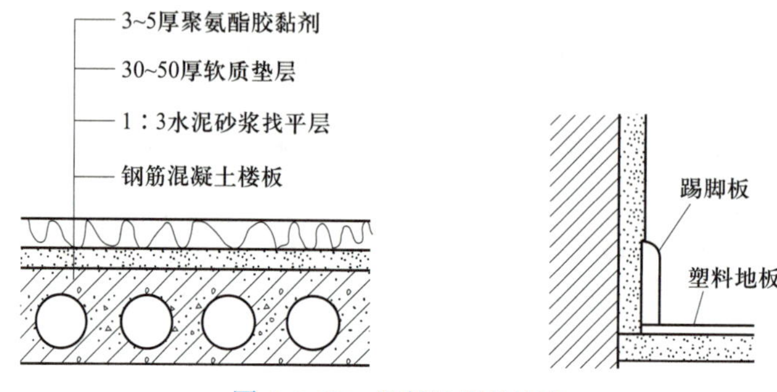

图 4–2–17　塑料地板的构造

七、橡胶地毡地面

橡胶地毡地面具有良好的弹性、保温性、耐磨性、消声性能，具有防滑、不导电等特性。

橡胶地毡表面有光滑和带肋两类，带肋的橡胶地毡一般用在防滑走道上。其厚度为 4～6 mm。橡胶地毡地板可制成单层或双层，也可根据设计制成各类颜色和花纹。

橡胶地毡与基层的固定一般用胶结材料粘贴的方法，粘贴在水泥砂浆或混凝土基层上。

第三节　金刚砂耐磨地坪装饰构造

金刚砂耐磨地坪由一定颗粒级配的矿物合金骨料、特种水泥、其他掺和料和外加剂组成，开袋即可使用。将其均匀地撒布在即将初凝阶段的混凝土表面，经专门工艺过程加工，从而使其与混凝土地面形成一个整体，且具有高致密性和着色的高性能耐磨地面。颜色有本色、灰色、绿色、红色、黄色等，用于耐磨、耐冲击且减少灰尘的混凝土地面，例如仓库、码头、厂房、停车场、维修车间、车库、货仓式商场及需要统一色彩以美化环境，同时没有腐蚀介质的地方，如图 4–3–1 所示。

图 4-3-1　金刚砂耐磨地坪

一、金刚砂耐磨地坪性能特点

1. 固化后的表面硬度高，耐磨损，不起尘。
2. 使地面能承受大的冲击荷载。
3. 与基层混凝土整体粘接牢固，不起鼓，不脱落。
4. 日常清洁方便简单，节省物料，降低费用。
5. 施工厚度为 3 ~ 5 mm，使用年限与原混凝土基本同步。

二、构造做法

1. 钢筋混凝土基层凿毛，清理碎屑等垃圾，洒水湿润 24 h。

2. 刷一道素水泥浆（内掺建筑胶），确保新旧混凝土面良好结合，减少空鼓。

3. 不低于 C25 细石混凝土浇筑，多处同时浇筑时注意施工顺序，以一个方向进行，并考虑相互结合面的一致性。内配 ϕ6@200 双向钢筋，通过垫块保证网片距上表面 20 mm。混凝土水灰比为 0.4 ~ 0.45，坍落度为 120 ± 20 mm，用平板振捣器振捣密实。

4. 撒布第一遍金刚砂，抹平。金刚砂用量不少于 5 kg/m^2，分两次撒布。第一次撒料用量为总用量的 2/3。在混凝土初凝前撒布金刚砂，先撒边角部位，再抛撒大面，撒料时出手位距混凝土面 20 ~ 30 cm，沿垂直方向直线出手，逐跨后退进行。待金刚砂吸收一定水分后，使用机械抹光机分两次纵横交叉打磨，对于边角部位，使用边角专用机器带圆盘研磨，机器处理不到的区域通过人工进行研磨、抹光，并对接茬处进行平顺过渡。

5. 撒布第二遍金刚砂，抹平。第一次打磨 1 ~ 2 h 后（初凝后终凝前），待表面硬化至无明显水分即可第二次撒布金刚砂，撒料用量为总用量的 1/3，并纵横交叉打磨不少于 3 次。

6. 收光养护。耐磨地面终抹完成并达到终凝后，涂刷养护剂或洒水养护，养护时间不少于 7 d。在表面固化一定时间后（耐磨材料地坪完成后 5 ~ 6 h），用加装金属刀片的机械镘进行最后一次抛光平整。

7. 切缝、填料。按照建筑结构设计要求进行锯切分格缝。将切缝中的垃圾、浮灰清除干净，并用水冲洗。完毕后，将填缝材料灌入，施工后注意防水。

金刚砂耐磨地坪构造如图 4–3–2 所示。

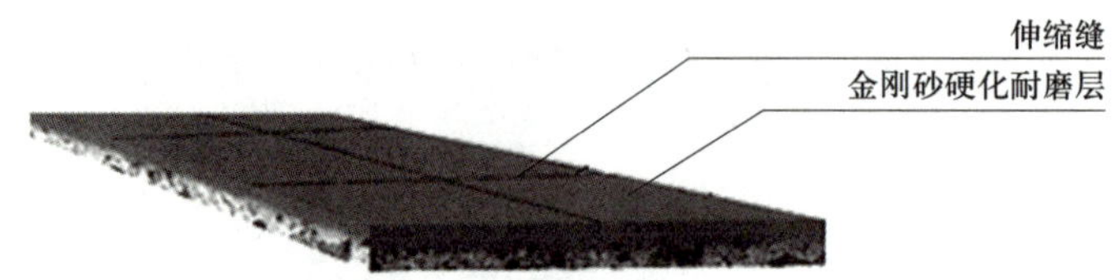

水泥混凝土垫层或3~5厚细石混凝土找平层

金刚砂硬化耐磨地坪层面结构图

（A）与找平层同步施工时的相关层面示意图：

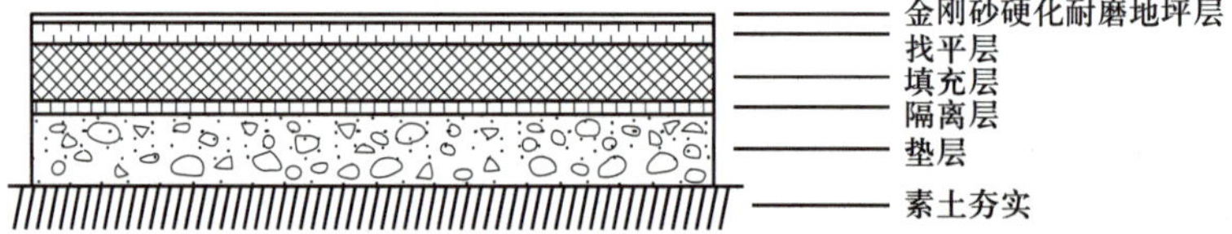

[注]对找平层的要求：水泥细石混凝土，厚度一般为5 cm(最少不低于3 cm)， 强度不低于C20。

（B）与水泥混凝土垫层兼面层同步施工时的相关层面示意图：

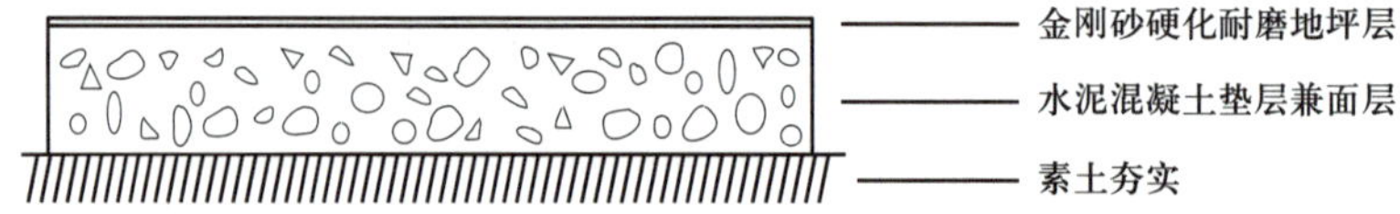

[注]对水泥混凝土垫层兼面层的要求：厚度不少于10 cm，强度不低于C20。

注意：在金刚砂硬化耐磨地坪层面施工完成后，尚须及时进行养护及锯割伸缩缝的工作。

图 4–3–2 金刚砂耐磨地坪构造

三、地面裂缝出现的原因及预防措施

1. 地面裂缝出现的原因

（1）混凝土初凝时间未掌握好。在混凝土含水量较低的情况下撒金刚砂耐磨骨料，容易导致施工完成后产生裂缝。

（2）施工方法不当。耐磨层（金刚砂层）厚度不足、失水过快（施工环境气温过高等情况），产生体积收缩和线收缩，导致出现裂缝或空鼓。

（3）养护不当。施工完成后没有在规定时间内对地面进行养护或淋水保养不够；混凝土温度较高时，浇冷水养护，也会产生裂缝。

（4）收缩缝切割时间晚，因热胀冷缩而出现裂缝。一般情况下，金刚砂地面施工完成后 24～48 h 进行伸缩缝切割为宜，如太晚，随着地面硬度逐步增加，切割时地面就会容易“爆”，出现裂缝（见图 4–3–3）。

（5）分格缝间距过大，也会有裂缝产生。

2. 预防措施

（1）严格控制第一次撒料的时间。

（2）混凝土层和耐磨层（金刚砂层）同时施工。

（3）养护时间不少于 14 d。

（4）合理控制切缝时间。

（5）分格缝间距一般应不大于 6 m。

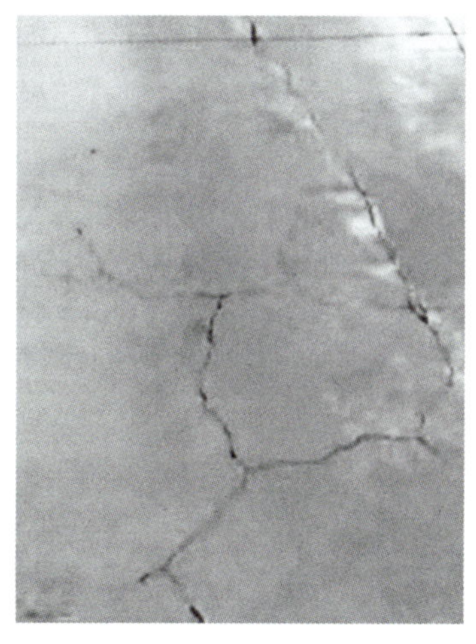

图 4–3–3　金刚砂耐磨地坪裂缝

第四节　特种楼地面装饰构造

在有防水、活动夹层、隔声、发光等特殊要求的场合，常用的陶瓷地砖、木地板等均很难满足使用要求和功能要求，因此会采用特种楼地面装饰构造。

一、防水楼地面

建筑物中的地下室、卫生间等房间地面必须做防水处理。对有水体作用的房间，楼地面应低于其他房间 20～50 mm，并做成 0.5%～1.5% 的坡度，设置地漏。

楼地面防水构造一般是在结构层上做找平层，然后做防水层，再做楼地面面层。防水层要均匀密实，在与墙面交接处应沿墙四周卷起 150 mm，防止水沿墙体渗漏。

二、活动夹层楼地板

活动夹层楼地板是以特制刨花板为基材、表面覆以高压三聚氰胺优质装饰板、底层用镀锌钢板，经高分子合成胶黏剂胶合而成的活动地板，配以龙骨、橡胶垫、橡胶条和可供调节的金属支架，架空地板铺设在水泥类楼地面上。活动夹层楼地板组成如图 4–4–1 所示。

活动夹层楼地板铺装构造应主要注意以下几方面。

（1）基层地面要平整、干燥、不起灰，夹层应与外界或通风道连接，以便通风散热。

（2）根据功能要求选择合适的面板和支架。活动面板块标准板常用规格有 500 mm × 500 mm 和 600 mm × 600 mm 两种。

（3）支座与基层之间应灌注环氧树脂并连接牢固，或用膨胀螺栓连接。

（4）活动地板应尽量与走廊地面保持高度一致，以利于大型设备及人员进出。

（5）地板上有重物时，地板下部应加设支架；金属活动地板应有接地线，以防静电积聚和触电。

活动夹层楼地板的铺装构造如图 4–4–2 所示。

活动地板（标准板）
风口板
旋流风口板
走线板
可调支撑
增强用支撑
缓冲垫
地板
横梁
可调支撑
H
地面
缓冲垫
地板
可调支撑
地面

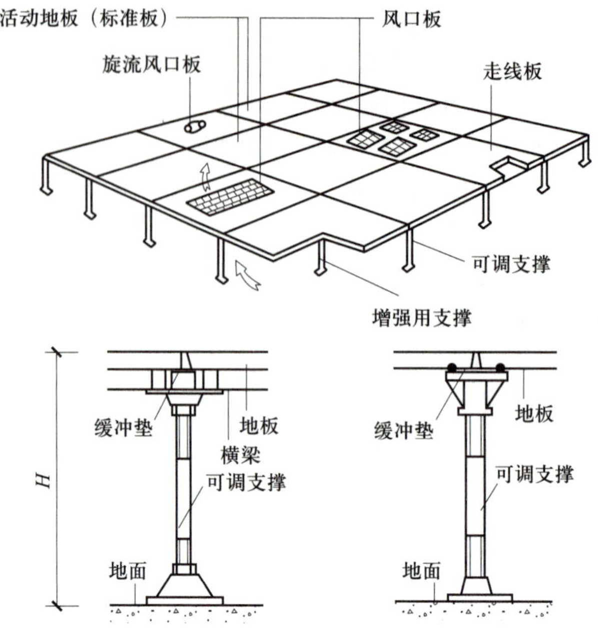

图 4-4-1　活动夹层楼地板组成

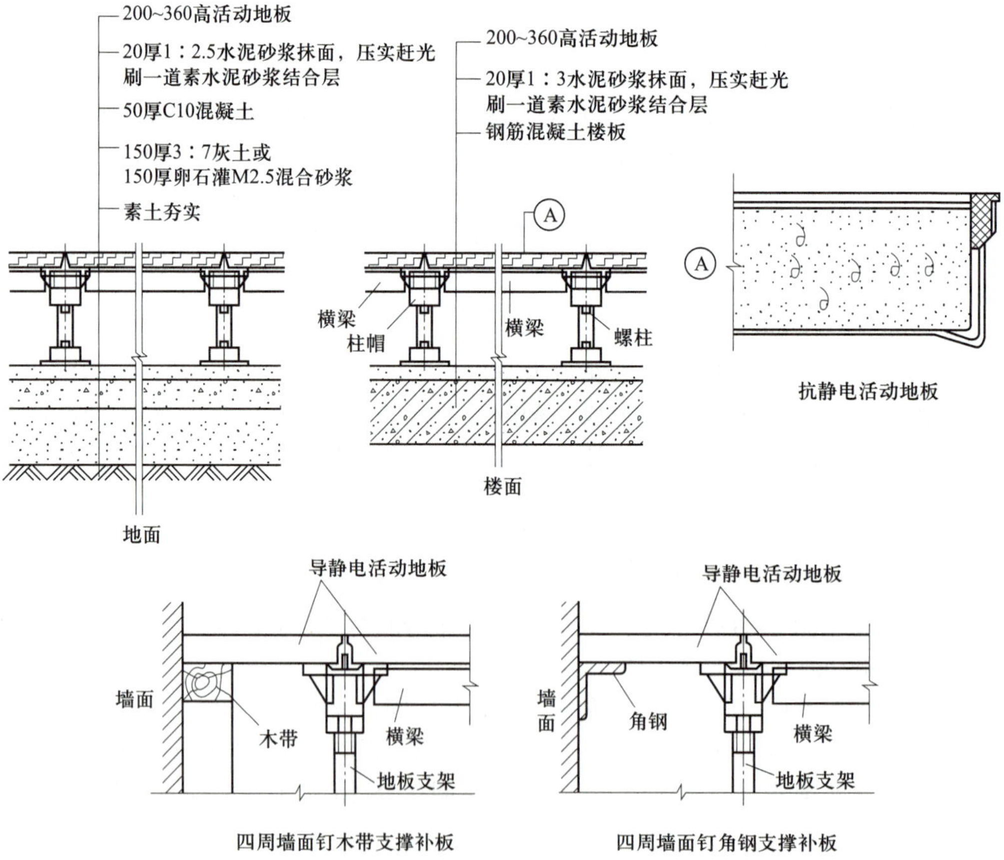

200~360高活动地板
20厚1：2.5水泥砂浆抹面，压实赶光
刷一道素水泥砂浆结合层
50厚C10混凝土
150厚3：7灰土或
150厚卵石灌M2.5混合砂浆
素土夯实
地面
200~360高活动地板
20厚1：3水泥砂浆抹面，压实赶光
刷一道素水泥砂浆结合层
钢筋混凝土楼板
A
横梁
柱帽
横梁
螺柱
楼面
A
抗静电活动地板
导静电活动地板
墙面
木带
横梁
地板支架
四周墙面钉木带支撑补板
导静电活动地板
墙面
角钢
横梁
地板支架
四周墙面钉角钢支撑补板

图 4-4-2　活动夹层楼地板的铺装构造

三、隔声楼地面

隔声楼地面主要是为了阻止地面撞击声通过楼层传递到下一层，一般用于在声学功能上隔声要求特别高的建筑楼地面。

其常见构造处理方法如下。

（1）在楼地面上铺设弹性面层材料。弹性面层材料一般有地毯、橡胶、塑料等。这种方法简单，隔声效果好，应用广泛。

（2）设置块状、条状等弹性垫层，其上做成浮筑式楼板。

（3）设置隔声吊顶构造。通常在吊顶棚上铺设吸声材料，加强隔声效果。楼地面隔声构造如图 4–4–3 所示。

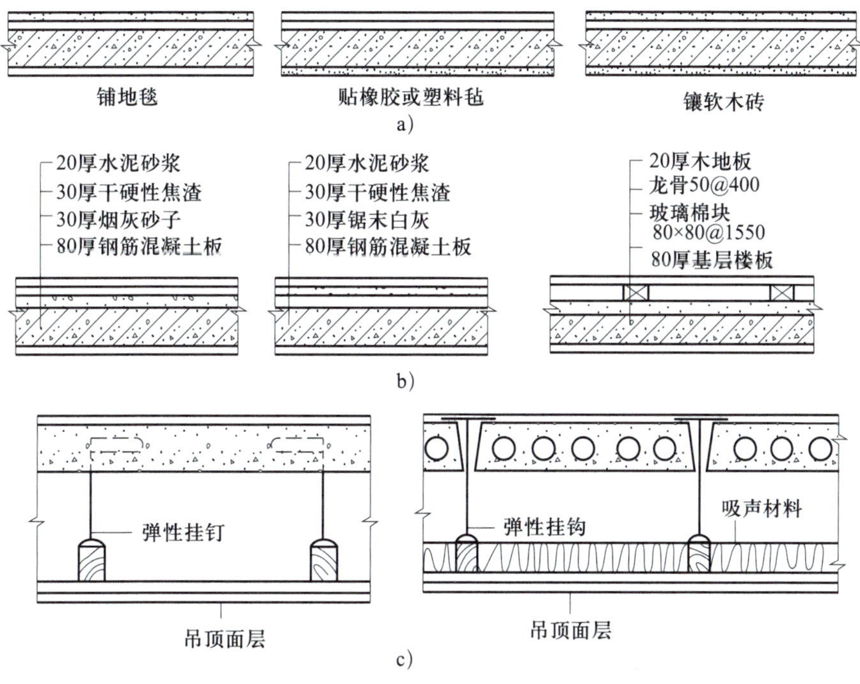

图 4–4–3　楼地面隔声构造

a）铺设弹性面层　b）设置弹性垫层　c）设置隔声吊顶构造

四、发光楼地面

发光楼地面是指采用透光材料，光线由架空地面的内部向室内空间透射的地面。主要应用于舞厅的舞台和舞池、歌剧院舞台、大型高档建筑内部局部重点处理地面。发光楼地面是由架空支撑结构、搁栅和透光面板等组成。

架空支撑结构一般有砖支墩、混凝土支墩、钢结构支架等，为了使架空层与外部之间有良好的通风条件，一般沿外墙每隔 3 000 ~ 5 000 mm 开设 180 mm × 180 mm 的通风散热孔洞，墙洞口加封钢丝网罩，或与通排风管道相连。

搁栅主要是用来固定和承托面层，一般采用木搁栅、型钢、T 形铝型材等。其断面尺寸应根据垄墙或砖墙的间距来确定。

透光面板有双层中空钢化玻璃、双层中空彩绘钢化玻璃、玻璃钢等。透光面板与架空支撑结构固定连接有搁置与粘贴两种方法。搁置法节省室内使用空间，便于更换维修灯具及管线，应用广泛。粘贴法由于要设置专门的进人孔，所以架空层需考虑留有经常维修的空间，一般在楼层不宜采用。

发光楼地面构造如图 4–4–4 所示。

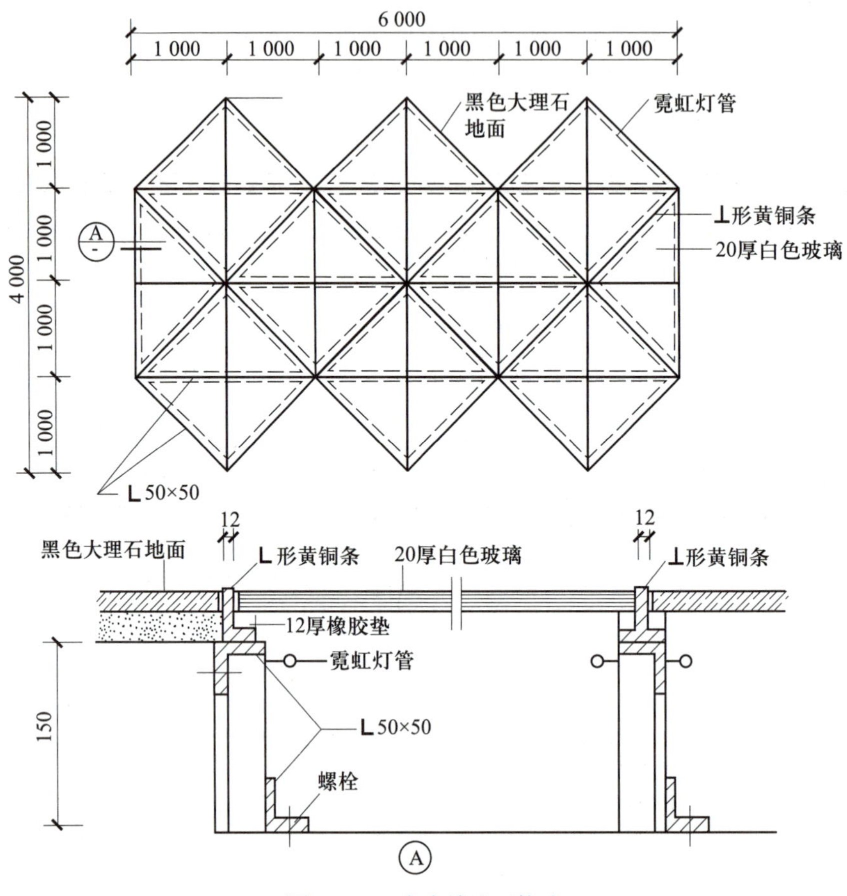

图 4–4–4　发光楼地面构造

第五节　楼地面特殊部位装饰构造

除了常见楼地面装饰构造和特种楼地面装饰构造外，根据需要还有变形缝、不同材质地面的交接处理及踢脚板等特殊部位的装饰构造。楼地面在外界因素作用下常会产生变形，导致开裂甚至损坏，变形缝是针对这种情况而预留的构造缝。针对如木地面和陶瓷地砖楼地面等不同材质地面，需要对其进行交接处理。踢脚板又称脚踢板或地脚线，是楼地面与墙面相交处的一个重要构造节点。

一、楼地面的变形缝

楼地面的变形缝应结合建筑物变形缝设置，一般分为伸缩缝、沉降缝和抗震缝三种。变形缝要求从基层脱开，贯通地面各层。楼地面基层中的变形缝可采用沥青木丝板、金属调节片等材料做封缝处理；面层处覆以盖缝板，在构造上应以允许构件之间能自由伸缩、沉降为原则。如图 4–5–1 所示为楼地面抗震缝构造。如图 4–5–2 所示为楼地面变形缝构造。

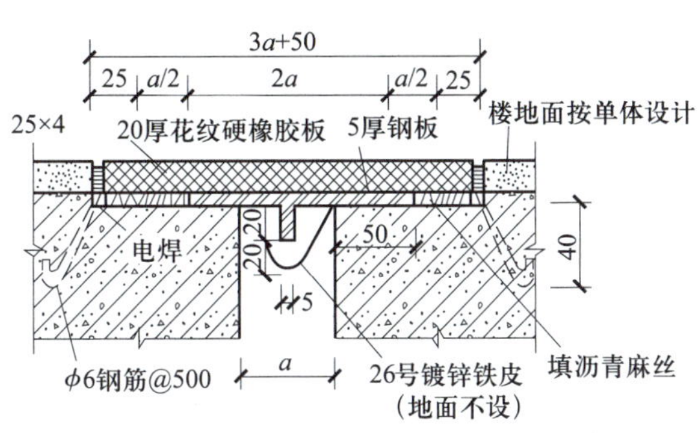

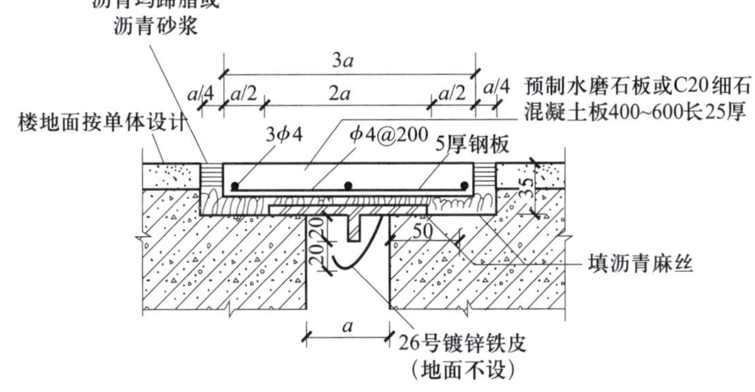

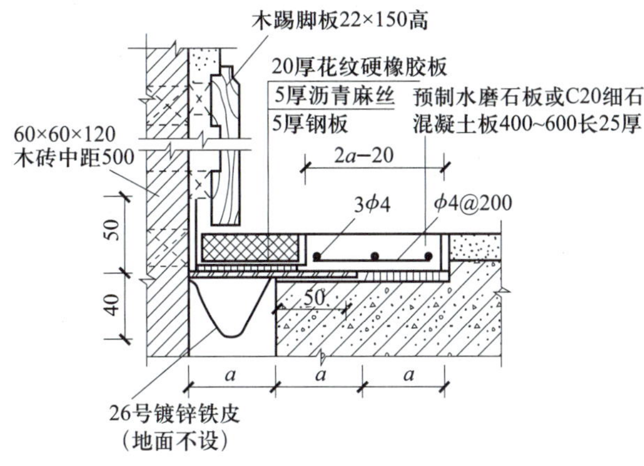

木踢脚板22×150高
预制水磨石板或C20细石混凝土板400~600长25厚
5厚沥青麻丝
5厚钢板
沥青玛蹄脂或沥青砂浆
3ϕ4
ϕ4@200
50
40
30
50
a
a
a/2
26号镀锌铁皮（地面不设）

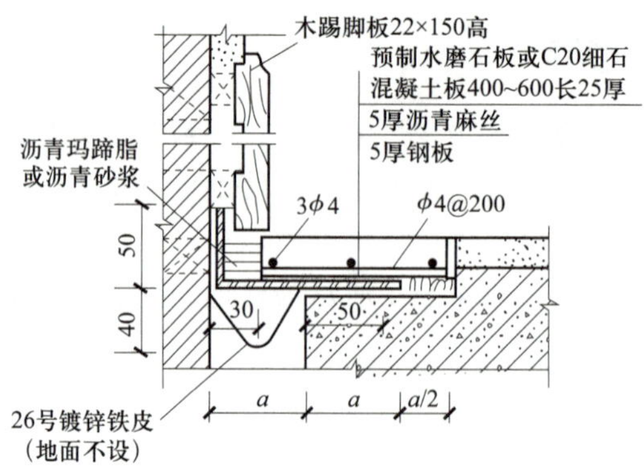

图 4-5-1　楼地面抗震缝构造

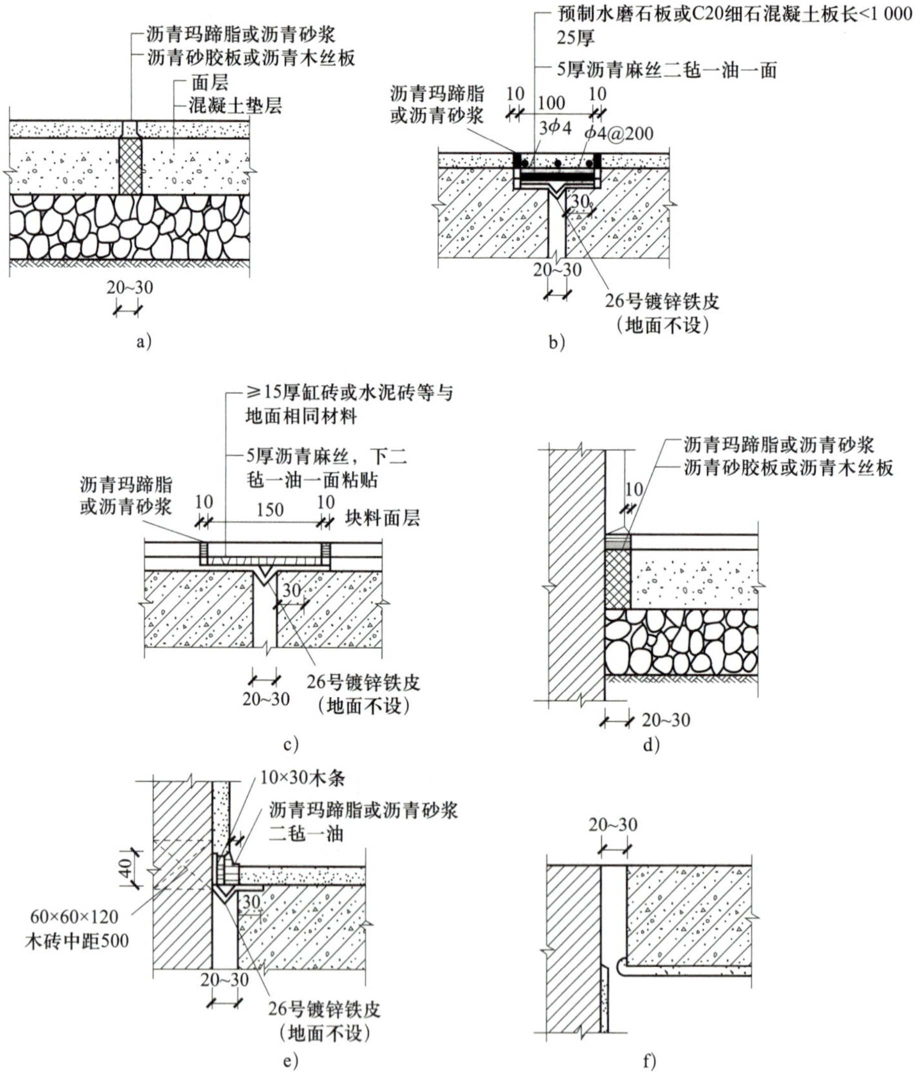

沥青玛蹄脂或沥青砂浆
沥青砂胶板或沥青木丝板
面层
混凝土垫层
20~30
a)
预制水磨石板或C20细石混凝土板长<1 000 25厚
5厚沥青麻丝二毡一油一面
沥青玛蹄脂或沥青砂浆
10
100
10
3ϕ4
ϕ4@200
30
20~30
26号镀锌铁皮（地面不设）
b)
≥15厚缸砖或水泥砖等与地面相同材料
5厚沥青麻丝，下二毡一油一面粘贴
沥青玛蹄脂或沥青砂浆
10
150
10
块料面层
30
20~30
26号镀锌铁皮（地面不设）
c)
沥青玛蹄脂或沥青砂浆
沥青砂胶板或沥青木丝板
10
20~30
d)
10×30木条
沥青玛蹄脂或沥青砂浆二毡一油
40
60×60×120木砖中距500
30
20~30
26号镀锌铁皮（地面不设）
e)
20~30
f)

图 4-5-2　楼地面变形缝构造

a）、d）地面　b）、c）、e）楼面　f）顶棚

二、不同材质地面的交接处理

不同材质地面之间的交接处应采用坚固材料作为边缘构件，如硬木、铜条、铝条等作过渡交接处理，避免产生起翘或不齐现象。常见不同材质地面的交接处理构造如图 4–5–3 所示。

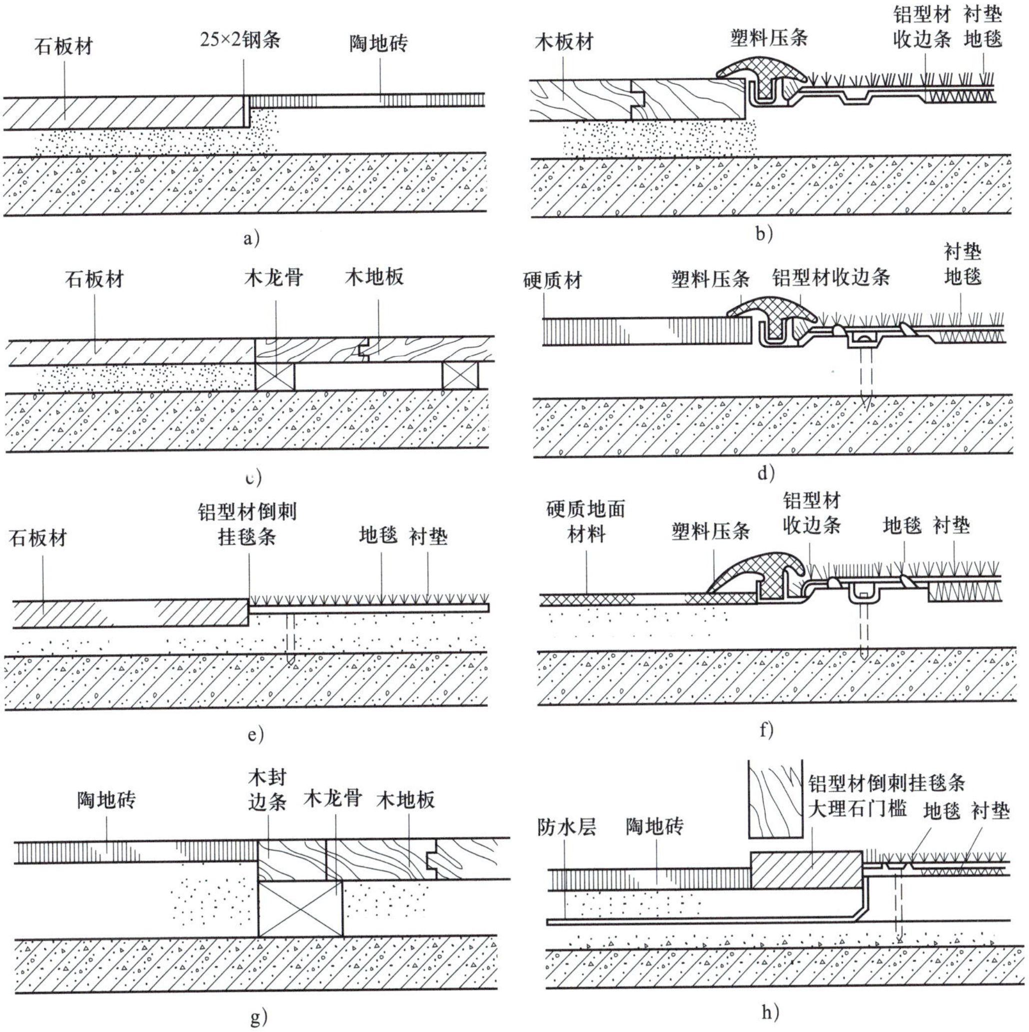

图 4–5–3　不同材质地面的交接处理构造

a）石板材与陶地砖交接　b）木地板与地毯交接　c）石板材与木地板交接
d）硬质材与地毯交接　e）石板材与地毯交接　f）不同材质与不同地面高度交接
g）陶地砖与木地板交接　h）卫生间地面门槛处理

三、踢脚板

踢脚板有两个作用：一是保护作用，遮盖楼地面与墙面的接缝，使墙体和地面之间结合牢固，减少墙体变形，避免外力碰撞造成破坏；保护墙面，以防搬运东西、行走或做清洁卫生时将墙面弄脏。二是装饰作用，在居室设计中，腰线、踢脚板起着视觉平衡作用，利用它们的线形感觉及材质、色彩等在室内相互呼应，可以起到较好的美化装饰效果。

目前市场上踢脚板的种类很多，装修主要使用的是以木质、石材、陶瓷、复合材料及塑料为原料加工制作的型材。选踢脚板的材质时应考虑与地面材料的材质相同或近似，如石材地面用石材踢脚板，木地面用木踢脚板等。这虽不是硬性规定，但已约定俗成，实践证明这是保证设计效果的一种有效做法。如图 4–5–4 所示为常见踢脚板的构造。

居室的踢脚板在墙的最下部，是墙面与地面的分界线。以前装修，踢脚板的高度一般都在 10 cm 左右，近几年，踢脚线的高度在一点点降低，一般家庭选用 6.6 cm 或者 7 cm 的高度，因为这样能够使室内装修看上去更加秀气、美观。

为了防止木质踢脚板受潮反翘，务必在板背靠墙的一面开凿凹槽。板高 100 mm 开一道，150 mm 开两道，超过 150 mm 开三道；凹槽深度为 3 ~ 5 mm。另外，为了通风干燥，木踢脚板每隔 1 ~ 1.5 m 开设一个直径为 6 mm 的通风孔。

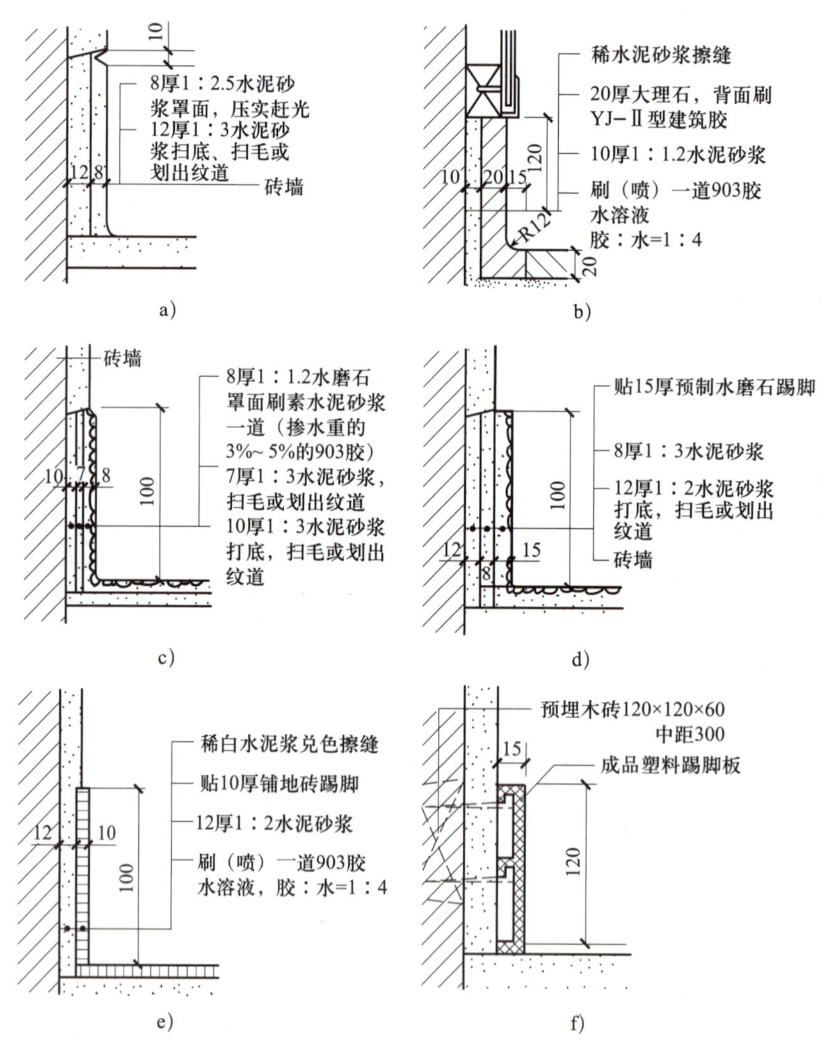

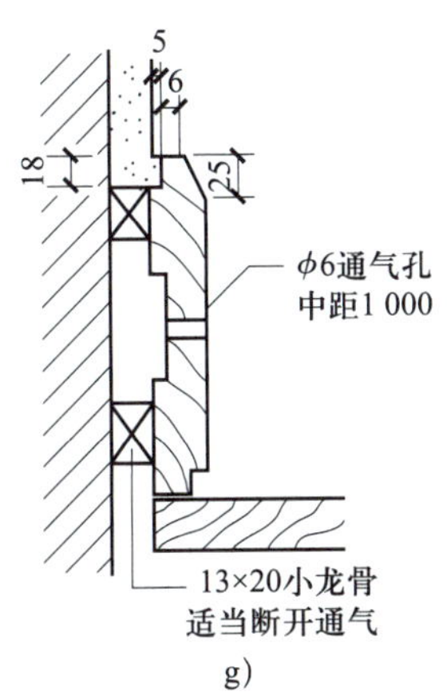

图 4-5-4　常见踢脚板构造

a）水泥砂浆　b）大理石　c）水磨石　d）预制水磨石

e）缸砖　f）塑料　g）木

安装木踢脚板时，在墙内每隔 400 mm 埋入防腐木砖，木砖外再钉防腐木垫块，木踢脚板就钉固在垫块上。踢脚板与地面的转角处还可以封钉木压条或圆角木条。其构造做法如图 4-5-5 所示。

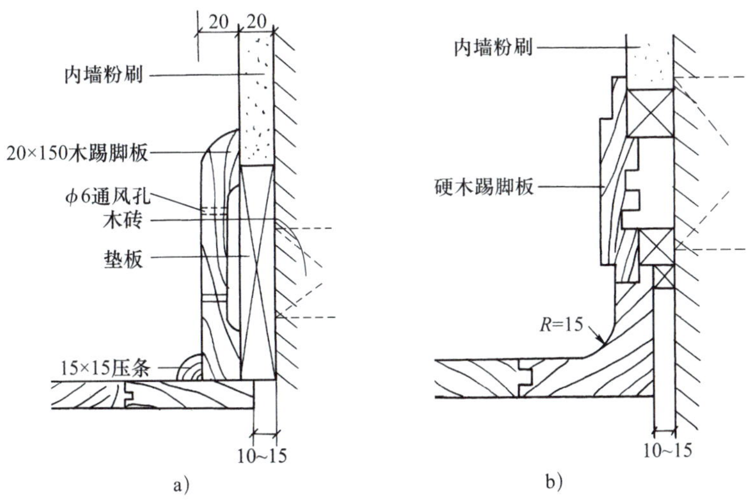

图 4-5-5　木踢脚板构造做法

a）压条做法　b）圆角做法

思考与练习

1. 楼地面装饰有哪些功能与要求？
2. 楼地面装饰的基本做法有哪几种？
3. 天然石材有什么特点？

4. 简述现浇水磨石楼地面的构造做法。
5. 木地板的拼缝有哪几种形式？试画图表示。
6. 实铺式木地面与架空式木地面在构造上有什么区别？
7. 地毯地面的固定方法有哪些？
8. 塑料地板的铺贴方法是什么？
9. 金刚砂耐磨地坪的构造做法是什么？
10. 防水楼地面的构造做法是什么？
11. 画一种隔声楼地面的构造做法。
12. 楼地面变形缝处理方法是什么？
13. 不同材质地面的交接处理方法是什么？
14. 踢脚板的作用是什么？

第五章 顶棚装饰构造

学习目标

1. 了解顶棚的类型。
2. 了解各类顶棚所用的材料。
3. 掌握各类顶棚的装饰构造。

顶棚是指楼盖和屋盖下的装饰构造，又称天棚、天花板。应综合考虑建筑功能、建筑声学、建筑热工、设备安装、管线敷设、维护检修、防火安全等综合因素，通过采用多种材料及各种形式的组合，形成具有一定功能与美感的建筑装饰界面。

第一节 概述

一、顶棚的作用

1. 满足使用要求

顶棚往往具有保温、隔热、吸声、隔声的作用。另外，设计者还可以利用顶棚内的空间去处理诸如照明、空调、音响、防火等技术问题，从而改善室内环境，提高居住舒适度。

2. 美化室内效果

由于人们对室内环境的要求越来越高，室内管线也越来越多。人们为了安装和维修的方便，往往把管线置于顶棚内，此时，顶棚起到了美化的作用；同时，对顶棚的高低、造型、色彩、照明和细部的适当处理，还能形成丰富的美感和独特的风格。

二、顶棚的类型

1. 按饰面层与主体结构的相对关系分类

按饰面层与主体结构的相对关系可分为直接式顶棚和悬吊式顶棚。悬吊式顶棚简称吊顶。

2. 按顶棚外观分类

按顶棚外观可分为以下几类（见图 5-1-1）。

（1）平滑式顶棚。整个顶棚呈现平直或弯曲的连续体。常用于面积较小、层高较低、有较高清洁要求和光线反射的房间。

（2）井格式顶棚。根据或模仿结构上主次梁或井字梁交叉布置的规律，将顶棚划分为格子状。此类顶棚构造简单、外观简洁，可做成藻井式顶棚，用于装饰宴会厅、休息厅等。

（3）悬浮式顶棚。把杆件、板材、薄片或各种形状的预制块体（如船形、锥形、箱形等）悬挂在结构层或平滑式顶棚下，形成井格状、自由状或有韵律感、节奏感的悬浮式顶棚。可以通过反射和透射灯光产生特殊的效果。

（4）分层式顶棚。在同一室内空间，根据使用要求，将局部顶棚降低或升高，构成不同形状、不同层次的小空间。

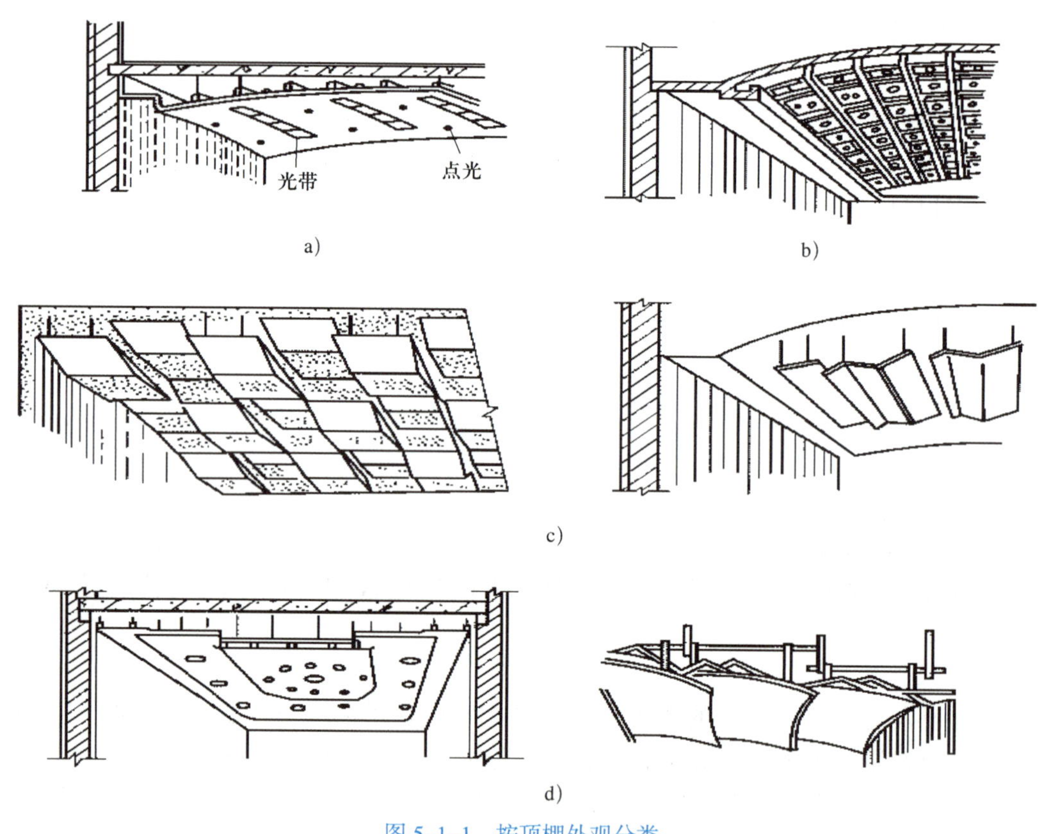

图 5-1-1　按顶棚外观分类

a）平滑式　b）井格式　c）悬浮式　d）分层式

3. 按施工方法分类

按施工方法可分为抹灰刷浆类顶棚、裱糊类顶棚、贴面类顶棚、装配式板材顶棚等。

4. 按顶棚的基本构造分类

按顶棚的基本构造可分为无筋类顶棚、有筋类顶棚。

5. 按顶棚结构层或构造层显露状况分类

按顶棚结构层或构造层显露状况可分为开敞式顶棚、隐藏式顶棚。

6. 按面层饰面材料与龙骨的关系分类

按面层饰面材料与龙骨的关系可分为活动装配式顶棚、固定式顶棚。

7. 按顶棚装饰表面材料分类

按顶棚装饰表面材料可分为木质顶棚、石膏板顶棚、各种金属板顶棚、玻璃镜面顶棚。

8. 按顶棚承受荷载能力大小分类

按顶棚承受荷载能力大小可分为上人顶棚、不上人顶棚。

第二节　顶棚装饰构造

无论采用什么饰面，顶棚基本构造一般可分为三大类：第一类是平面顶棚做抹灰，第二类是立体顶棚做罩面，第三类是单体构件做吊顶。第一类就是在钢筋混凝土的楼板或其他材料的楼板下直接抹灰，或者根据设计再做油漆涂料、纸（布）裱糊以及线脚装饰等。第二类是通过木材或金属材料的组合形成吊顶搁栅，进而完成面层装饰。第三类是将不同材质、造型的单元体进行组合，并悬吊于楼板之下，构成独特的开敞式装饰顶棚。第一类属于直接式顶棚装饰构造，第二类和第三类均属于悬吊式顶棚装饰构造。

一、直接式顶棚装饰构造

直接式顶棚是在屋面板或楼板的底面直接抹灰、喷浆或贴墙纸，或者将屋盖结构暴露在外并巧妙安排，或者在顶棚上镶嵌装饰线脚等。这类顶棚的构造较为简单，节省空间，施工方便，经济实用。但抹灰施工一般是人工操作、劳动量大且不易平整，也难以满足顶棚内管线安装的要求，故常应用于一些使用功能较为单一、空间尺寸不大的房间。

直接式顶棚材料见表 5-2-1。

表 5-2-1　直接式顶棚材料

类型	材料名称	适用范围
抹灰类	纸筋灰抹灰、石灰砂浆抹灰、水泥砂浆抹灰	一般建筑或简易建筑，甩毛等特种抹灰用于对声学要求较高的建筑
喷刷类	石灰浆、大白浆、色粉浆、彩色水泥浆、可赛银	一般建筑如办公室、宿舍等
裱糊类	墙纸、墙布、织物	对装饰要求较高的建筑，如宾馆的客房、住宅的卧室等
块材类	釉面砖、瓷砖	有防潮、防腐、防霉或对清洁要求较高的建筑，如浴室、洁净车间等
板材类	胶合板、石膏板	对装饰要求较高且较干燥的房间

抹灰类、喷刷类、裱糊类等直接式顶棚由底层、中间层、面层构成。

1. 直接抹灰顶棚

直接抹灰顶棚是指在屋面板或楼板的底面直接抹灰的顶棚。其特点是牢固、耐久、防火、防虫。

（1）一般的做法。先对顶棚的基层进行处理，包括在钢筋混凝土楼板底刷一道素水泥浆，以加强抹灰层与混凝土基层的黏结，然后用 2 mm 厚的水泥混合砂浆打底（起与基层黏结的作用）；接着用 6 mm 厚的水泥混合砂浆抹中层，起找平的作用，待中层抹灰六七成干后，再用 2 ~ 3 mm 厚的纸筋石灰或麻刀石灰抹面层，并分两遍成活。

（2）新的做法。抹灰前，顶棚基层表面的隔离剂、污垢和油漆等，用 10% 的氢氧化钠水溶液清除干净。扫净灰尘，先用素水泥浆薄抹一层。常温下在抹灰前一天进行基层喷水湿润，抹灰时再洒一遍水。抹灰时控制好砂浆稠度，底层砂浆稠度为 10 ~ 12 mm，中层砂浆稠度为 7 ~ 8 mm。砂浆应在规定时间内用完。抹灰过程应严格分层进行，以使黏结牢固，并能起到找平和保证质量的作用。抹头道灰时，用钢皮抹子用力抹实，越薄越好，底灰抹完后，紧跟着抹第二遍找平，厚度为 6 mm 左右，待六七成干时，即可开始罩面。刮抹灰面时要用力均匀，避免黏结面错动而起鼓。抹灰层的平均总厚度为 15 mm。

直接抹灰顶棚还常常与装饰线脚配合，在顶棚的四周、梁底、柱端及吊灯周围等处镶贴装饰，以满足搭缝处理的构造要求和营造一定的艺术氛围。装饰线脚示例如图 5-2-1 所示。

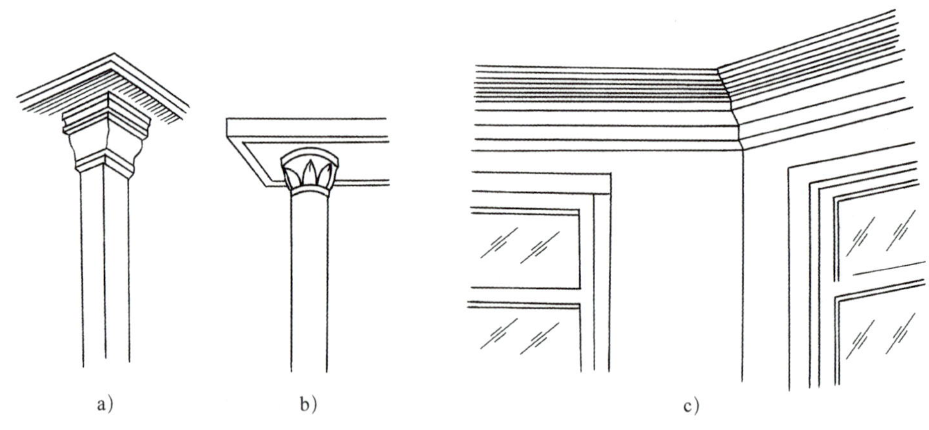

图 5-2-1　装饰线脚示例

a）方柱饰线　b）圆柱饰线　c）顶棚四周的多线条饰线

2. 直接贴面类顶棚

直接贴面类顶棚所用材料一般为面砖等块材、石膏板或条。

（1）基层处理。要求和方法同直接抹灰类、喷刷类、裱糊类顶棚。

（2）中间层的要求和做法。粘贴面砖等块材和粘贴固定石膏板或条时宜增加中间层，以保证必要的平整度。做法是在基层上做 5 ~ 8 mm 厚 1 : 0.5 : 2.5 水泥石灰砂浆。

（3）面层的构造做法。粘贴面砖的做法参见墙面装饰构造相关做法。

3. 结构顶棚

结构顶棚是指利用楼层或屋顶的结构构件作为顶棚装饰。例如屋架的网架结构，杆件排列的规律性具有韵律感；又如拱形结构，其优美的曲面极富装饰性。人们通过对结构顶棚的观赏，可以领悟出结构本身的现代感、力度感、科技感和安全感。结构顶棚是现代派建筑的一个特征，它崇尚真善美，摒弃烦琐与虚伪的装饰。

结构顶棚的形式有网架结构、拱形结构、悬索结构、井格式滑板等。结构顶棚的装饰重点就在于巧妙地安排照明、通风、防火、吸声等设备，以显示顶棚与结构韵律的和谐统一。如果处理不当，结构顶棚也会给人以粗劣与简陋的感觉。结构顶棚广泛应用于体育馆、展览厅和超级市场等建筑中，如图 5-2-2 所示。

图 5-2-2　结构顶棚

二、悬吊式顶棚装饰构造

悬吊式顶棚在构造上一般由悬挂部分、基层和面层三大部分组成。

吊顶常常以屋顶的檩条和楼板作为支撑结构，吊顶依靠吊筋悬吊在檩条或楼板之下，也有把吊顶悬吊在屋架的下弦节点或下弦水平系杆上的做法。当吊顶面积较大或造型较复杂时，应在屋顶或楼板下设置主龙骨，并以此作为吊顶的支撑结构。主龙骨一般垂直于屋架布置，并依靠吊筋悬吊在屋顶或楼板之下。

吊顶的悬挂部分就是吊筋。吊筋主要用枋木、圆钢和扁钢做成，其上部与屋面或楼板结构层固定，下部与顶棚的支撑结构（如主龙骨）相连。

基层是吊顶骨架，由次龙骨和间距龙骨组合而成。吊顶骨架通过吊筋与主龙骨连接。其组合方式和间距视面层材料的规格而定。材料的选择大多为木材、轻钢和铝合金。

面层即吊顶的饰面层，可以是粉刷层，也可以是各类饰面材料。

1. 抹灰类吊顶的装饰构造

抹灰类吊顶的表面平整光洁、整体感好。

以常用的钢板网抹灰吊顶为例。钢板网抹灰吊顶一般采用槽钢为主龙骨，角钢为次龙骨，也有采用木质龙骨的。其方法是先在次龙骨下加一道 $\phi6$ 的钢筋网，再在钢筋网下铺钢板网。钢板网应与次龙骨拴牢并绷紧，相互间的搭接距离不得小于 200 mm，搭接口的钢板网也应与次龙骨绑牢，不得空悬，以免造成抹灰层开裂或脱落。

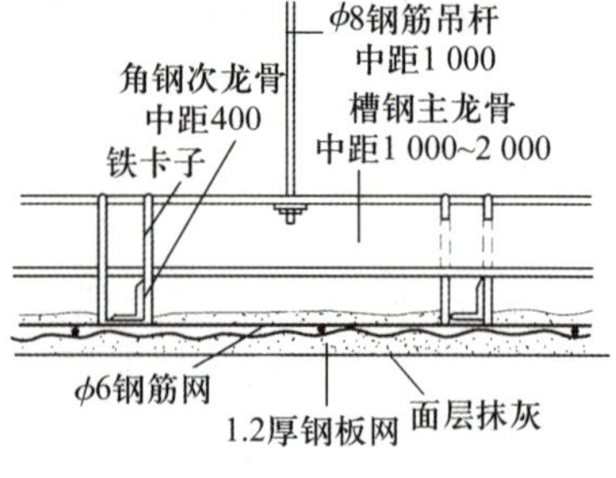

图 5-2-3　钢板网抹灰吊顶构造

钢板网上的抹灰饰面通常使用水泥砂浆，由于钢板网抹灰吊顶的龙骨和面层均用金属材料，所以其耐久性、防火性、抗震性都较好，多用于高级装饰工程中。钢板网抹灰吊顶构造如图 5-2-3 所示。

2. 板材类吊顶的装饰构造

板材类吊顶主要采用干法作业和装配操作，因为市场上有大量的骨架型材配套供应，给吊顶施工带来了很大的方便。根据饰面板材选用的材料及构造处理方法的不同，板材类吊顶可分为植物板材吊顶、矿物板材吊顶和金属板材吊顶。

（1）植物板材吊顶。植物板材吊顶常用的面层板材有木板、胶合板、纤维板、刨花板、吸声板等。它们具有吸声、隔热、加工方便的优点，给人以温暖、亲切的感觉。

1）植物板材的龙骨可以是木质的，也可以是金属的，视需要而定。其中，木质龙骨的形式也有单层木龙骨与双层木龙骨之分，具体构造如图 5-2-4、图 5-2-5 所示。

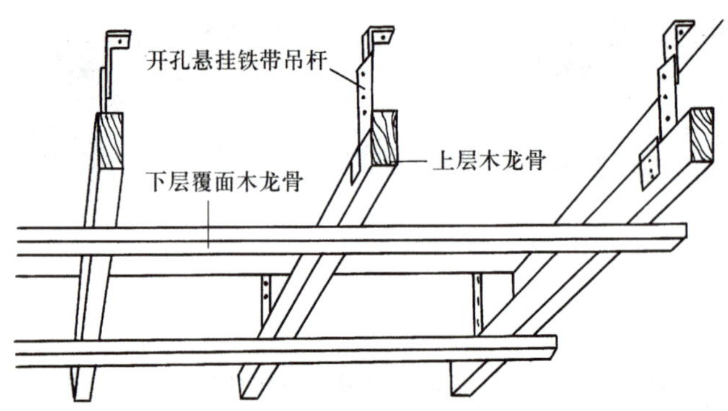

图 5-2-4　双层木龙骨的悬吊和安装

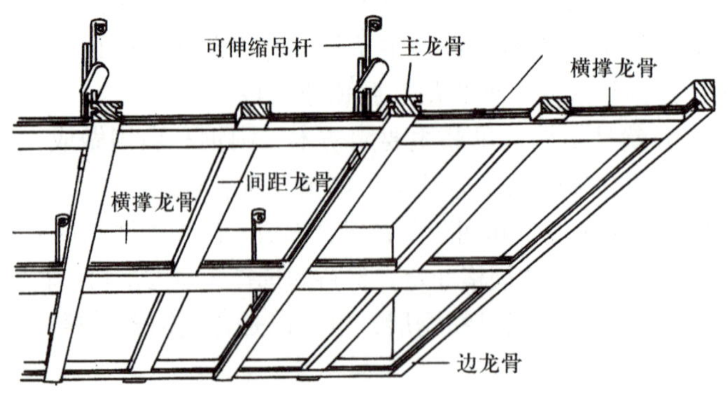

图 5-2-5　单层木龙骨的悬吊和安装

2）板面处理。板面可以喷刷色浆、油浆，也可以裱糊壁纸、墙布。如果需要具备吸声的功能，还可以在板面钻孔，并在上面铺设吸声材料。

3）板缝处理。板材吊顶应解决好板缝的拼接问题。一般的处理方法有立槽缝、斜槽缝，也可以不留槽缝，先用纱布或棉纸粘贴接缝，然后满刮腻子装饰，如图 5-2-6 所示。

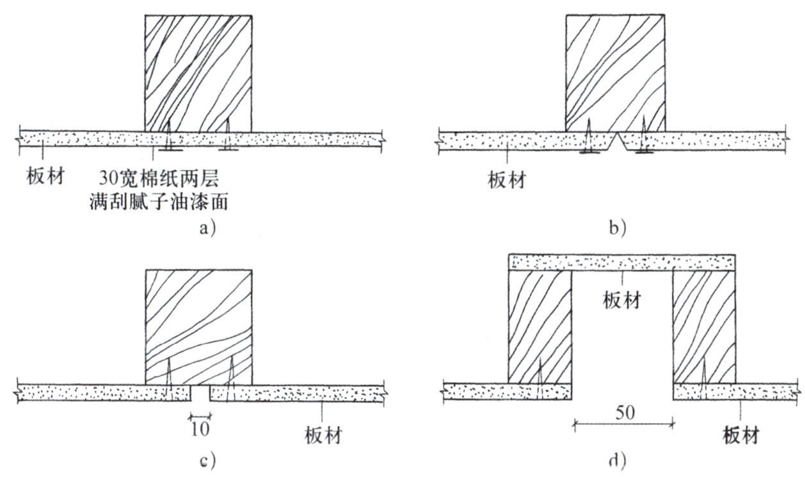

图 5-2-6　板缝做法

a）密缝做法　b）斜槽缝做法　c）小立缝做法　d）大立缝做法

4）节点的处理。板材类吊顶工程常常涉及节点的处理，如暗装窗帘盒、暗装灯盘、暗装灯槽等与吊顶构造的连接。暗装窗帘盒与吊顶的连接形式有两种：一是吊顶与方木薄板窗帘盒连接，二是吊顶与厚夹板窗帘盒连接，如图 5-2-7 所示。暗装灯盘与吊顶的连接形式也有两种：一种是暗装灯盘与吊顶固定连接，另一种是灯盘自行悬吊于顶棚，如图 5-2-8 所示。暗装灯槽与吊顶的连接形式大致分为三种，即平面式、侧向反光式和顶面半反光式，其构造如图 5-2-9 所示。

（2）矿物板材吊顶。矿物板材吊顶所用的面层板材有石膏板、矿棉板、玻璃棉板、珍珠岩板。其特点是防火性能好，同时具有保温、隔热、吸声、防蛀的性能。矿物板材常采用轻金属龙骨预制拼装的吊顶装饰施工，适用于对防火要求较高的建筑。铝合金龙骨构造如图 5-2-10 所示，轻钢龙骨构造如图 5-2-11 所示。

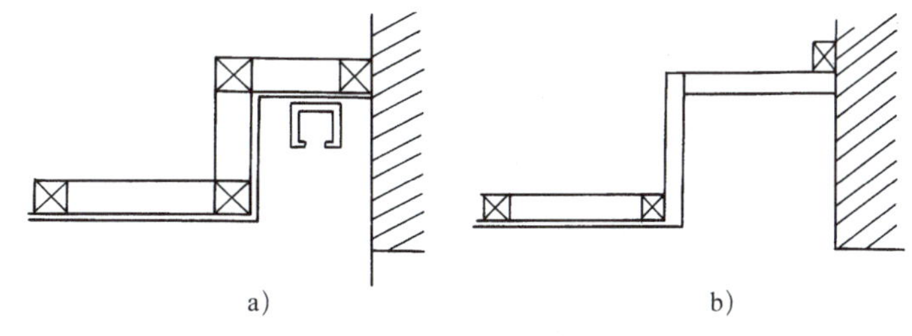

图 5-2-7　暗装窗帘盒与吊顶的连接

a）吊顶与方木薄板窗帘盒连接　b）吊顶与厚夹板窗帘盒连接

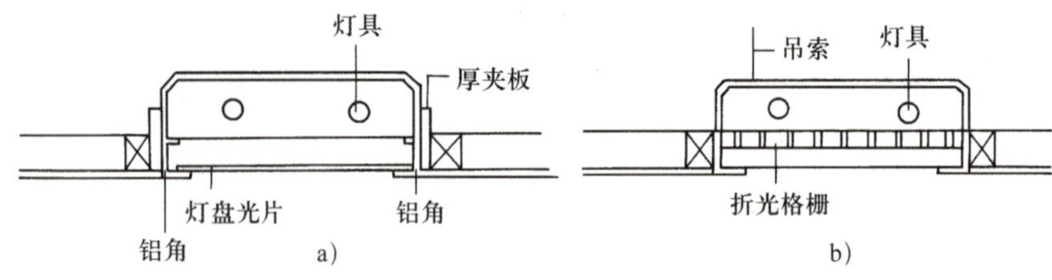

图 5-2-8　暗装灯盘与吊顶的连接

a）暗装灯盘与吊顶固定连接　b）灯盘自行悬吊于顶棚

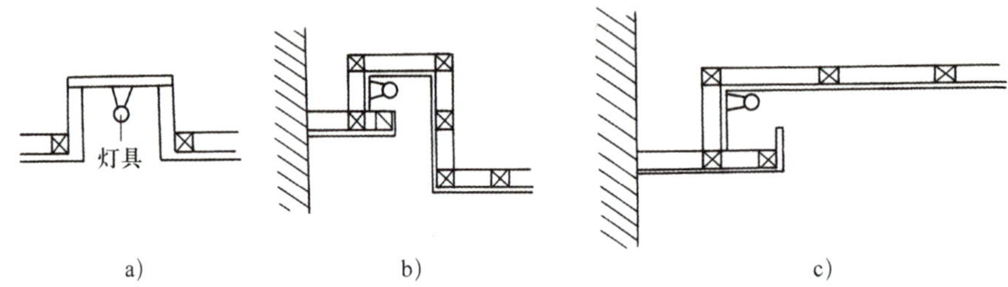

图 5-2-9　暗装灯槽与吊顶的连接

a）平面式　b）侧向反光式　c）顶面半反光式

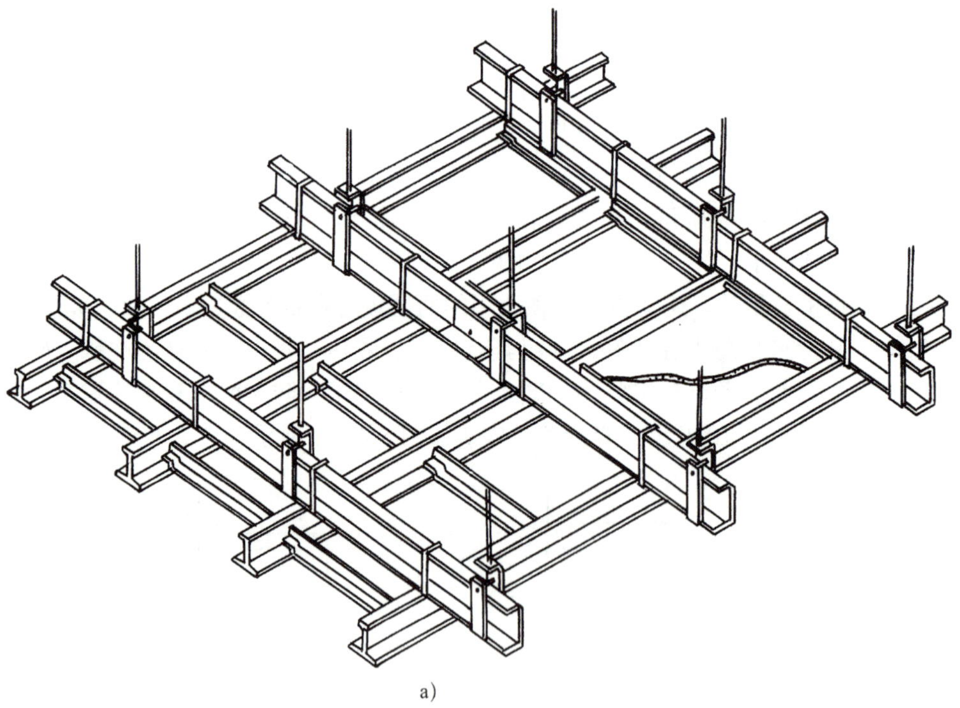

a)

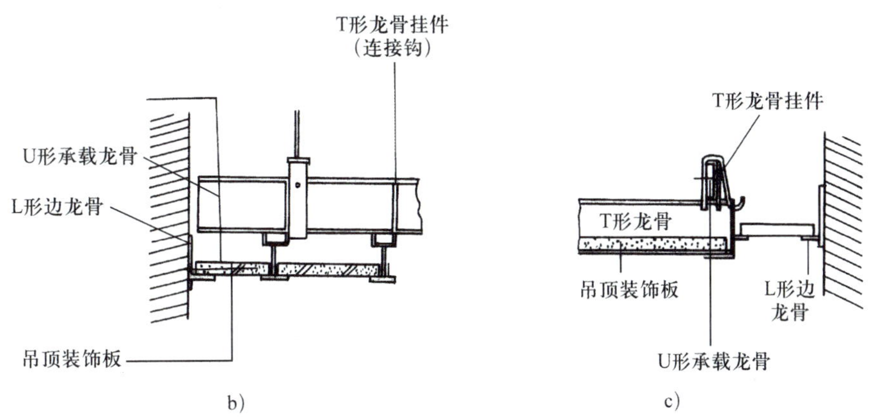

图 5-2-10　铝合金龙骨构造

a）有附加荷载的 T 形、L 形、U 形铝合金吊顶龙骨安装

b）构造节点之一　c）构造节点之二

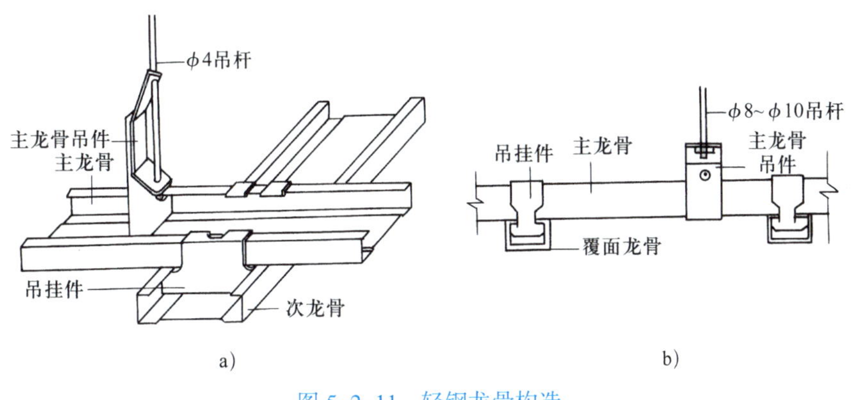

图 5-2-11　轻钢龙骨构造

a）次龙骨　b）主龙骨

在矿物板材吊顶施工中，龙骨与面板的构造关系有三种，即龙骨外露关系、龙骨隐蔽关系和龙骨半露关系。

1）龙骨外露关系。将方形的板材直接搁在倒 T 形龙骨的翼缘上，如图 5-2-12 所示。该形式构成格子形吊顶，维修方便，适用于管网复杂、设备较多的吊顶。

2）龙骨隐蔽关系。板材的侧面设有卡口，施工时卡入倒 T 形龙骨的翼缘中，从外面看不见龙骨，如图 5-2-13 所示。该形式整体感强，简洁明快。

3）龙骨半露关系。该形式的主龙骨外露而次龙骨隐蔽，外观上顶棚的线形及方向性更加清晰明确，常用于大开间的办公室。

（3）金属板材吊顶。金属板材吊顶就是用轻质金属板材作为面层的吊顶。

金属板材吊顶是当代各国盛行的新型顶棚装饰之一。它美观大方，给人以新颖、明快、现代化的感觉。同时，它质轻、耐火、耐久、构造简单、安装方便，因而在各类建筑中得到广泛应用。

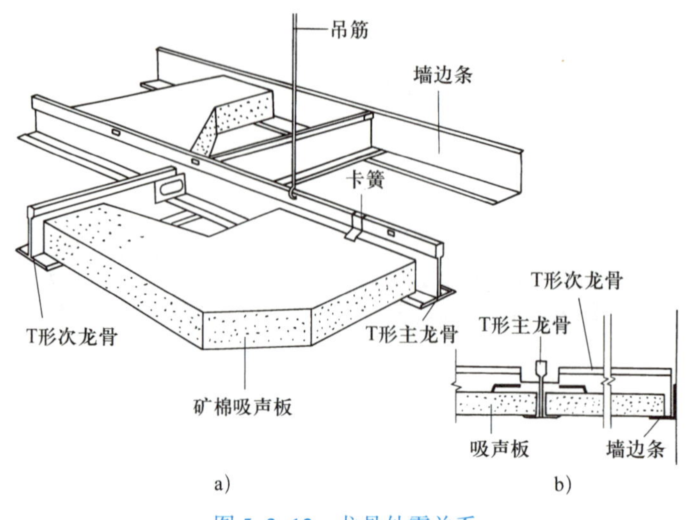

图 5-2-12　龙骨外露关系

a）覆面龙骨　b）承载龙骨

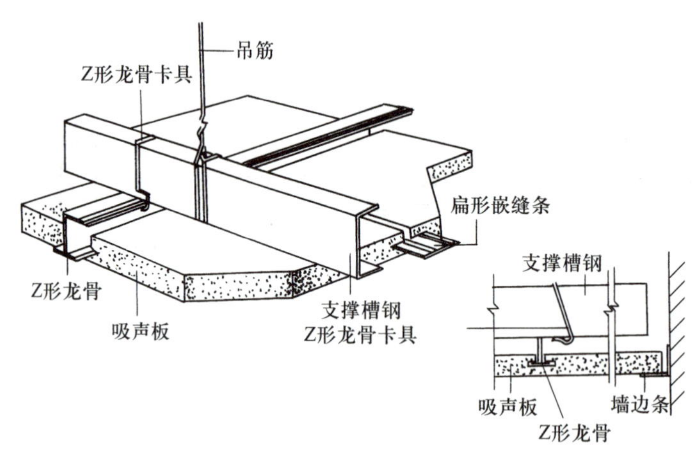

图 5-2-13　龙骨隐蔽关系

常用的板材有压型薄钢板和铸轧铝合金型材。它们被加工成条形、方形、矩形以及其他形状。搁栅常用厚铝板、铝合金板或镀锌铁皮等制成。吊筋采用螺纹钢套接，以便调节定位。值得注意的是，在这种吊顶中，吊顶的龙骨有时既是承重杆件，又兼具卡具的作用。这种独特的构造是其他类型吊顶所没有的。

1）金属条板顶棚装饰构造。金属条板是用铝合金或薄钢板加工而成的。根据条板之间板缝处理形式的不同，金属条板顶棚装饰构造可分为开放型和封闭型两种。开放型条板顶棚的板缝无填充物，便于通风，也有的在上部放置矿棉或玻璃棉垫，以吸收声音。而封闭型条板顶棚的板缝要加嵌缝条或采用单边有翼盖的条板，同样可达到封闭的目的。

板材的固定方法有两种：一种是将条板卡在龙骨上，龙骨与条板配套使用。这种办法安装极为方便，拆卸也很简单，其构造节点如图 5-2-14 所示。另一种是用螺钉

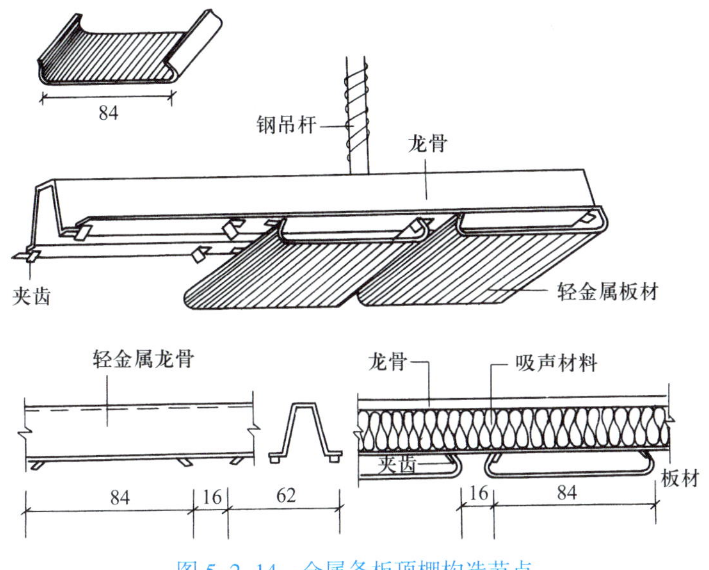

图 5-2-14　金属条板顶棚构造节点

或自攻螺钉将板条固定在龙骨上。龙骨一般不需同条板配套使用，可采用角钢、槽钢等型钢。

2）金属方板顶棚装饰构造。金属方板顶棚是由各种造型不同的金属方板及配套的轻钢或铝合金龙骨系统组合而成的。它具有自重轻、不燃不锈、构造简单、组装灵活、施工方便、美观大方的特点。金属方板顶棚装饰构造分搁置式和卡入式两种。搁置式多为 T 形龙骨，方板四边带翼，方板搁在 T 形龙骨后形成格子形的离缝，具体如图 5-2-15 至图 5-2-17 所示。

卡入式的特点是金属方板的卷边向上，边上轧出凸出的卡口。安装时，把卡口嵌入有夹簧的龙骨中。如果需要有吸声的功能，可选择带小孔的吸声板，如图 5-2-18 所示。

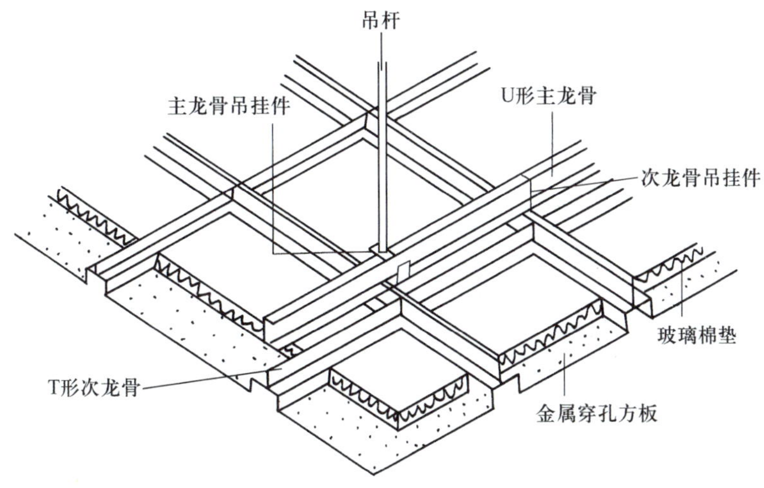

图 5-2-15　搁置式金属方板顶棚构造

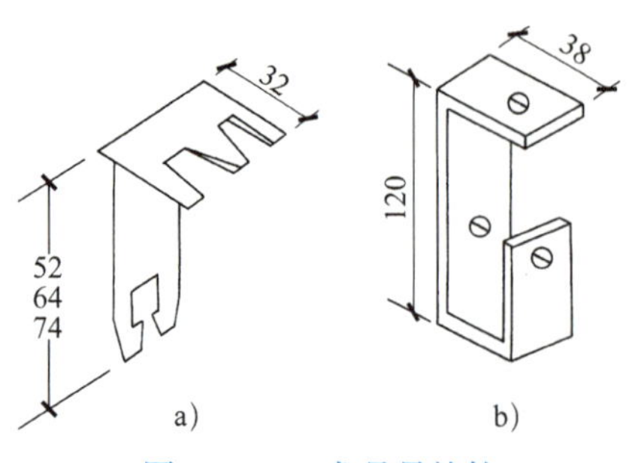

图 5-2-16　龙骨吊挂件

a）次龙骨吊挂件　b）主龙骨吊挂件

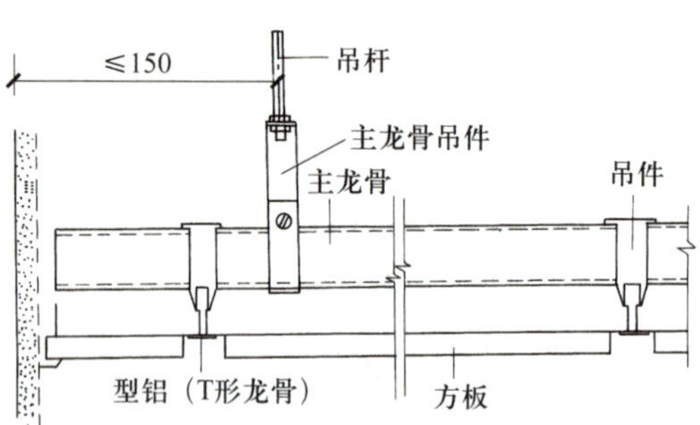

图 5-2-17　搁置式金属方板顶棚（明龙骨铝合金方板吊顶）构造

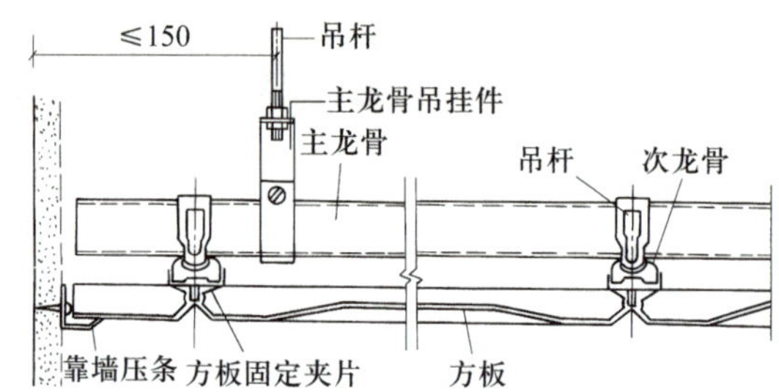

图 5-2-18　卡入式金属方板顶棚（暗龙骨铝合金方板吊顶）构造

3）金属开敞式顶棚装饰构造。金属开敞式顶棚的装饰形式是通过特定形状的单元体的组合悬吊，使室内顶棚既遮蔽又通透，形成独特的艺术造型效果。它不仅丰富了顶棚装饰的构造方式，而且对建筑空间顶面的照明、通风和声学等功能要求的满足与改善，都起了不可替代的作用。例如，将灯具置于搁栅或开敞吊顶的上部，就可以使光线均匀柔和且减少眩光；而在其上放置风道、风口，也可以使送风更加均匀；由单元吸声体组合成的悬吊顶棚，不仅有较好的吸声效果，而且可以减少回声。

金属开敞式顶棚的形式主要有铝合金搁栅天花板吊顶、铝合金筒形天花板吊顶、铝合金挂片天花板吊顶、铝合金藻井天花板吊顶等几种。

铝合金搁栅天花板吊顶的搁栅形状有直线形、曲线形、方块形、多边形、空腹形等。整个顶棚可用 T 形龙骨或 U 形龙骨分格安装。常见的铝合金搁栅天花板吊顶构造的形式如图 5-2-19 所示。

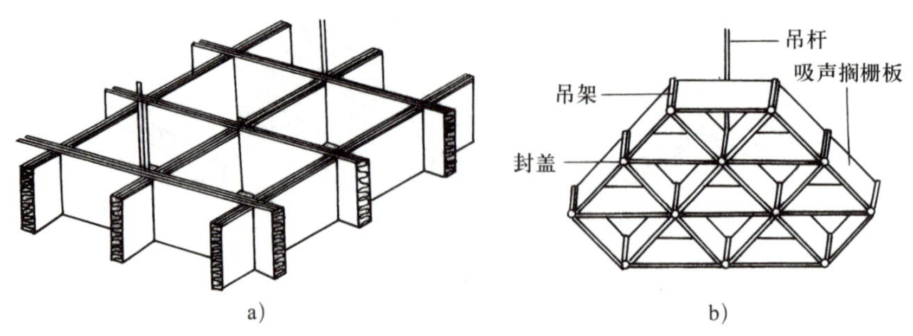

图 5-2-19　铝合金搁栅天花板吊顶构造的形式

a）方块形　b）三角形

铝合金筒形天花板吊顶的筒形有圆筒与方筒之别。铝合金筒形天花板吊顶是由许多组筒形天花板用连接件固定于主龙骨上，主龙骨用吊件及吊杆吊挂于混凝土楼板或其他楼板下组合而成，如图 5-2-20、图 5-2-21 所示。

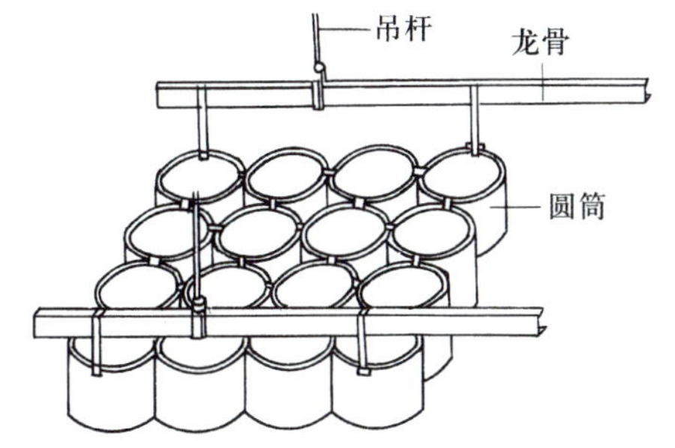

图 5-2-20 铝合金圆筒形天花板吊顶的基本构造

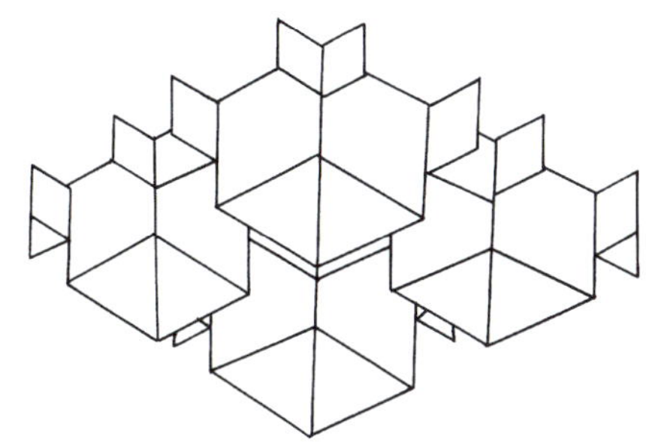

图 5-2-21 铝合金方筒形天花板吊顶的基本构造

铝合金挂片天花板吊顶。铝合金挂片天花板吊顶是以各种造型不同的铝合金条形或块形挂片安装在专用的铝合金或轻钢龙骨上，再吊于混凝土楼板或其他楼板下面而成，其基本构造如图 5-2-22 和图 5-2-23 所示。

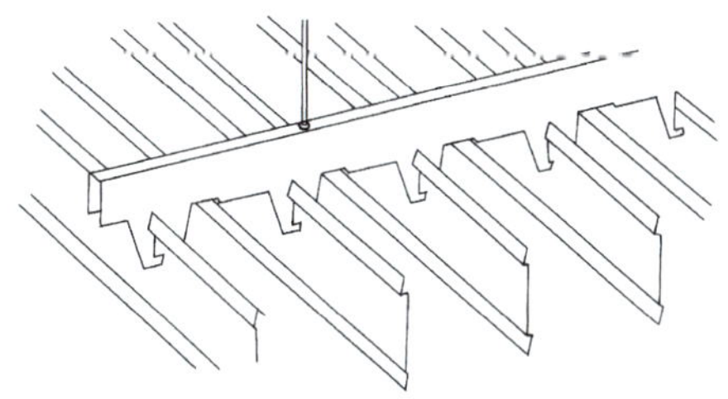

图 5-2-22 铝合金条形挂片天花板吊顶的基本构造

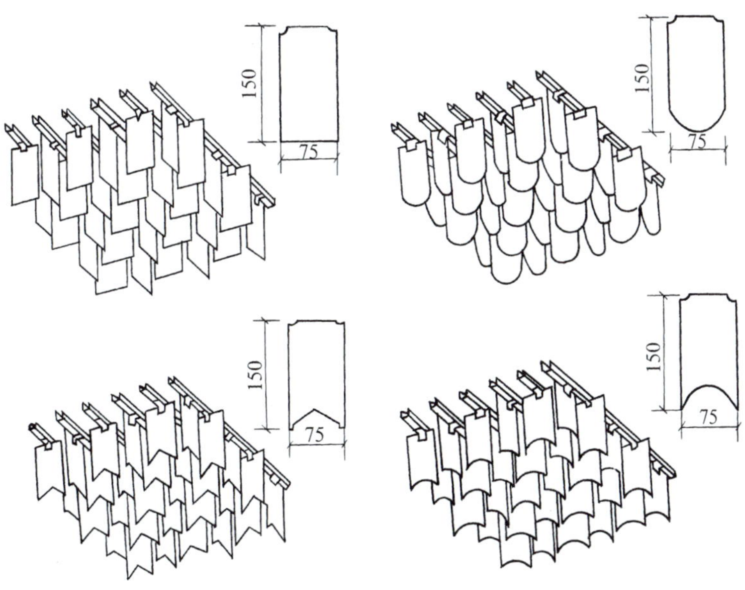

图 5-2-23 铝合金块形挂片天花板吊顶的基本构造

铝合金藻井天花板吊顶。铝合金藻井天花板吊顶有专用的龙骨及配件，如图 5-2-24 所示，并由藻井龙骨通过吊杆、吊件、花篮螺钉、吊钩等将龙骨吊装于混凝土楼板或其他楼板下面，然后把藻井天花板安装于藻井龙骨之上。吊顶的基本构造分为两种类型：一种是满堂式，即整个顶棚都是藻井；另一种是局部式，即顶棚部分为藻井，其他部分为不同形式的面板。带灯箱的局部式铝合金藻井天花板吊顶基本构造如图 5-2-25 所示。

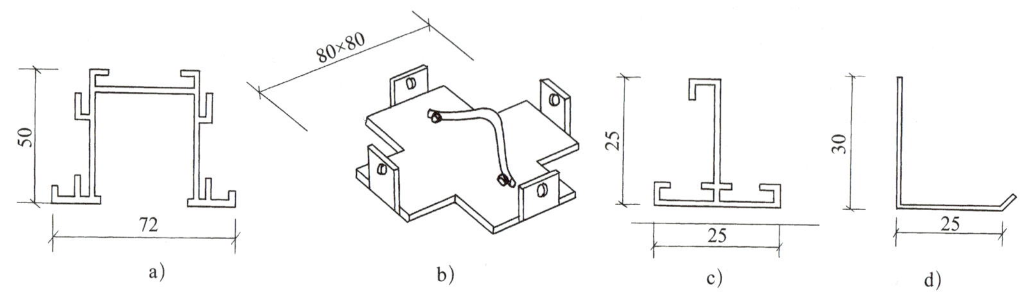

图 5-2-24 铝合金藻井天花板吊顶龙骨及配件

a）藻井龙骨 b）藻井龙骨吊件 c）藻井装饰框 d）墙边收口条

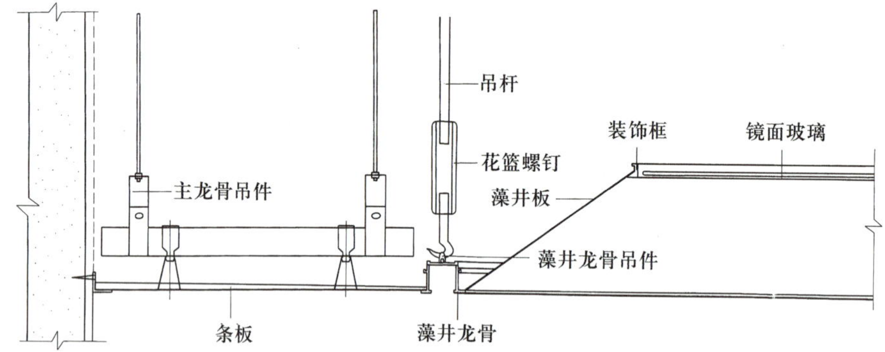

图 5-2-25 带灯箱的局部式铝合金藻井天花板吊顶基本构造

第三节 玻璃采光顶装饰构造

随着机场、体育馆、展览馆、商业中心等公共建筑的兴建，建筑物的空间跨度越来越大，通过门窗、幕墙玻璃进入室内的光线已经不能满足室内采光的需要。在大跨度屋盖上设置大面积玻璃采光顶进行室内采光，尽量减少室内电光源的能耗成为新的发展趋势。

采光顶是指建筑物的屋顶、雨篷等的全部或部分材料用玻璃、玻璃钢、塑料等透光材料取代，所形成的具有装饰和采光功能的建筑顶部结构构件。建筑玻璃采光顶作为建筑物外围护的一种，已被广泛应用于各种建筑中，在建筑中起着重要的围护功能和装饰作用。其本身与建筑的关系、构造体系的受力形式、材料的应用及功能设计都

具有特殊性，不同于建筑幕墙及其他建筑装饰形式。采光好、遮风挡雨、多变的几何形体（外形），能装饰建筑物内外是玻璃采光顶的重要特性，其相应的结构形式和分类设计应紧紧围绕这些特性来进行。

一、采光顶装饰的特点

随着建筑技术的发展，采光顶的使用日渐增多，甚至成为某些类型公共建筑设计的流行手法，如宾馆、大型商业中心、展览馆中的共享空间、入口雨篷等。采光顶之所以受到欢迎，主要是因为具备以下特点。

1. 提供了遮风挡雨的室内环境，同时又将室外的光影变化引入室内，使人有置身于室外开放空间的感觉，从而满足了人们追求自然情趣的愿望。

2. 提供了自然采光，减少了照明开支，又通过温室效应降低采暖费用。

3. 采光顶造型丰富多样，增强了建筑物的艺术感。常见的采光顶造型如图 5-3-1 所示。

图 5-3-1　常见的采光顶造型

二、玻璃采光顶的安全性能要求

1. 强度

强度是指玻璃采光顶抵抗风（雪）荷载能力，要根据各地区的风速值、相应的风压值以及雪压值考虑恒荷载、风荷载和雪荷载。

2. 抗震性能

在地震作用下，玻璃采光顶被破坏情况主要有两个方面。一种是主支撑体系统（井字架、网架）被破坏，玻璃采光顶自然随之遭到破坏。支撑体系统有的是钢筋混凝土框架，有的是球形网架，其抗震性能随设计而不同。另一种是主支撑体系统良好无损，地震时玻璃采光顶自身遭到破坏，这是玻璃采光顶自身因素造成的，因此设计时要主要考虑玻璃采光顶和主支撑体的连接可靠性，及玻璃采光顶抗挤压变形的能力。

3. 气密性

密封的玻璃采光顶对气密性有严格的要求，空气渗透性能表示采光顶所有部位在关闭状态下的密封能力。气密性对安装空调设备的建筑物有非常大的影响。

4. 水密性

水密性是指在风雨同时作用下，或积雪融化、屋面积水的情况下，玻璃采光顶阻止雨水渗漏到内侧的能力，这和风速、降雨量及积雪融化后的积水量有关。玻璃采光顶的内侧结露是一个很伤脑筋的问题，结露水从采光顶向下滴落，影响室内环境的舒适性。因此设计玻璃采光顶的坡度时应认真考虑，应让结露水沿玻璃下泄。玻璃采光顶的杆件应有集水槽，汇集沿玻璃下落的结露水并使其顺集水槽流到室外。

5. 保温性能

玻璃采光顶的保温性能是指在采光顶内外侧存在空气温差的条件下，玻璃采光顶阻抗高温一侧向低温一侧传热的能力，以及透射和吸收太阳辐射热后向内侧传热的能力。玻璃采光顶的传热系数或传热阻抗因所用玻璃不同而不同，如热反射镀膜玻璃、单层浮化玻璃、中空玻璃、热反射中空玻璃、聚碳酸酯板及有机玻璃体系等均有明显的不同。

三、玻璃采光顶的分类

玻璃采光顶按造型分为单体玻璃采光顶、群体玻璃采光顶、连体玻璃采光顶。

1. 单体玻璃采光顶

单体玻璃采光顶分为单坡、双坡、三坡、四坡、半圆、1/4 圆、多角锥、圆锥、圆穹等。

2. 群体玻璃采光顶

群体玻璃采光顶是在一个屋顶系统上，由若干单体玻璃采光顶在结构件支撑体系上组合成一个玻璃采光顶的群体，其形式可随意变化。

3. 连体玻璃采光顶

连体玻璃采光顶是由几种玻璃采光顶和玻璃幕墙以共用杆件连成一个整体的玻璃顶和墙面系统。

四、玻璃采光顶的支撑体系

玻璃采光顶的支撑体系是将面玻璃所承受的各种荷载直接传递到建筑物的主体结构上，因此，它是主要受力构件，一般是根据建筑造型和承受的荷载大小来选择结构形式和材料，出于增强通透性的考虑常采用点式玻璃技术。这种支撑体系形式多样、设计灵活、施工便利，有利于设计出形式独特的建筑屋顶。主要有以下几种类型。

1. 全玻璃结构点式玻璃屋顶

全玻璃结构点式玻璃屋顶主要由点式钢构件连接屋顶玻璃，对玻璃的强度要求较高，如图 5–3–2 所示。

2. 拱、梁或刚架支撑点式玻璃屋顶

拱、梁或刚架支撑点式玻璃屋顶是指以拱、梁或刚架为主体支撑结构，在其上连接点式构件支撑或悬挂玻璃屋顶，如图 5–3–3 所示。

3. 下张拉索式桁架支撑点式玻璃屋顶

下张拉索式桁架支撑点式玻璃屋顶是指由钢索和钢杆或是完全由钢索构成桁架中下部拉杆的部分，钢杆件或玻璃组成压杆构件。这一拉索式桁架体系再通过点式构件连接玻璃，玻璃或钢杆作为桁架体系中的压杆，是一种特殊的桁架结构形式。同时杆件纤细、形式精美，与点式玻璃技术能很好结合，从而表现出点式玻璃屋顶机械美学和光学通透性良好的特点，如图 5–3–4 所示。

图 5-3-2　全玻璃结构点式玻璃屋顶

图 5-3-3　刚架支撑点式玻璃屋顶

图 5-3-4　下张拉索式桁架支撑点式玻璃屋顶

4. 空间杆或索系统的点式玻璃屋顶

空间杆或索系统的点式玻璃屋顶是利用空间结构和点式玻璃技术结合形成的一种屋顶形式。点式玻璃技术和空间结构有很好的结合点，例如点式结构的铰接能很好地满足空间结构这一柔性空间结构产生变形的要求，以及玻璃通过顶点式构件单片连接，施工和围护较简单。另外，玻璃可以作为体系的压杆承载部分荷载以减少额外构件数量，增大屋顶透明性，如图 5-3-5 所示。

图 5-3-5　空间杆系统点式玻璃屋顶

五、构造要求

1. 长廊采光顶玻璃构造要求

（1）铝合金压座通过不锈钢螺栓固定在钢结构龙骨上，螺栓间距均应不大于 300 mm，并在铝合金压座与钢结构之间设置 5 mm 厚绝缘垫片。

（2）铝合金压座两侧应有导水槽构造，内部插入一体化胶条，一体化胶条及导水槽在十字交叉处应 90° 拼接，并在接缝处打胶。打胶时环境温度为 5 ~ 30 ℃，须保证打胶面洁净，胶缝需粘接牢固、严密、连续，宽度、厚度满足设计要求。打胶完成后应做淋水试验，保证无渗漏。

（3）通过铝合金压块将玻璃附框固定在压座上，压块间距均应不大于 300 mm，长廊采光顶玻璃构造如图 5-3-6 所示。

2. 采光顶铝单板构造要求

（1）铝板厚度满足设计要求，可视表面情况做氟碳喷涂、三涂一烤处理，涂膜平均厚度不小于 40 μm，局部膜厚不小于 34 μm。

（2）铝合金基座固定机制螺栓、铝合金压块间距不大于 300 mm。

（3）铝板内部保温岩棉应填充密实。

采光顶铝单板构造如图 5-3-7 所示。

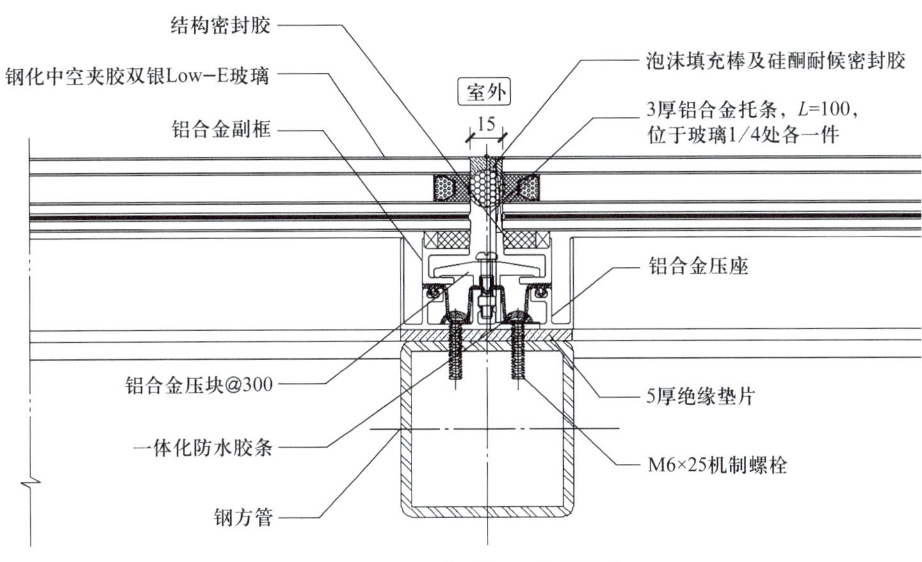

图 5-3-6　长廊采光顶玻璃构造

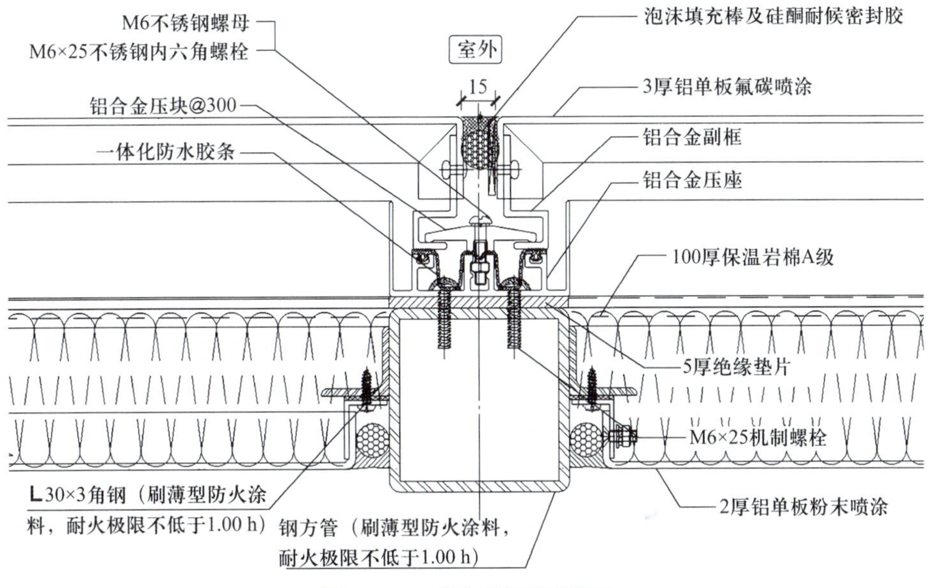

图 5-3-7　采光顶铝单板构造

3. 椭圆形、圆形采光顶构造要求

（1）椭圆形、圆形采光顶为保证面板四线共面，在钢结构与铝合金压座之间，增设 3 mm 厚的 U 形变截面找平槽。

（2）玻璃与水平面夹角不小于 70° 时，每块玻璃下部 1/4 长度处各设置 1 个 3 mm 厚铝合金托条，宽度不小于 100 mm。

椭圆形、圆形采光顶构造如图 5-3-8 所示。

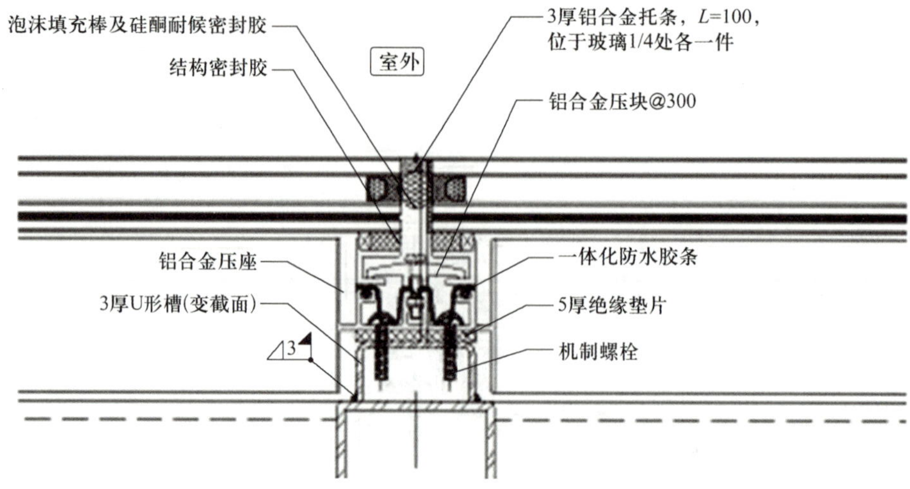

图 5-3-8　椭圆形、圆形采光顶构造

4. 排烟窗构造要求

（1）平面开启扇采用断桥铝合金窗框。

（2）平面开启扇应高出周边固定采光的玻璃（铝板），高出部分四周填充保温岩棉，保温外侧用连续铝单板。

（3）竖向开启扇开启角度应不小于 70°。

（4）开启扇四周设置两道连续的防水密封胶条。

（5）开启扇固定螺钉、合页等需采用不锈钢材质。

（6）开启扇的挂钩和横梁上的挂钩之间设有防噪声胶条。

平面开启扇排烟窗如图 5-3-9 所示，竖向开启扇排烟窗如图 5-3-10 所示。

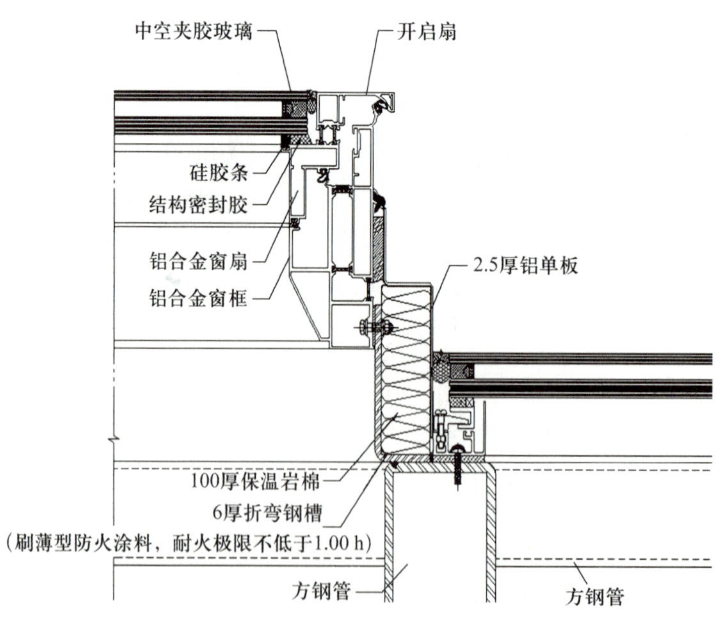

图 5-3-9　平面开启扇排烟窗

5. 披水板构造要求

（1）采光顶竖向开启扇上方应连续设置披水板。

（2）披水板悬挑宽度不小于 100 mm。

（3）披水板拼接缝处打密封胶处理。

披水板构造如图 5-3-11 所示。

6. 遮阳帘构造要求

（1）遮阳帘应符合隔热、防紫外线、色牢度好、耐腐抗霉的要求。

（2）遮阳帘应沿玻璃分格，面料打开时应平行于玻璃面，帘布应尽可能贴近玻璃布置，开启顺畅。

（3）遮阳帘采用手动控制或电动控制方式。普通家用一般采用手动控制，使用方便且造价低。玻璃顶比较高、面积比较大的采光顶采用无线遥控更加方便简单。

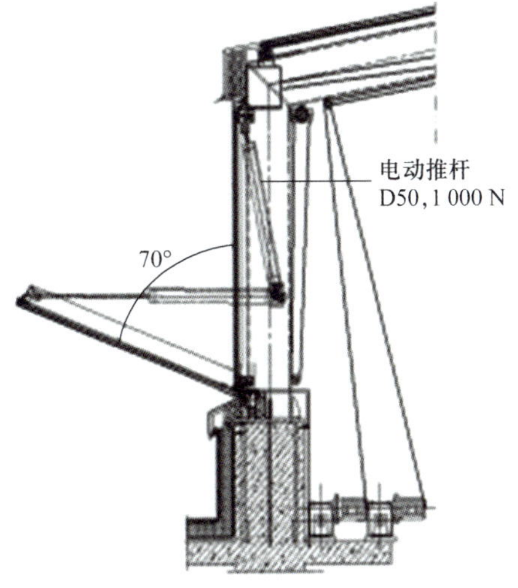

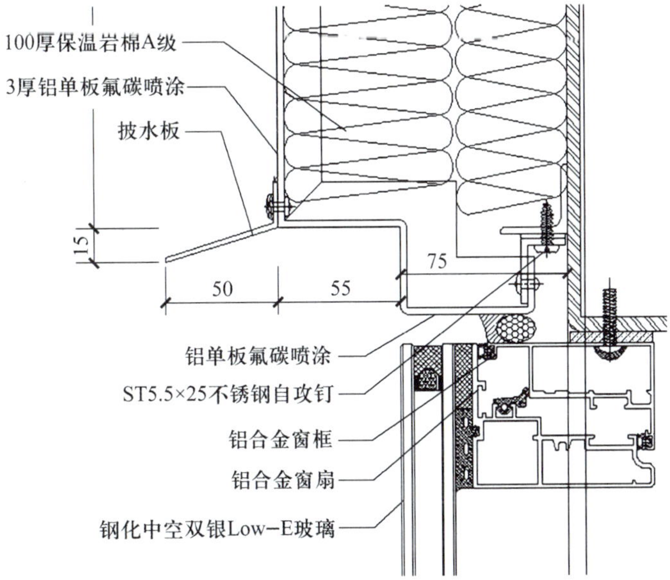

图 5-3-10　竖向开启扇排烟窗

图 5-3-11　披水板构造

遮阳帘如图 5-3-12 所示。

7. 变形缝构造要求

（1）变形缝处钢结构、铝板等须断开。

（2）变形缝构造须符合设计要求。

（3）长廊水平向、竖向变形缝连接处应符合设计要求。

（4）长廊竖向变形缝与结构变形缝的处理应符合设计要求。

变形缝构造如图 5-3-13 所示。

图 5-3-12　遮阳帘

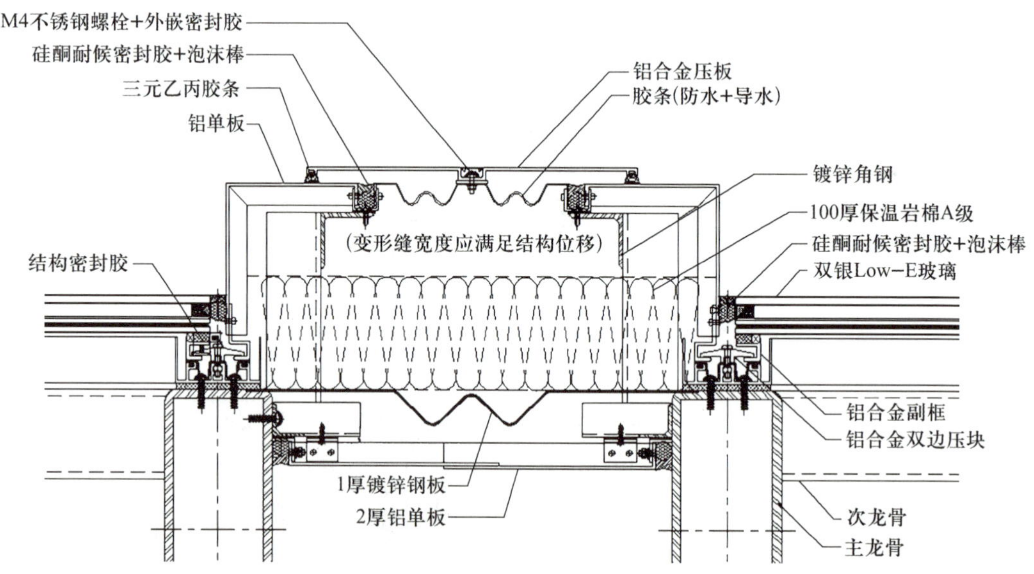

图 5-3-13　变形缝构造

8. 防雷构造要求

（1）采光顶防雷设施首先应保证与建筑主体结构的避雷均压环有效连接。

（2）防雷带布置应符合设计要求，一般按每四跨进行布置。

（3）玻璃采光顶顶部周围雷击电流可能会很大，应设置金属极防雷接闪器，金属极之间采用搭接时，搭接长度不小于 100 mm。

（4）接闪器材质、规格应符合设计要求。

防雷构造如图 5-3-14 所示。

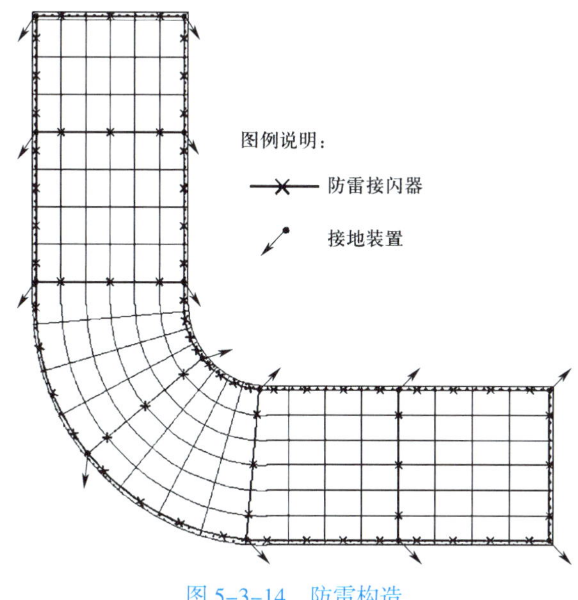

图 5-3-14　防雷构造

六、玻璃采光顶进场验收内容

1. 钢化玻璃应有 3C 标志。

2. 玻璃应进行倒角处理，无爆边、缺角、划伤。

3. 夹胶玻璃在胶合层无气泡。

4. 中空玻璃丁基胶宽度应不小于 3 mm 且应连续不间断。

5. 双银 Low-E 玻璃镀膜位置为室外玻璃内侧面。

6. 玻璃与附框粘接应在工厂完成。

7. 玻璃与附框之间采用硅酮结构密封胶连接，宽度应不小于 7 mm，连接厚度应不小于 6 mm 并不大于 12 mm。

玻璃采光顶构造如图 5-3-15 所示。

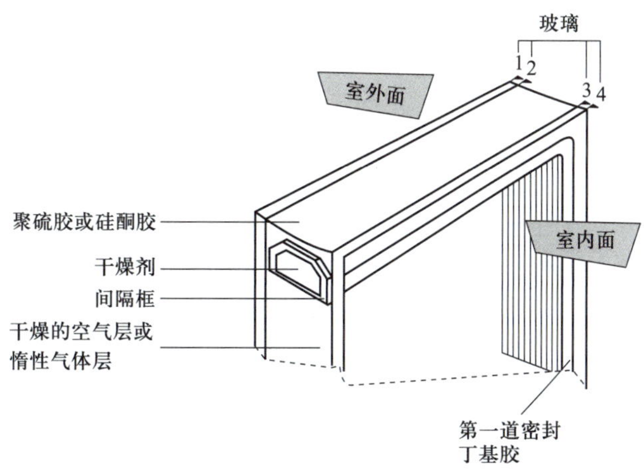

图 5-3-15　玻璃采光顶构造

思考与练习

1. 顶棚的作用是什么？
2. 顶棚的基本构造有哪三大类？
3. 简述悬吊式顶棚的基本组成部分及其作用。
4. 矿物板材吊顶的龙骨与面板的构造关系有哪三种？
5. 金属方板顶棚装饰构造有哪两种？
6. 什么是金属开敞式顶棚？它具有什么特点？
7. 玻璃采光顶安全性能要求有哪些？
8. 识读长廊采光顶玻璃构造示意图（见图 5-3-6），简述其构造要求。
9. 识读披水板的构造示意图（见图 5-3-11），简述其构造要求。

第六章 门窗装饰构造

学习目标

1. 了解门窗的组成。
2. 掌握门窗的装饰构造。

门和窗是房屋的重要组成部分，它们都属于建筑配件，而不是承重构件。

第一节 门的装饰构造

一、门的尺寸与组成

1. 门的尺寸

门的尺寸通常是指门洞的高、宽尺寸。门作为交通疏散通道，其尺寸取决于人的通行要求、家具器械的搬运及与建筑物的比例关系等，并要符合《建筑门窗洞口尺寸协调要求》（GB/T 30591—2014）的规定。

（1）门的高度。不宜小于 2 100 mm。如门设有亮子时，亮子高度一般为 300 ~ 600 mm，则门洞高度为 2 400 ~ 3 000 mm。公共建筑大门高度可视需要适当提高。

（2）门的宽度。单扇门为 700 ~ 1 000 mm，双扇门为 1 200 ~ 1 800 mm。宽度在 2 100 mm 以上时，则做成三扇门、四扇门或双扇带固定扇的门，因为门扇过宽易产生翘曲变形，同时也不利于开启。辅助房间（如卫生间、储藏室等）门的宽度可窄些，一般为 700 ~ 800 mm。

2. 门的组成

以平开门为例，门一般由门框、门扇、亮子、五金配件及其附件组成。门扇按其构造方式不同，有镶板门、夹板门、拼板门、玻璃门和纱门等类型。亮子又称腰头窗，在门上方，为辅助采光和通风之用，有平开、固定及上悬、中悬、下悬几种。门框是门扇、亮子与墙的联系构件。五金配件一般有铰链、插销、门锁、拉手、门碰头等。附件有贴面板、筒子板等，木门的组成如图 6–1–1 所示。

常用的平开门扇有镶板门（包括玻璃门、纱门）、夹板门和拼板门等。

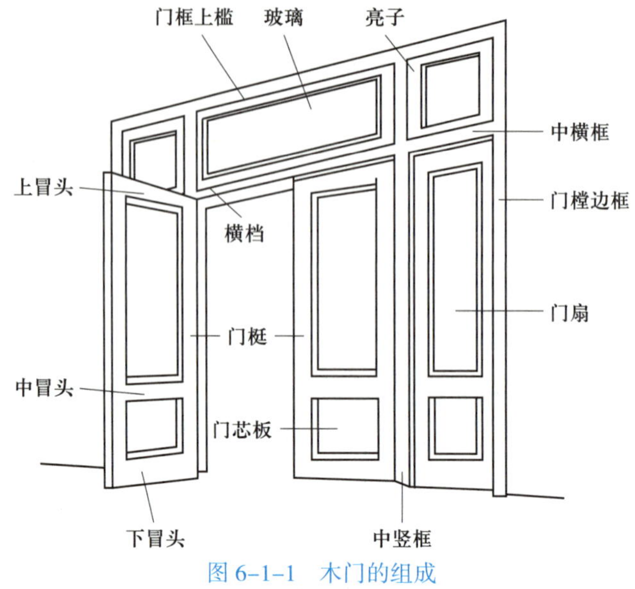

图 6–1–1　木门的组成

二、门的作用与类型

1. 门的作用

门有出入、疏散、采光、通风、防火和突出建筑重点等多种作用，如图 6–1–2 所示。

图 6–1–2　门的作用

2. 门的类型

（1）按使用材料分类，门分为木门、钢门、塑料门、铝合金门、玻璃门、不锈钢门等。

（2）按功能要求分类，门分为普通门、百叶门、保温门、隔声门、防火门、防 X 射线门等。

（3）按开启方式分类，门分为平开门、弹簧门、推拉门、折叠门、转门、卷门、自动门等，如图 6–1–3 所示。

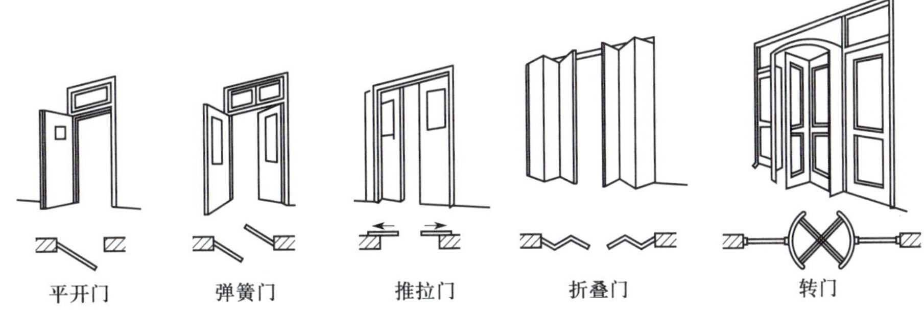

图 6-1-3　门的类型（按开启方式分类）

三、门框、门扇构造

不论采用何种形式，门一般都由门框和门扇组成。下面以木门为例，说明其构造。

1. 门框

（1）门框组成。门框由上槛、边框组成。若加设亮子时，在门扇与上亮子之间设中横框。

（2）木门门框的位置。门框在墙中的位置可分为居中、内平、外平三种，通常与开启方向一侧平齐，这样开启角度最大，并能尽量避免碰撞墙角，门框的上头应稍向外倾斜一些，以保证门扇开启后的稳定，也就是人们常说的“俯门仰窗”，如图 6-1-4 所示。

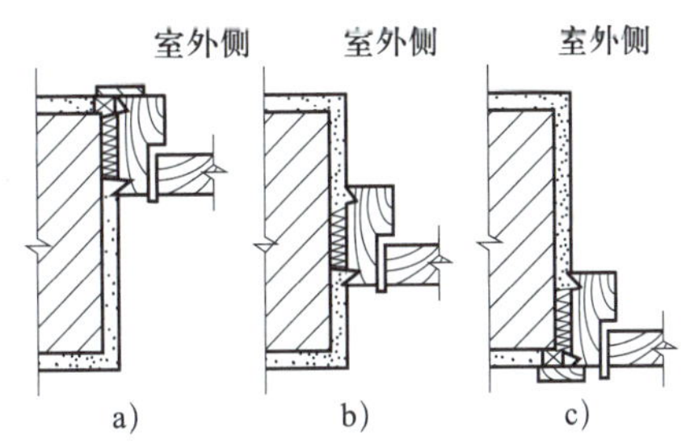

图 6-1-4　木门门框在墙体厚度方向的位置

a）外平　b）居中　c）内平

（3）木门门框安装。门框安装根据施工方式分类，可分为塞口和立口两种方式。两种方式均应对门框与墙体接触面进行防腐处理。处理时，主要采用沥青涂料进行涂抹。两种安装方式如图 6-1-5 所示。

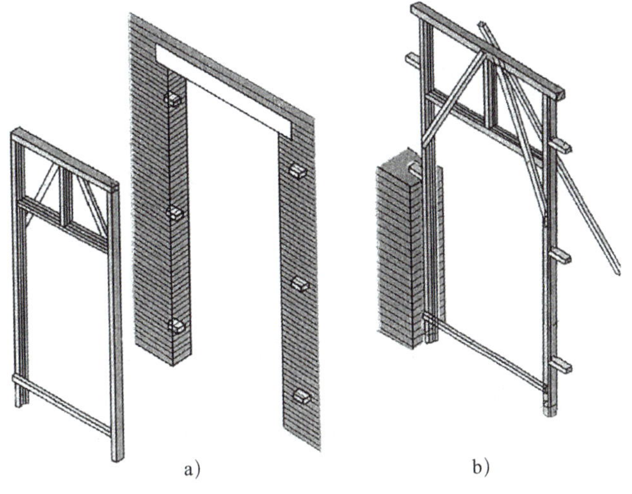

图 6-1-5　门框的安装方式

a）塞口　b）立口

1）塞口。塞口是指在墙砌好后再安装门框。洞口的宽度应比门框大 20 ~ 30 mm，洞口高度比门框大 10 ~ 20 mm，留左右与顶部两条施工安装缝尺寸，门洞口两侧砖墙上每隔 500 ~ 600 mm 预埋木砖或预留缺口，以便用圆钉或水泥砂浆将门框固定。塞口做法与砌墙工序不交叉，有利于门窗定型化，各种墙体均可采用这种方法，但安装后墙体与门窗框间的缝隙较大，一般用沥青麻丝等嵌填。

2）立口。立口是指在砌墙前用支撑先立门框然后砌墙。优点是框与墙结合紧密不留缝隙，同时也需要每隔 500 ~ 600 mm 砌入防腐木砖，用钉钉牢。其缺点是仅适合于砌筑墙体，并且立樘与砌墙工序交叉，施工不便，门框易受损或产生位移。

（4）木门框与墙体间的接缝处理。为使接缝比较严密，可以通过用橡胶条、泡沫塑料、毛毡或其他柔软材料设置在框和墙之间的接触部位，并且通过用灰浆挤密、做高低口及加设贴面板、筒子板等提高框与墙接缝的严密性，减少热量的散失和风沙飞入，如图 6–1–6 所示。

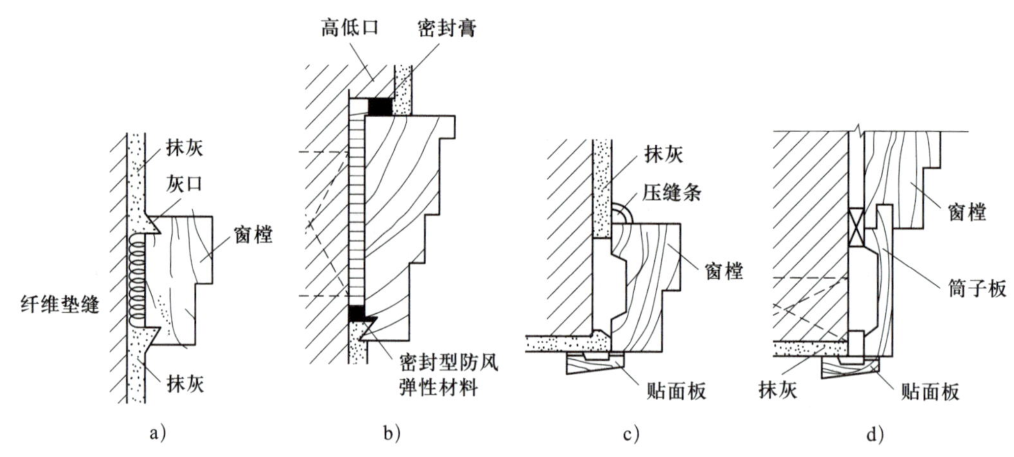

图 6–1–6　木门框与墙体间的接缝处理

a）窗樘做灰口抹灰　b）高低口内塞密封膏和密封型防风弹性材料

c）灰缝做贴面板和压缝条盖缝　d）墙面做筒子板和贴面板

2. 门扇

根据板材安装方式分类，常用的木门扇可分为镶板门扇、夹板门扇和原木门。

（1）镶板门扇。由边框和上冒头、中冒头、下冒头组成门扇骨架，内镶门芯板。边框和上冒头、中冒头、下冒头断面一般相同。为了减少门扇的变形，下冒头的宽度宜加大，如图 6–1–7 所示。

镶板门的门芯板拼缝要严密。为防止门芯板干缩裂缝，可以采取平缝胶合、木键拼缝、高低拼缝和企口拼缝的形式，如图 6–1–8 所示。

门芯板与边框和冒头的镶嵌结合可用卧槽、单面压条、双面压条、单面油灰的构造方式，如图 6–1–9 所示。

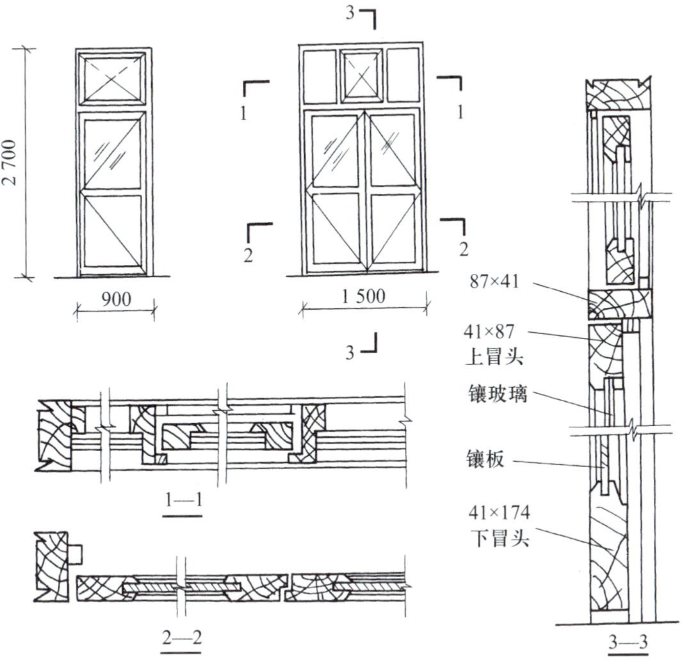

图 6-1-7　镶板门扇构造

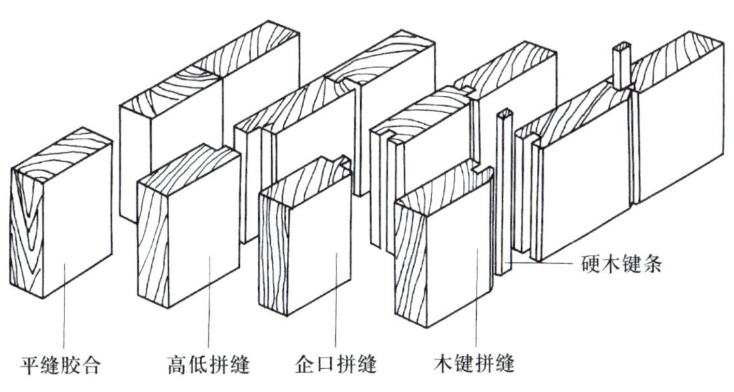

图 6-1-8　门芯板拼缝

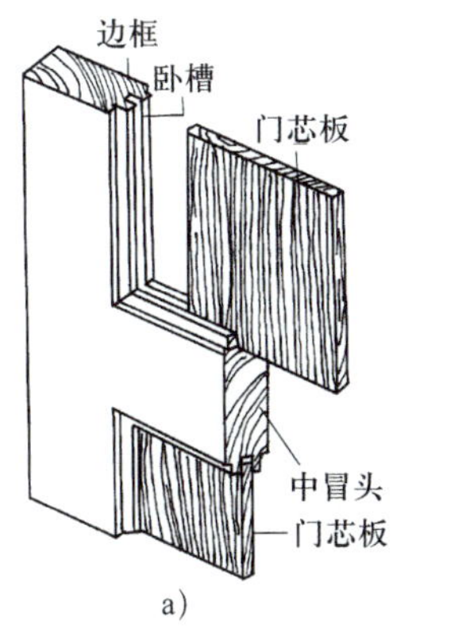

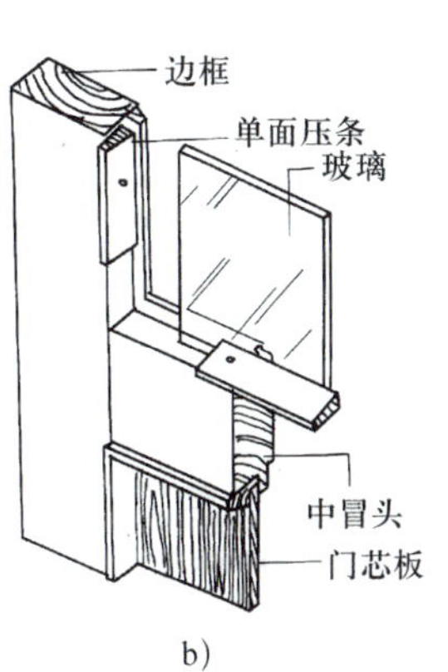

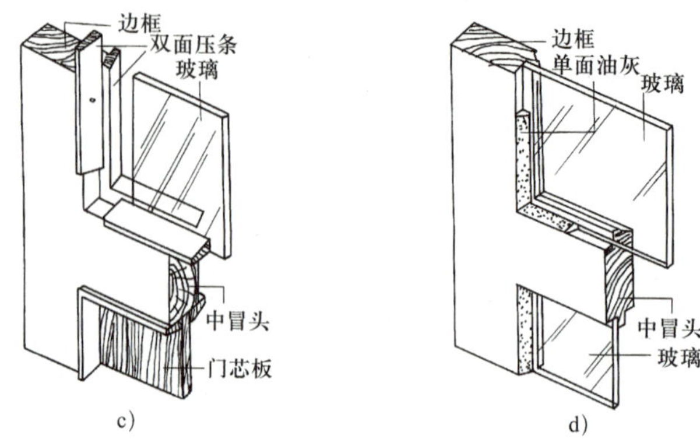

图 6–1–9　门芯板与边框和冒头的镶嵌结合

a）卧槽　b）单面压条　c）双面压条　d）单面油灰

（2）夹板门扇。夹板门扇一般多用于内门，不能用作外门或潮湿房间的内门。

夹板门扇的构造是采用断面尺寸较小的枋木做成骨架，如图 6–1–10 所示，双面粘贴胶合板，四周用实木条封边。应注意的是，胶合板不能铺至外框边，否则会因经常碰撞而损裂。装门锁、铰链处，框料需加宽。为了保持门扇内部干燥，可做孔径为 9 mm 的透气孔贯穿上下框格。胶合板门的构造如图 6–1–11 所示。

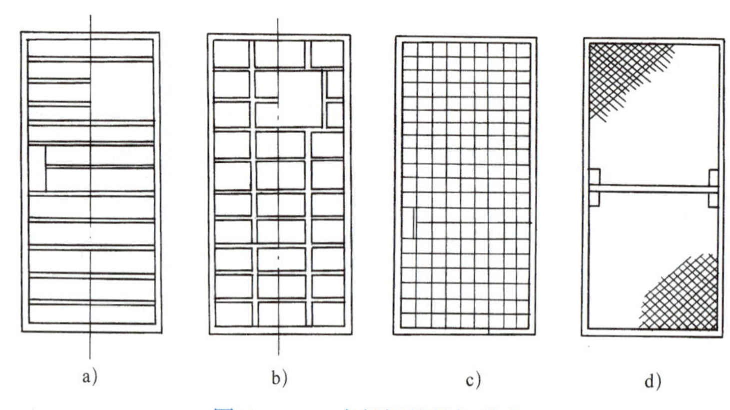

图 6–1–10　夹板门的骨架形式

a）横向骨架　b）双向骨架　c）密肋骨架　d）蜂窝纸骨架

胶合板门扇主要有平板式和平板面木线条装饰式。采用断面多样化的木线条可以在门扇表面组成各种美丽的图案，使门扇更具有立体感。平板面木线条装饰图案如图 6–1–12 所示。

（3）原木门。原木门是指木门的外在材质和内在材质完全统一的木门，普遍意义上是指所有具有此特点的各类型木门，包括原木制品的半截玻璃门及玻璃门。原木门截面形式如图 6–1–13 所示。

原木门的主要特点是天然性和华贵性，这是原木门区别于复合门和空心门的突出特点。由于原木门材料成本高，而且材料的利用率又受到木材天然缺陷的极大制约，所以从某种意义上讲，制作原木门是一种较大的资源浪费。因而原木门的普及应用受到很大制约，属于木门中的高档产品。

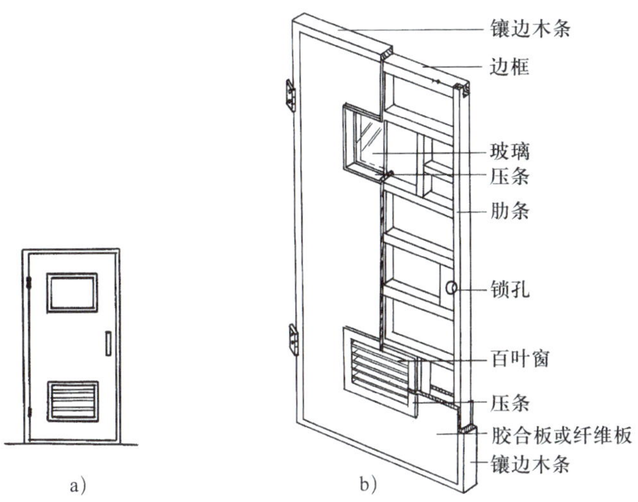

图 6-1-11　胶合板门的构造

a）立面　b）构造示意

图 6-1-12　平板面木线条装饰图案

图 6-1-13　原木门截面形式

木材的干燥工序在原木门制作中具有关键作用。木材的干燥质量决定了木材的出材率，特别是对于珍贵树种木材来讲，具有重要意义。同时，木材的干燥质量也决定了原木门成品的表面质量以及原木门是否会翘曲变形。

木材置于一定的环境下，在经过足够长的时间后，其含水率会趋于一个平衡值，称为该环境的平衡含水率（EMC）。部分区域木材含水率见表 6–1–1。

表 6–1–1　部分区域木材含水率

区域	木材含水率范围	代表性城市
（一）	12% 以下	北京、沈阳、长春、哈尔滨
（二）	12% ~ 14%	长沙、武汉、南昌、南京
（三）	14% ~ 16%	香港、广州、海口
木材中，柚木、印茄木等一些特殊木材不需要做烘干处理		

当木材含水率高于环境的平衡含水率时，木材会排湿收缩，反之会吸湿膨胀。所以木材干燥度要适当，并非越干越好，而是要分地区干燥，使木门能更好地适应各个地区的气候，减少开裂变形的情况发生。

原木门的选材主要需要考虑暗裂、虫眼、死节、色差以及木门的使用环境。在原木门的制作中，榫槽的连接方式是用公母定型刀铣出配套的形状，使用木榫、胶水连接部件。需要注意的是，不同的连接位置要使用不同的胶水，从而使木门结构更加牢固，更好地解决原木门的变形开裂问题。如平板拼板位置使用拼板胶，部件组合位置使用组装胶等。榫槽连接方式如图 6–1–14 所示。

图 6–1–14　榫槽连接方式

随着时代的发展，原木门的造型已突破传统镶板门和拼板门的简单形式，出现了各种各样的造型，如玻璃门、半玻璃门、六福门、五福门、面包门、雕花门等，如图 6–1–15 所示。

图 6-1-15 原木门的造型

a）玻璃门 b）半玻璃门 c）六福门 d）五福门 e）面包门 f）雕花门

四、门的其他构件

门的其他主要构件有贴面板和筒子板，如图 6-1-16 所示。为了遮挡门框与墙面抹灰之间的缝隙，门框四周应加钉带有装饰木线的贴面板。高级装饰中还要在门框外侧墙面处钉筒子板，以提高装饰的档次。

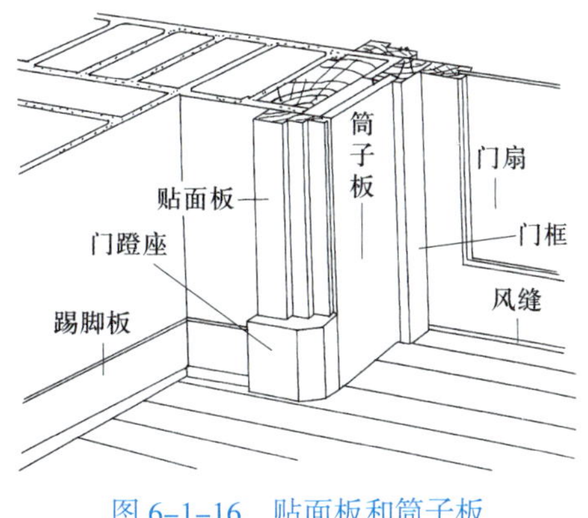

图 6-1-16 贴面板和筒子板

第二节 窗的装饰构造

窗具有采光、通风、传递、观察、眺望和反映建筑物风格等作用，如图 6-2-1 所示。

图 6-2-1 窗的作用

一、窗的尺寸与分类

1. 窗的尺寸

窗的尺寸主要取决于房间的采光、通风、构造做法和建筑造型等要求，并符合《建筑门窗洞口尺寸协调要求》(GB/T 30591—2014) 的规定。一般平开窗的窗扇高度为 800 ~ 1 200 mm，宽度一般不大于 500 mm；上下悬窗的窗扇高度为 300 ~ 600 mm，中悬窗的窗扇高度不大于 1 200 mm，宽度不大于 1 000 mm；推拉窗的高、宽均不大于 1 500 mm。各类窗的高度与宽度尺寸采用扩大模数 3M 数列作为洞口的标志尺寸，需要时只要按所需类型及尺寸大小直接选用即可。

2. 窗的分类

(1) 按使用材料分类，窗分为木窗、钢窗、塑料窗、铝合金窗等。

(2) 按镶嵌材料分类，窗分为玻璃窗、纱窗、百叶窗、保温窗等。

(3) 按开启方式分类，窗分为平开窗、推拉窗、百叶窗、悬窗、立转窗、固定窗等。窗的类型如图 6-2-2 所示。

二、窗的组成

窗一般都由窗框和窗扇两部分组成，如图 6-2-3 所示。下面以平开木窗和铝合金推拉窗为例，说明窗的一般构造。

1. 平开木窗

平开木窗主要由窗框、窗扇和五金配件组成（见图 6-2-4），有需要时可加设

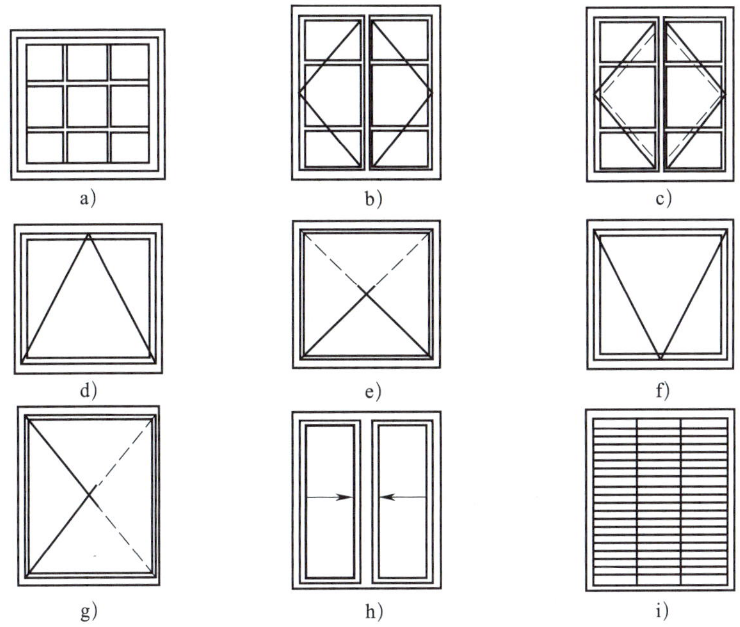

图 6-2-2　窗的类型（按开启方式分类）

a）固定窗　b）平开窗（单层外开）　c）平开窗（双层内外开）　d）上悬窗
e）中悬窗　f）下悬窗　g）立转窗　h）左右推拉窗　i）百叶窗

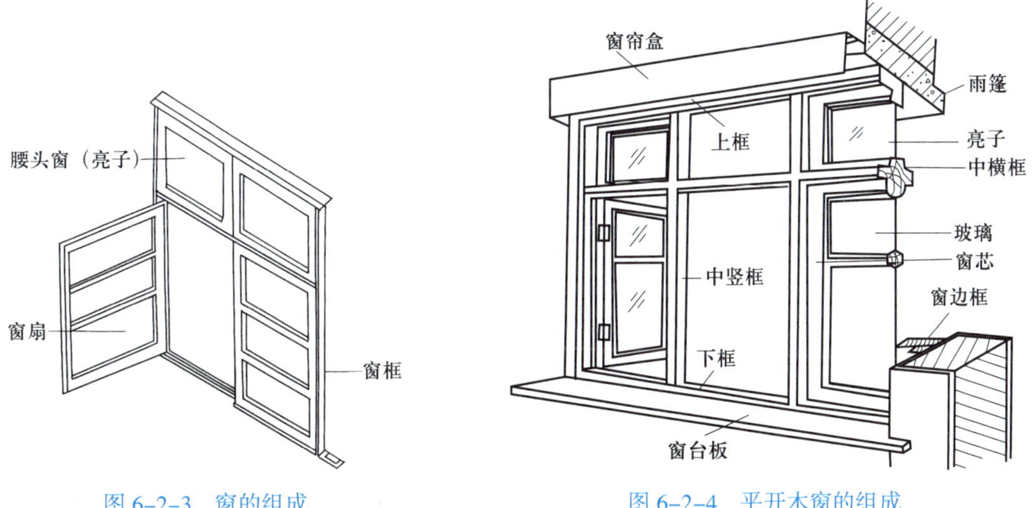

图 6-2-3　窗的组成　　图 6-2-4　平开木窗的组成

窗台、贴面板、窗帘盒等。

（1）窗框。窗框是窗的骨架，一般由上槛、下槛、边框等基本部分组成，如图 6-2-5 所示。如需加装亮子及多个窗扇，需加设中横框和中竖框。

1）窗框的两种构造做法。一种是铲口（见图 6-2-6），另一种是钉木条形成钉口代替铲口（见图 6-2-7）。铲口和钉口都是使窗扇在关闭时能更好地避雨防沙的重要构件。

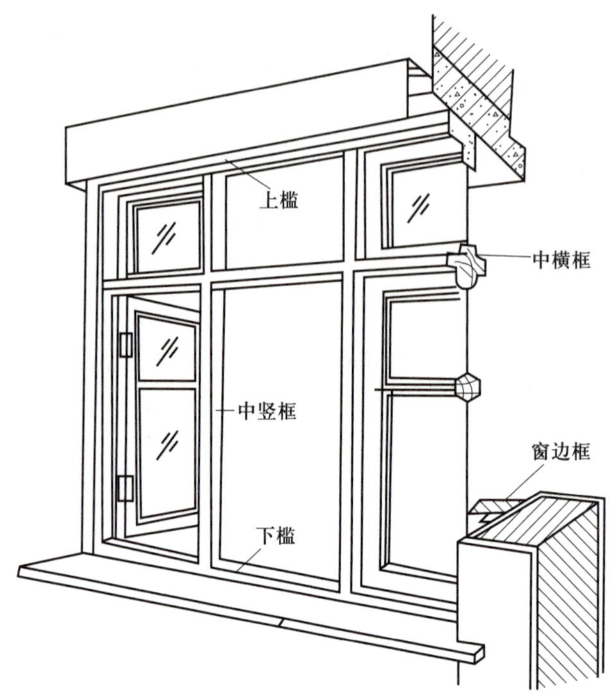

图 6-2-5　窗框的组成

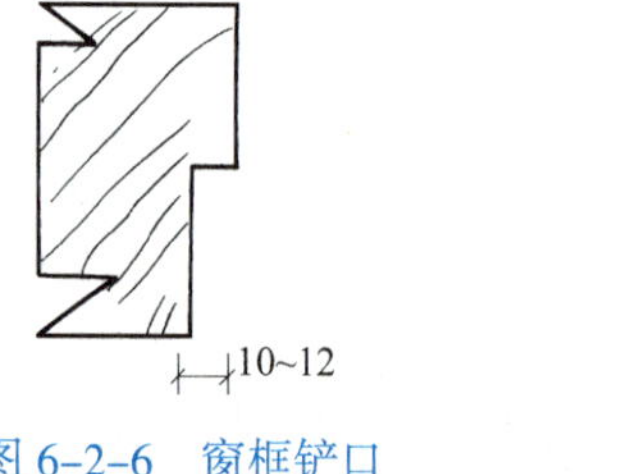

图 6-2-6　窗框铲口

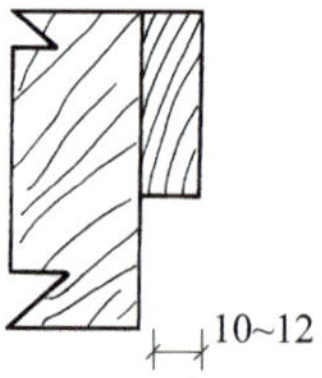

10~12

图 6-2-7　窗框钉口

2）窗框安装。窗框与门框一样，在构造上应有裁口及背槽处理，裁口有单裁口与双裁口之分。窗框的安装与门框一样，分为塞口与立口两种。塞口的洞口高、宽尺寸应比窗框尺寸大 10 ~ 20 mm。

3）窗框在墙中的位置。窗框在墙中的位置一般与墙内表面齐平，安装时窗框凸出砖面 20 mm，以便墙面粉刷后与抹灰面平齐。窗框与抹灰面交接处，应用贴面板搭盖，以防止抹灰干缩后形成缝隙风透入室内，同时更为美观。贴面板的形状及尺寸与门的贴面板相同。当窗框立于墙中时，应内设窗台板、外设窗台。

（2）窗扇。窗扇由上冒头、下冒头、窗芯（又称窗棂子）、边框等部分组成。窗扇如图 6-2-8 所示。

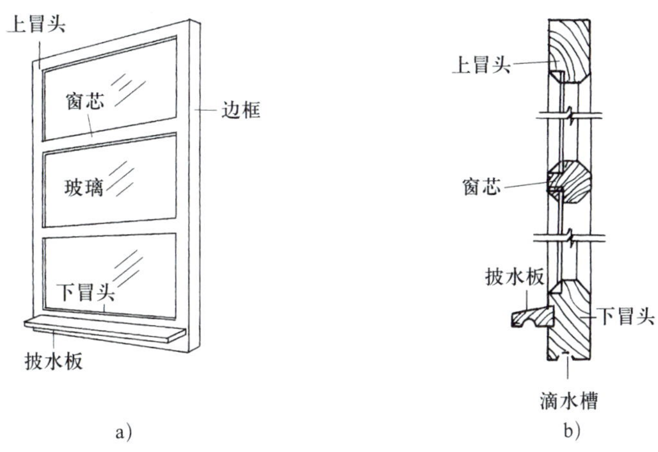

图 6-2-8　窗扇

a）立体　b）剖面

窗扇上设有铲口，以便安装玻璃。安装玻璃的另一侧做成各式线脚，以利于采光。玻璃应安装在窗的外侧以避雨，如图 6-2-9 所示。两窗扇相接处称为碰头缝。为使窗扇关闭严密，应在相接的两条边框上做高低缝盖口，必要时加钉盖缝条，如图 6 2 10 所示。

（3）窗的五金配件。窗的五金配件有铰链、插销、窗钩、拉手、铁三角等。

（4）窗的其他构件。窗的其他主要构件有窗台板与贴面板，如图 6-2-11 所示。

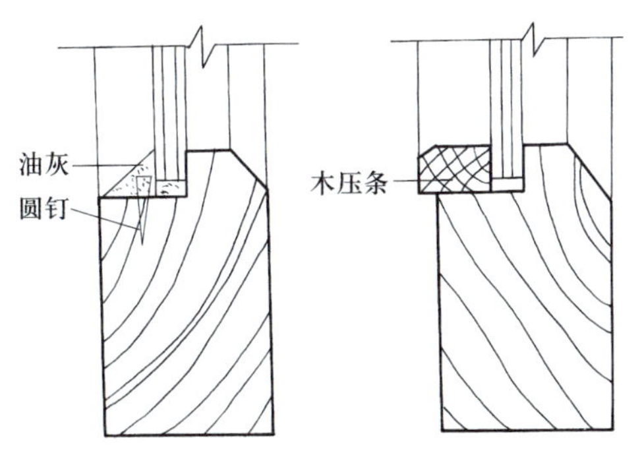

图 6-2-9　窗扇玻璃镶嵌

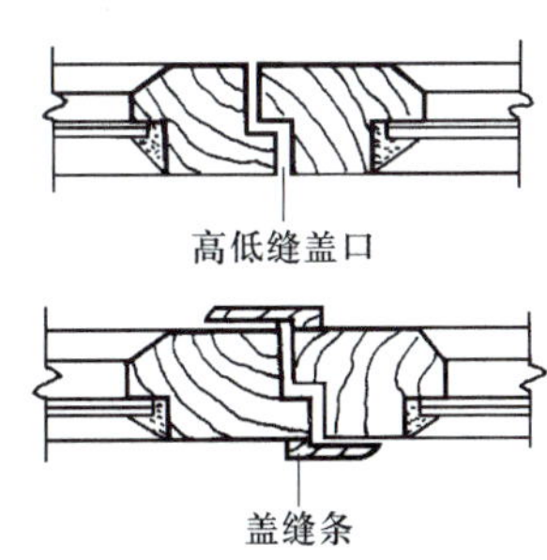

图 6-2-10　两窗扇交缝构造

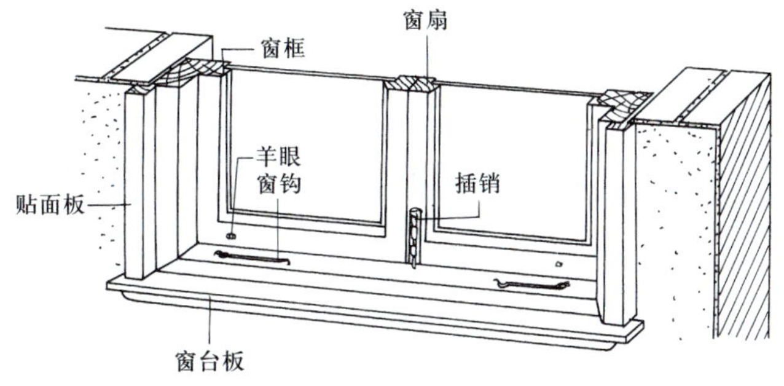

图 6-2-11　窗的其他构件

1）窗台板。窗台板位于窗的下部。如果窗的安装与外墙齐平或设在墙的中间，可在下槛内侧设置窗台板。板的两端伸出窗头线少许，再挑出墙面 30 ~ 40 mm，板下设封口板或钉压缝线脚。高级的金属窗装饰通常做大理石或花岗石窗台板。值得注意的是，窗台板的表面应向室内略有倾斜，坡度约为 1%。

2）贴面板。窗贴面板与门贴面板相同，是为了遮挡窗框与墙面抹灰之间的缝隙。一般采用 20 mm 厚的木板，并可按需要做成各种线脚。

3）筒子板。筒子板设置在室内窗洞口处。其面板一般用五层胶合板（五夹板）制作并采用镶钉的方法进行处理；筒子板里侧要装进窗框预先做好的凹槽里，外侧要与墙面齐平，割角要严密方正，如图 6–2–12 所示。

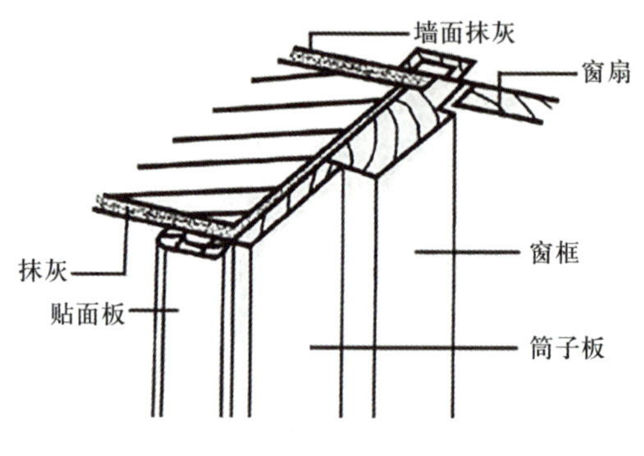

图 6–2–12　筒子板

2. 铝合金推拉窗

铝合金窗按其结构与开启方式分类，可分为推拉式、平开式、固定式、悬挂式、回转式、弹簧式等，其中铝合金推拉窗使用得最为广泛。

铝合金推拉窗是指铝合金窗扇可以沿着左右方向推拉启闭的窗。它是将经过表面处理的铝型材，通过下料、打孔、铣槽、攻螺纹等加工过程，制成窗框料的构件，然后与连接件、密封件、开闭五金件一起组合装配而成。它具有质量轻、耐腐蚀、坚固耐用、密封性好、色泽美观、便于工业生产等优点。

（1）铝合金推拉窗的型材。铝合金窗的型材截面形式和规格是根据开启方式和窗面积来选择的。90 系列铝合金推拉窗主要型材的截面形式如图 6–2–13 所示。

（2）铝合金推拉窗的构造。铝合金推拉窗是由窗框、窗扇以及其他构配件组成的。滑轮位于窗扇下横料的底槽内，每条下横料的两端各装一只滑轮，为了固定和调节滑轮，在窗扇边框和带钩边框上各打三个孔，上下两个孔用于固定滑轮，中间的孔是调节孔，用于调节滑轮的高低尺寸和改变两个滑轮之间的距离。此外，还要在窗扇边框和带钩边框固定孔位置下边的中线处锉出一个直径为 8 mm 的半圆凹槽，以防止窗扇边框与窗框的滑轨碰撞，如图 6–2–14 所示。

需要注意的是，有上亮的推拉窗的构造稍有不同。推拉窗的上亮通常是用扁方管先做成口字形，然后采用铝角码和自攻螺钉或抽芯铆钉进行固定，最后完成上亮框料四个角位的衔接固定，如图 6–2–15 所示。

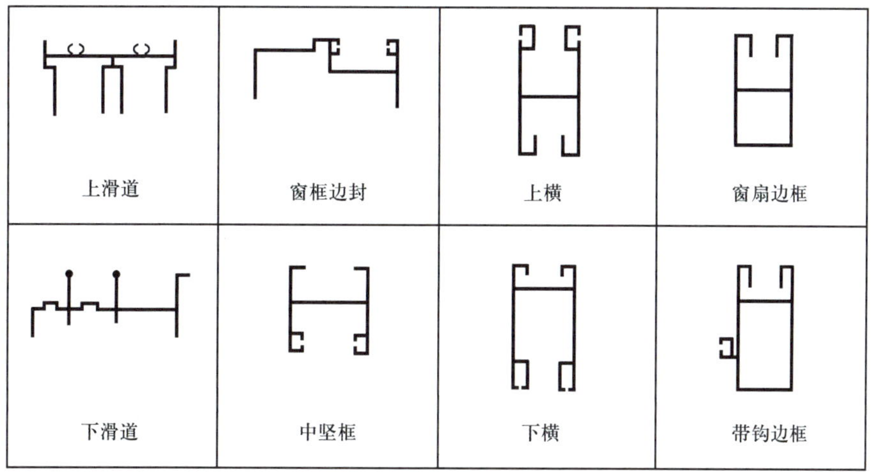

图 6-2-13　90 系列铝合金推拉窗主要型材的截面形式

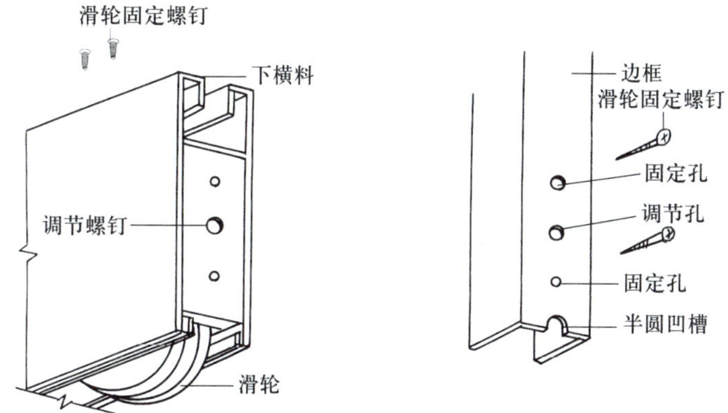

图 6-2-14　滑轮与下横料、边框的连接示意

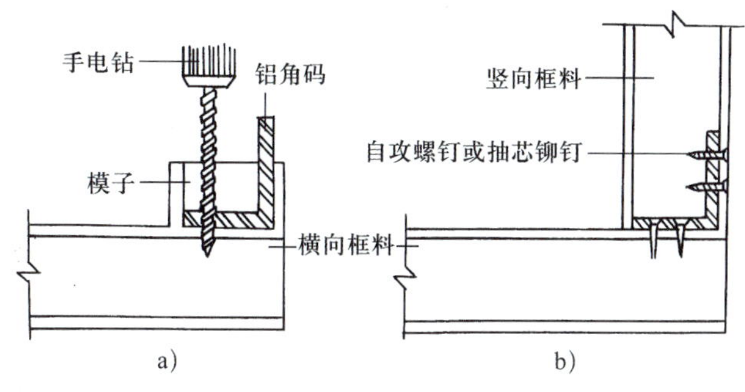

图 6-2-15　上亮框料的横竖连接

a）铝角码与框料连接钻孔示意　b）框料的角位连接固定

（3）铝合金推拉窗的安装。铝合金推拉窗一般采用塞口的方法安装，固定时，窗框与墙体之间采用预埋铁件固定、燕尾铁脚固定、膨胀螺栓固定、射钉固定等方式连接，如图 6–2–16 所示。

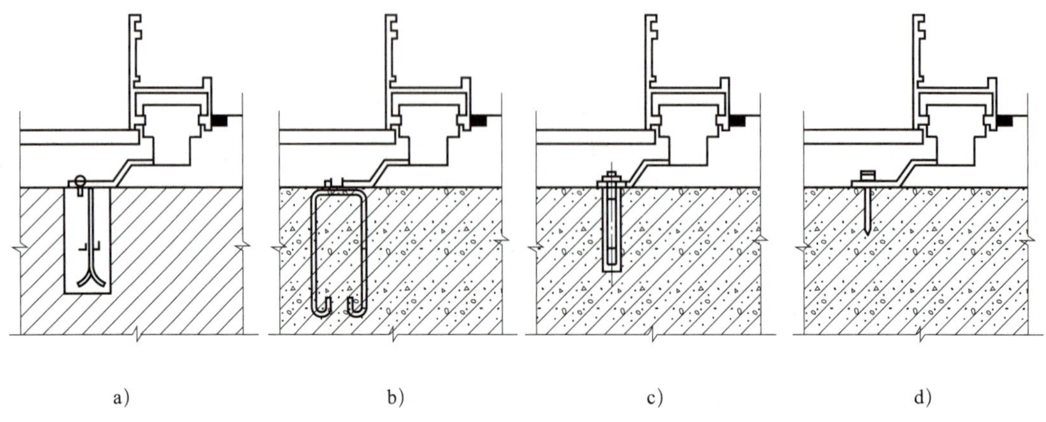

图 6–2–16　铝合金窗框与墙体的固定方式

a）预埋铁件固定　b）燕尾铁脚固定　c）膨胀螺栓固定　d）射钉固定

第三节　特殊门窗装饰构造

本节主要介绍几种特殊用途的门窗装饰构造，如防火门、隔声门窗、保温门窗等。

一、防火门

防火门是为了适应建筑防火的要求而发展起来的新型门种。

1. 防火门的分类

《防火门》（GB 12955—2008）对防火门等级做了规定。

（1）A 类防火门。A 类防火门又称隔热防火门，在规定的时间内能同时满足耐火隔热性和耐火完整性要求，按耐火性能分类，其代号分别为 A0.50（丙级）、A1.00（乙级）、A1.50（甲级）和 A2.00、A3.00。

（2）B 类防火门。B 类防火门又称部分隔热防火门，其耐火隔热性≥ 0.50 h，按耐火完整性能分类，其代号分别为 B1.00、B1.50、B2.00、B3.00。

（3）C 类防火门。C 类防火门又称非隔热防火门，对其耐火隔热性没有要求，在规定的耐火时间内仅满足耐火完整性的要求，按耐火完整性能分类，其代号分别为 C1.00、C1.50、C2.00、C3.00。

对于仅需要防火门具有部分隔热性或耐火完整性要求的应用场合，可以选用部分隔热或非隔热的防火门。总之，建筑物的等级越高，生产或储存可燃物品的易燃性越大，就要选用耐火极限越高的防火门。

2. 木质防火门的制作要求

（1）门框及厚度大于 50 mm 的门扇应采用双榫连接。框、扇拼装时，榫槽应严密嵌合，应用胶料胶接，并用胶楔加紧。

在潮湿地区，Ⅰ级品应采用耐水的酚醛树脂胶，Ⅱ级品可采用半耐水的脲醛树脂胶。

（2）制作胶合板门（包括纤维板门）时，边框和横楞必须在同一平面上，面层、边框及横楞应加压胶结。应在横楞和上下冒头各钻两个以上的透气孔，以防受潮脱胶或起鼓。

（3）门的制作质量应符合下列规定：表面应净光或磨砂，并不得有刨痕、毛刺和锤印；框、扇的线型应符合设计要求，割角、拼缝应严实平整；小料和短料胶合门及胶合板或纤维板门扇不允许脱胶。胶合板不允许刨透表层单板和戗槎。

（4）当条件具备时，宜将门扇与框装配成套，装好全部小五金，然后成套安装。在一般情况下，应先安装门框，然后安装门扇。

（5）木质防火门制成后，应立即刷一遍底油（干性油），防止受潮变形。

（6）门的小五金安装，应符合下列规定：安装齐全，位置适宜，固定可靠；合页距门上下端宜取立梃高度的 1/10，并避开上下冒头，安装后应开关灵活；小五金均应用木螺钉固定，不得用钉子代替。应先用锤打入 1/3 深度，然后拧入，严禁打入全部深度。采用硬木时，应先钻 2/3 深度的孔，孔径为木螺钉直径的 0.9 倍。

（7）不宜在中冒头与立梃的结合处安装门锁。

（8）门拉手应位于门高度中心以下，门拉手距地面以 0.9 ~ 1.05 m 为宜。

3. 构造及安装要求

（1）木质防火门宜为平开门，必须开启灵活，并具有自行关闭的功能。

（2）作为疏散通道的木质防火门应具有在发生火灾时能迅即关闭的功能，且向疏散方向开启，不宜装锁和插销。

（3）带有子口的双扇或多扇木质防火门必须能顺序关闭。

（4）木质防火门的门框与门扇搭接的裁口处宜留密封槽，且镶填不燃性材料制成的密封条。

防火门按耐火性能分类见表 6–3–1。

表 6–3–1　按耐火性能分类的防火门

名称	耐火性能	代号
隔热防火门（A 类）	耐火隔热性≥ 0.50 h 耐火完整性≥ 0.50 h	A0.50（丙级）
	耐火隔热性≥ 1.00 h 耐火完整性≥ 1.00 h	A1.00（乙级）
	耐火隔热性≥ 1.50 h 耐火完整性≥ 1.50 h	A1.50（甲级）

续表

<table>
<tr><th>名称</th><th colspan="2">耐火性能</th><th>代号</th></tr>
<tr><td rowspan="2">隔热防火门
（A 类）</td><td colspan="2">耐火隔热性≥ 2.00 h
耐火完整性≥ 2.00 h</td><td>A2.00</td></tr>
<tr><td colspan="2">耐火隔热性≥ 3.00 h
耐火完整性≥ 3.00 h</td><td>A3.00</td></tr>
<tr><td rowspan="4">部分隔热防火门
（B 类）</td><td rowspan="4">耐火隔热性
≥ 0.50 h</td><td>耐火完整性≥ 1.00 h</td><td>B1.00</td></tr>
<tr><td>耐火完整性≥ 1.50 h</td><td>B1.50</td></tr>
<tr><td>耐火完整性≥ 2.00 h</td><td>B2.00</td></tr>
<tr><td>耐火完整性≥ 3.00 h</td><td>B3.00</td></tr>
<tr><td rowspan="4">非隔热防火门
（C 类）</td><td colspan="2">耐火完整性≥ 1.00 h</td><td>C1.00</td></tr>
<tr><td colspan="2">耐火完整性≥ 1.50 h</td><td>C1.50</td></tr>
<tr><td colspan="2">耐火完整性≥ 2.00 h</td><td>C2.00</td></tr>
<tr><td colspan="2">耐火完整性≥ 3.00 h</td><td>C3.00</td></tr>
</table>

4. 防火门的标记

防火门的标记如图 6-3-1 所示。

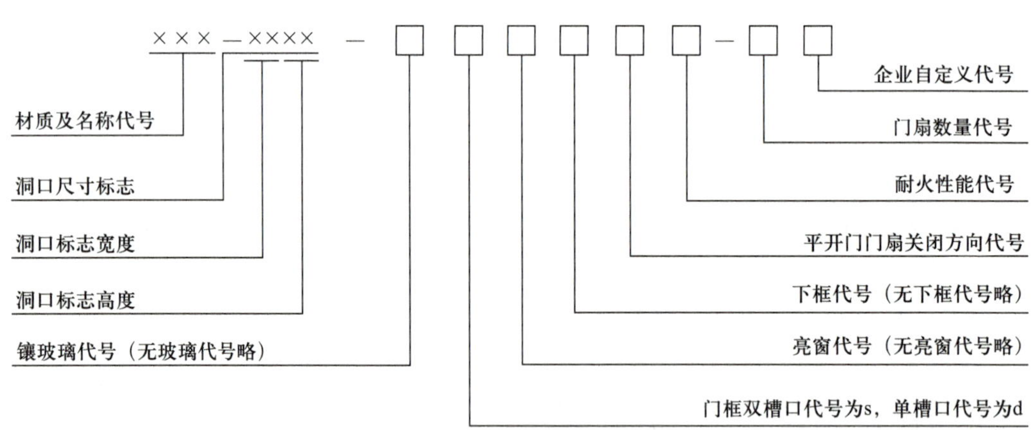

图 6-3-1 防火门的标记

防火门按材质分类及代号：木质防火门，代号 MFM；钢质防火门，代号 GFM；钢木质防火门，代号 GMFM；其他材质防火门，代号 ××FM。（×× 代表其他材质的具体表述大写拼音字母）

示例 1：GFM-0924-bslk5A1.50（甲级）-1。表示隔热（A 类）钢质防火门，其洞口宽度为 900 mm，洞口高度为 2 400 mm，门扇镶玻璃、门框双槽口、带亮窗、有下框，门扇顺时针方向关闭，耐火完整性和耐火隔热性的时间均不小于 1.50 h 的甲级单扇防火门。

示例 2：MFM-1221-d6B1.00-2。表示隔热（B 类）木质防火门，其洞口宽度为 1 200 mm，洞口高度为 2 100 mm，门扇无玻璃、门框单槽口、无亮窗、无下框，门扇逆时针方向关闭，其耐火完整性的时间不小于 1.00 h，耐火隔热性的时间不小于 0.50 h 的双扇防火门。

5. 防火门的构造

防火门大致分为一般开关和自动关闭两类。而一般开关又有平开式和推拉式之分。平开式防火门一般不设门框，门扇多用木板交叉拼钉，外面包石棉板及 26 号镀锌铁皮，并必须把门扇四周兜转包钉，镀锌铁皮要折叠咬口衔接，不能漏缝。门的正反两面宜设置一个泄气孔，平时用易熔材料焊盖。各种防火门构造组合及耐火极限如图 6-3-2 所示。

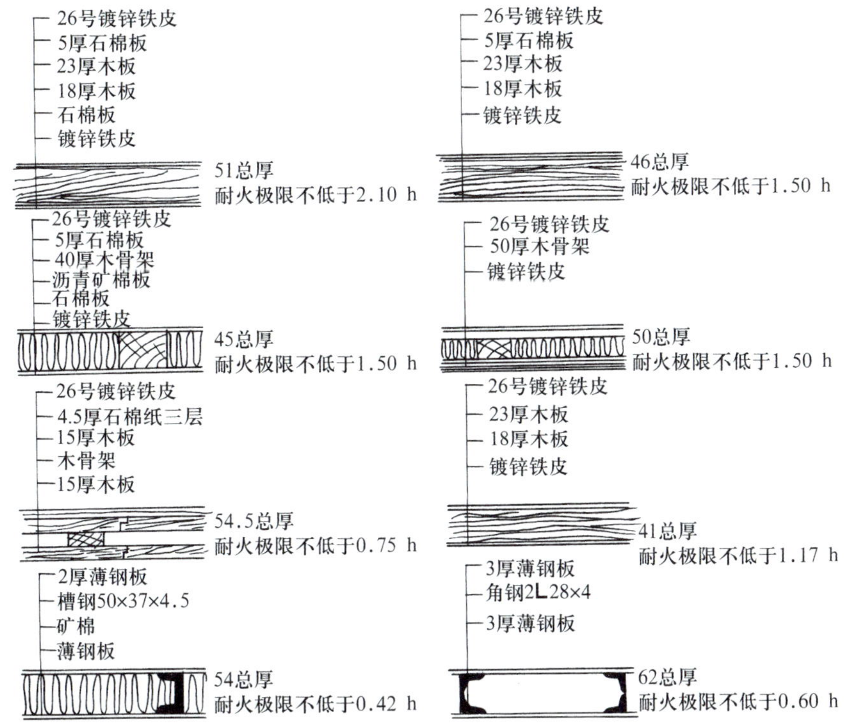

图 6-3-2　各种防火门构造组合及耐火极限

平开式防火门的构造如图 6-3-3 所示。

推拉式防火门的门扇也要包镀锌铁皮，其构造如图 6-3-4 所示。

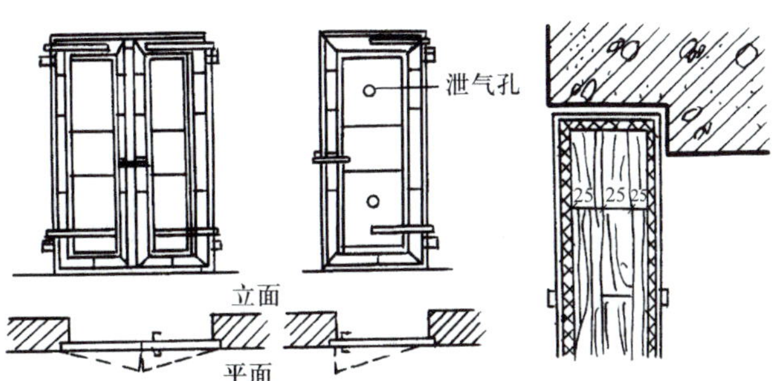

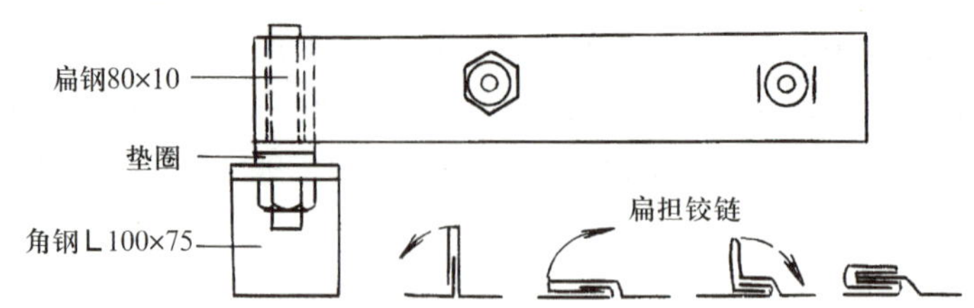

包镀锌铁皮双层叠缝制作工序

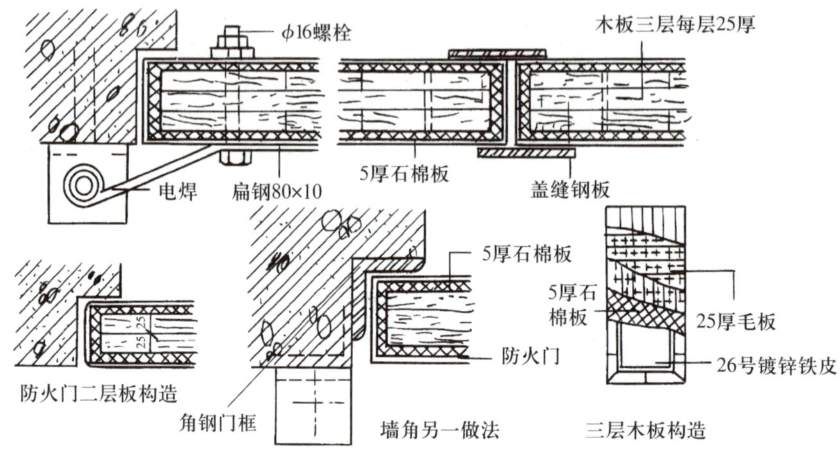

图 6-3-3　平开式防火门构造

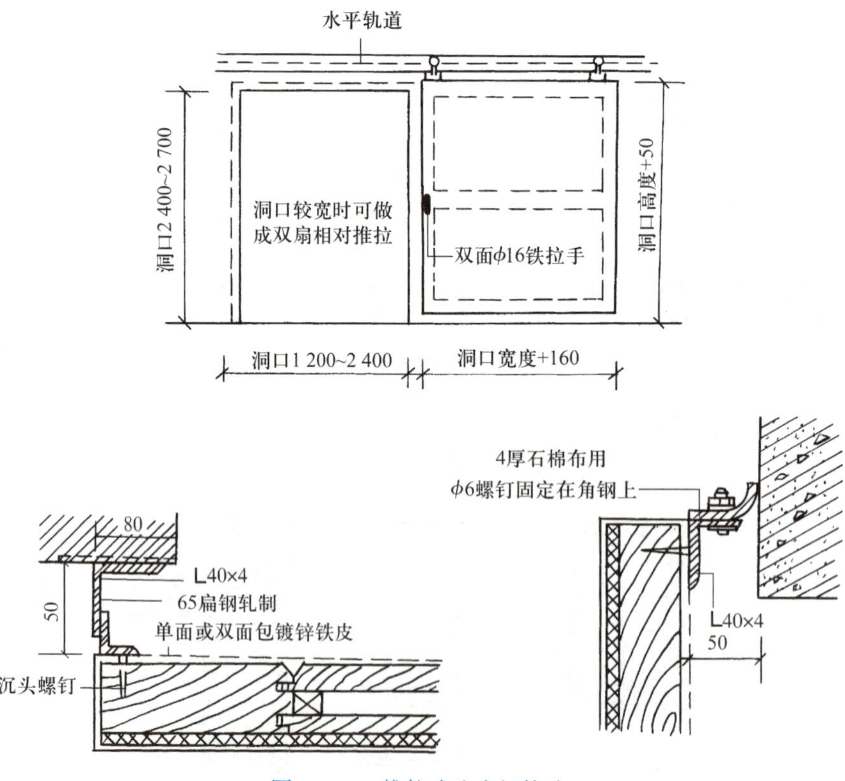

图 6-3-4　推拉式防火门构造

随着人们防火意识的提高，对防火门提出了更高的要求，于是，钢质防火门应运而生。

钢质防火门又称防火钢门。它是由两片 1 ~ 1.5 mm 厚的钢板做外侧面，中间填充岩棉、陶瓷棉等轻质耐火纤维材料。钢质防火门使用的护面钢板为优质冷轧钢板。门框结构型材也应经冷加工成型。防火要求级别高的钢质防火门使用的填充耐火纤维材料为硅酸铝耐火纤维毡或陶瓷棉；一般防火要求的钢质防火门使用的耐火纤维材料多为岩棉、矿棉等。钢质防火门的构造如图 6–3–5 所示。

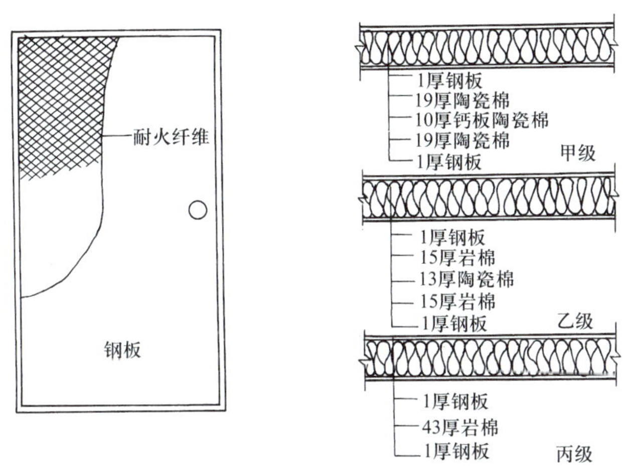

图 6–3–5　钢质防火门构造

以上介绍的都是一般开关防火门，还有一类是自动关闭防火门。

自动关闭防火门适用于仓库和车间，常悬挂于倾斜的铁轨上，门宽应比门洞每边大 100 mm 以上，门旁设置平衡锤，用钢缆将门拉开，并挂在门洞的一边。钢缆的另一端装置易熔合金片，连在门框边。当起火升温时，合金片熔断，门就沿着倾斜的铁轨滑下而自动关闭。自动关闭防火门构造如图 6–3–6 所示。

二、隔声门窗

隔声门窗通常用于室内噪声允许值较低的房间，如播音室、录音室等。

1. 隔声门

隔声门的隔声效果与门所用的材料有关。因此，合理地选用吸声材料和隔声材料至关重要。另外，空腔构造也常常被运用到隔声门上，这是因为其隔声效果较好，同时也是最经济的处理方法。隔声门的构造组成及隔声量如图 6–3–7 所示。

隔声门的隔声效果与门缝的密闭处理也有很大关系。门缝包括门扇与门框的连接处，双扇门中间的门框企口接缝以及下冒头离地面门的缝隙。门扇与门框的处理可以采用平口、斜口和铲口等方式，如图 6–3–8 所示。当然，还要在合缝处充填密闭材料，双扇门中间门框企口接缝的处理还要考虑到门扇需要经常开关等因素，充填的密闭材料要经得起压磨，下冒头与地面间缝隙的密合处理要考虑到开关时能活动，停止时又能密合的情况，如图 6–3–9 所示。

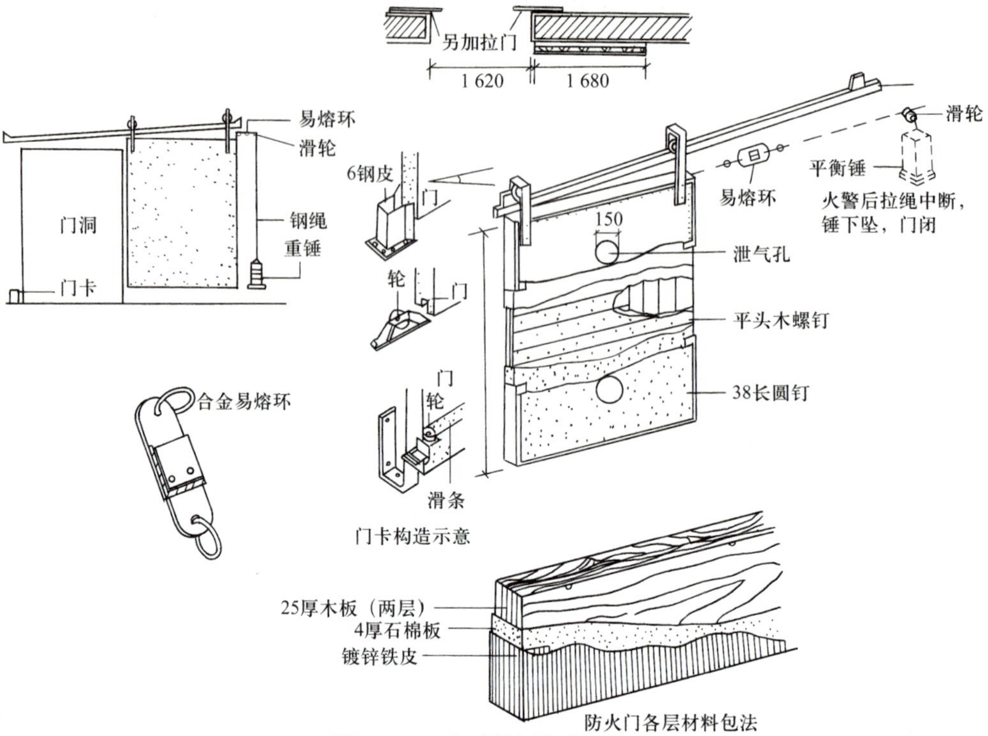

另加拉门
1 620
1 680
易熔环
滑轮
门洞
钢绳
重锤
门卡
6钢皮
门
轮
门
门
轮
滑条
门卡构造示意
合金易熔环
150
滑轮
平衡锤
易熔环
火警后拉绳中断，
锤下坠，门闭
泄气孔
平头木螺钉
38长圆钉
25厚木板（两层）
4厚石棉板
镀锌铁皮
防火门各层材料包法

图 6-3-6 自动关闭防火门构造

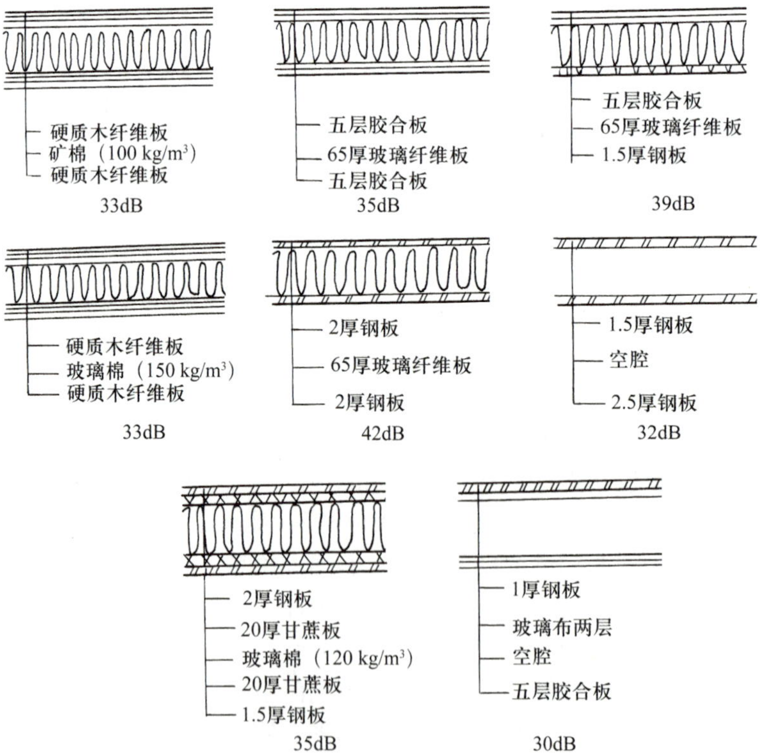

硬质木纤维板
矿棉（100 kg/m³）
硬质木纤维板
33dB

五层胶合板
65厚玻璃纤维板
五层胶合板
35dB

五层胶合板
65厚玻璃纤维板
1.5厚钢板
39dB

硬质木纤维板
玻璃棉（150 kg/m³）
硬质木纤维板
33dB

2厚钢板
65厚玻璃纤维板
2厚钢板
42dB

1.5厚钢板
空腔
2.5厚钢板
32dB

2厚钢板
20厚甘蔗板
玻璃棉（120 kg/m³）
20厚甘蔗板
1.5厚钢板
35dB

1厚钢板
玻璃布两层
空腔
五层胶合板
30dB

图 6-3-7 隔声门的构造组成及隔声量

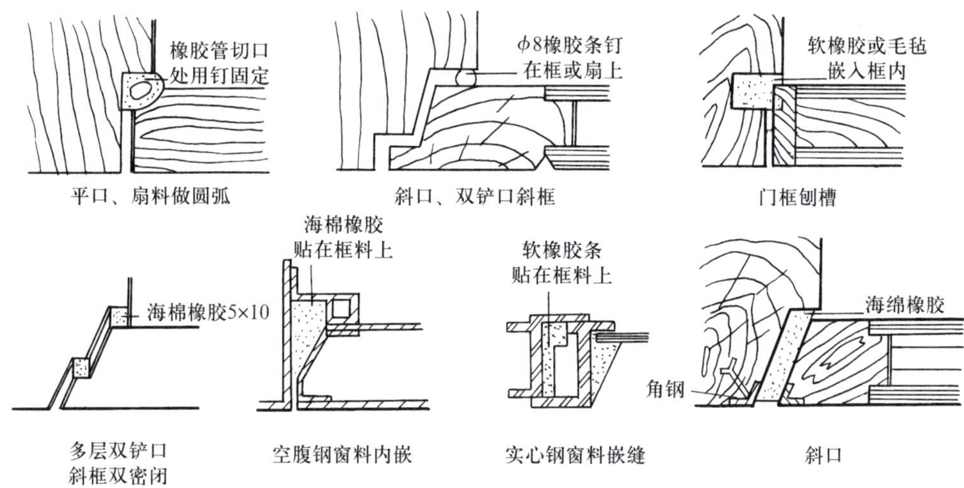

图 6-3-8　隔声门（保温门）门框与门扇密闭方式

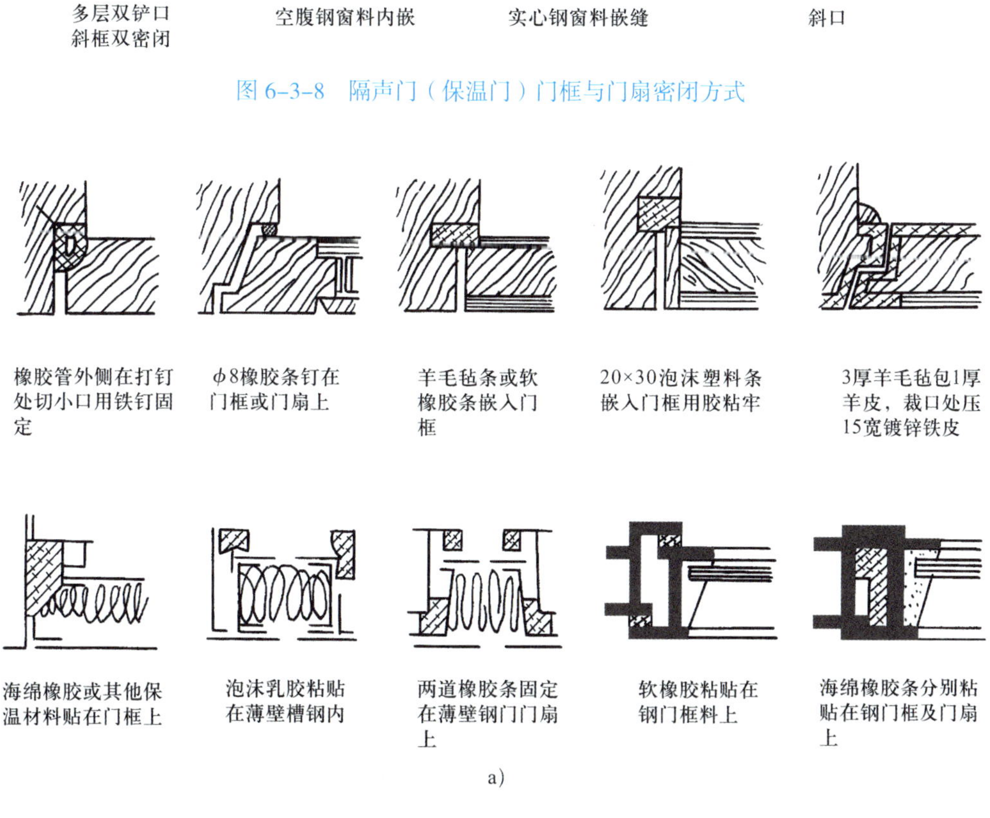

a)

海绵橡胶粘贴在门扇上，用另一扇上的异形扁钢压紧

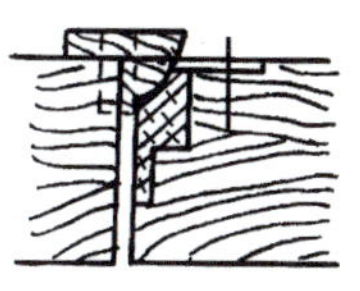

海绵橡胶条外包化学纤维布在两侧压紧

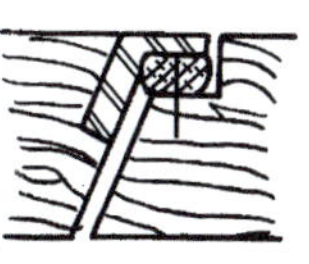

海绵橡胶条固定在门扇上，2厚钢板压缝，板面要求平滑

羊皮包毡条用长铁钉钉牢，固定在一个门扇上

一扇用2厚钢板将海绵橡胶压牢，另一扇钉镀锌铁皮压条

b)

图 6-3-9　门缝处理

a）门框与门扇　b）对开门扇　c）门底

所有隔声门均应装置特制的门锁和五金配件，以满足密闭的要求。

隔声门的构造如图 6-3-10 所示。在实际中，也可以在同一门框上做两道隔声门扇，以增强隔声效果。

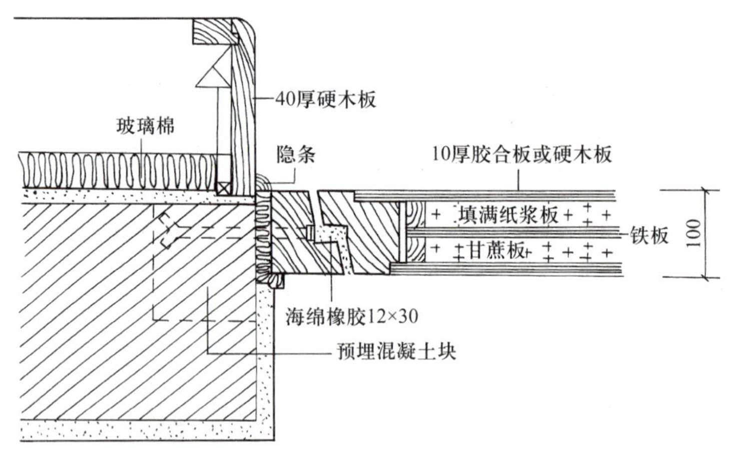

图 6-3-10　隔声门的构造

2. 隔声窗

隔声窗有固定式和平开式两种。固定式隔声窗作观察之用。窗设 2 ~ 3 层玻璃（3 层时内层可以做成倾斜形，玻璃间距也可以不相同），玻璃及窗框采用海绵橡胶条及玻璃棉等材料密闭，各窗框必须间断并用石棉绒填塞。窗框四周墙角部分敷设吸声板或穿孔胶合板。平开式隔声窗适用于对隔声要求较低或有通风换气要求的房间，如电信或医疗等行业的房间。

三、保温门窗

保温门窗包括防寒门窗、恒温室门窗和冷藏室门窗。其构造应避免空气渗透和提高门窗扇的热阻性能。一般的处理方法：采用质轻、疏松多孔的小容量材料并分层叠合，或者在门窗扇内部采用空腹构造，使扇内空气呈静止状态而达到保温效果。保温门的构造组合及热阻值如图 6-3-11 所示。

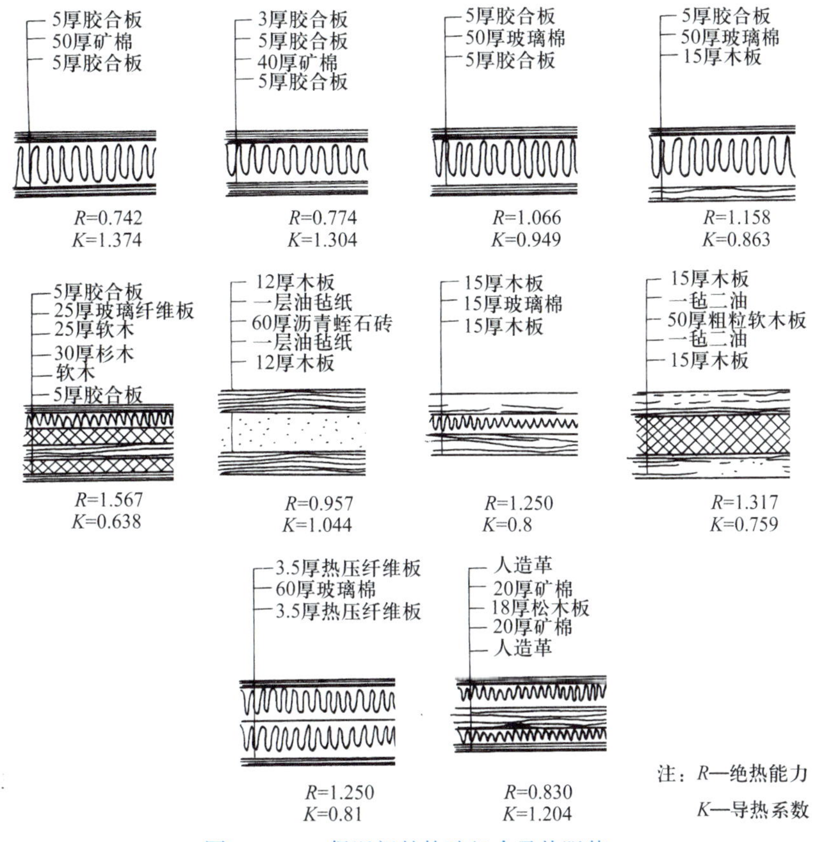

图 6-3-11　保温门的构造组合及热阻值

门窗的缝隙也是引起空气渗透、造成热损失的重要途径。据研究，缝隙产生的空气对流所造成的热损失约占建筑物全部热损失的 10%～35%。保温门缝隙密合的处理方法如图 6-3-12 所示。

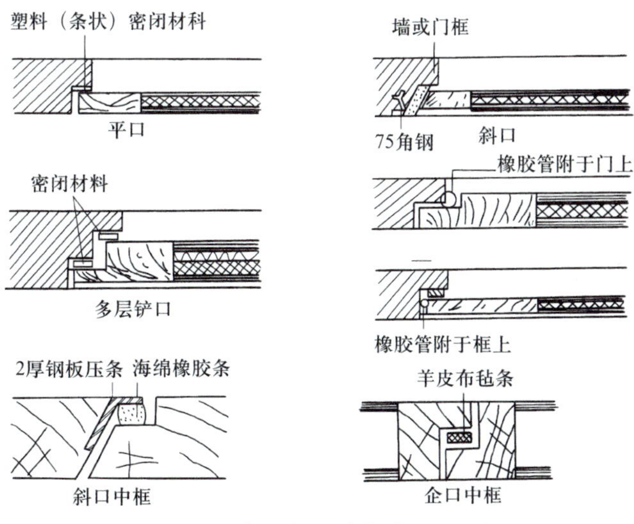

图 6-3-12　保温门缝隙密合的处理方法

人造革保温门的构造如图 6-3-13 所示。

保温木窗的构造如图 6-3-14 所示。

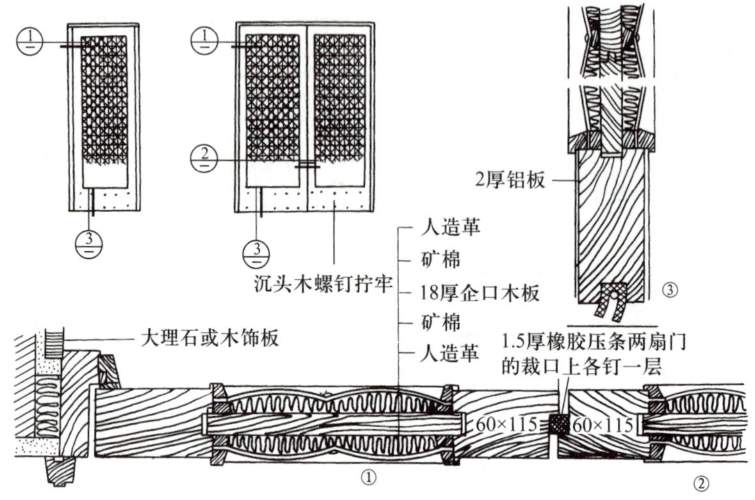

图 6-3-13　人造革保温门的构造

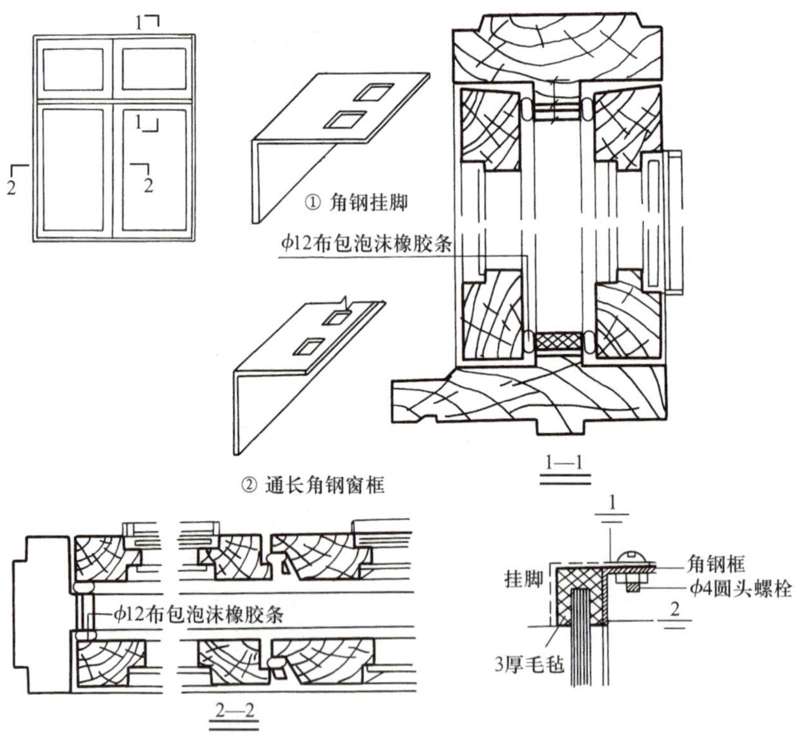

图 6-3-14　保温木窗的构造

1. 简述木门的基本构造。
2. 简述平开木窗的基本构造。
3. 防火门按耐火极限可分为哪几级？请说出各级防火门的耐火极限和适用范围。
4. 简述自动关闭防火门的工作原理。
5. 识读隔声门的构造示意图（见图 6–3–10），简述其隔声原理。
6. 识读人造革保温门的构造示意图（见图 6–3–13），简述其保温原理。

第七章 建筑装饰防火构造

学习目标

1. 掌握建筑装饰材料的分类和分级。
2. 了解单层、多层民用建筑防火构造和基本要求。
3. 熟悉高层民用建筑防火构造和基本要求。
4. 了解地下民用建筑防火构造和基本要求。

建筑装修选用的装饰材料，大部分都是对火较为敏感的普通材料，如木材、织物、塑料制品或其他有机合成材料。这些材料的使用虽然创造了良好的视觉感受，但同时也带来了安全隐患，增加了发生火灾的可能性。因此，建筑内部装饰材料的选用及采取的防火措施尤为重要。建筑装饰防火就是在建筑装饰设计和施工过程中采取的防火措施，以防止火灾发生和减少火灾对生命财产的危害。

第一节 建筑装饰材料的分类和分级

一、建筑装饰材料的分类

《建筑内部装修设计防火规范》（GB 50222—2017）规定，装饰材料按其使用部位和功能可分为以下几类。

1. 顶棚装饰材料

建筑顶棚装饰材料通常采用不燃、难燃和可燃材料。不燃类顶棚装饰材料包括玻璃、石膏板、氯氧镁不燃无机板、硅酸钙板、水泥纤维板等；难燃类顶棚装饰材料包括玻璃棉装饰吸声板、岩棉装饰吸声板；可燃类顶棚装饰材料多为塑料制品和复合材料，包括 PVC 吊顶板、泡沫吸声板、木质吊顶板等。

2. 墙面装饰材料

墙面装饰材料主要是指采用各种方式覆盖在墙体表面起装饰作用的材料。墙面装饰材料种类繁多，按使用部位可分为内墙材料和外墙材料，从结构上可分为涂料和板材两大类。通常在建筑物中使用的墙面装饰材料有各种类型的涂料和油漆、墙纸、墙

布、墙裙装饰板（木板、塑料板、金属板等）、饰面材料、幕墙材料及保温隔热材料。

3. 地面装饰材料

地面装饰材料主要是指用于室内空间地板结构表面并对地板进行装饰的材料。地面装饰材料分为地坪涂料和铺地材料。铺地材料种类较多，硬质的如地砖、木质地板，软质的如各类纺织地毯、柔性塑胶地板等。

4. 隔断装饰材料

隔断装饰材料主要是指在建筑物内用于空间分隔的材料，有隔墙和隔板之分。轻质隔墙材料一般都为不燃类材料，如彩钢板、泡沫夹芯水泥板、石膏板隔墙、硅酸钙板隔墙、玻璃隔墙等。隔板材料有饰面刨花板、透明的聚碳酸酯板、木质隔板、玻镁板等。

5. 固定家具

固定家具是指兼有分隔功能的到顶橱柜。

6. 装饰织物

装饰织物主要是指窗帘、帷幕、床罩、家具包布等。

7. 其他装饰材料

其他装饰材料主要是指楼梯扶手、挂镜线、踢脚板、窗帘盒、暖气罩等。

二、建筑装饰材料的分级

根据装饰材料的不同燃烧性能，将建筑内部装饰材料分为四级，见表 7–1–1。

表 7–1–1　　装饰材料燃烧性能等级

等级	装饰材料燃烧性能
A	不燃性
B_1	难燃性
B_2	可燃性
B_3	易燃性

三、常用建筑内部装饰材料燃烧性能等级

1. 纸面石膏板、矿棉吸声板

安装在金属龙骨上的纸面石膏板、矿棉吸声板，燃烧性能达到 B_1 级的可作为 A 级装饰材料使用。

2. 胶合板

未经过防火处理的胶合板，都不会达到 B_1 级，当表面涂覆一级饰面型防火涂料或采用阻燃浸渍处理时，才可以作为 B_1 级装饰材料使用。

3. 壁纸

常用壁纸有纸质壁纸、布质壁纸两种。这两类材料分解产生的可燃气体发烟量相

对较少。尤其是被直接粘贴在 A 级基材上且单位面积质量小于 300 g/m^2 时，可作为 B_1 级装饰材料使用。

4. 涂料

涂料在室内装修中常被大量使用，一般室内涂料湿涂覆比小，涂料中颜料、填料多，发生火灾的危险性不大。一般室内涂料湿涂覆比不会超过 1.5 kg/m^2，故施涂于 A 级基材上的无机装饰涂料，可作为 A 级装饰材料使用；施涂于 A 级基材上，湿涂覆比小于 1.5 kg/m^2 的有机装饰涂料，可作为 B_1 级装饰材料使用。涂料施涂于 B_1、B_2 级基材上时，应将涂料连同基材一起按相应的实验方法确定其燃烧性能等级。

5. 多孔或泡沫状塑料

多孔或泡沫状塑料极易燃烧，而且燃烧时会产生大量对人体有害的烟气，但这种材料往往会作为吸声材料而用于室内装饰。《建筑内部装修设计防火规范》（GB 50222—2017）规定，当顶棚或墙面局部采用多孔或泡沫状塑料时，其厚度应不大于 15 mm，且面积不得超过该房间顶棚或墙面面积的 10%。

常用建筑内部装饰材料燃烧性能等级划分举例见表 7–1–2。

表 7–1–2　　常用建筑内部装饰材料燃烧性能等级划分举例

材料类别	级别	材料燃烧性能等级划分举例
各部位材料	A	花岗石、大理石、水磨石、水泥制品、混凝土制品、石膏板、石灰制品、黏土制品、玻璃、瓷砖、马赛克、钢铁、铝、铜合金、天然石材、金属复合板、纤维石膏板、玻镁板、硅酸钙板等
顶棚材料	B_1	纸面石膏板、纤维石膏板、水泥刨花板、矿棉板、玻璃棉装饰吸声板、珍珠岩装饰吸声板、难燃胶合板、难燃中密度纤维板、岩棉装饰板、难燃木材、铝箔复合材料、难燃酚醛胶合板、铝箔玻璃钢复合材料、复合铝箔玻璃棉板等
墙面材料	B_1	纸面石膏板、纤维石膏板、水泥刨花板、矿棉板、玻璃棉板、珍珠岩板、难燃胶合板、难燃中密度纤维板、防火塑料装饰板、难燃双面刨花板、多彩涂料、难燃墙纸、难燃墙布、难燃仿花岗岩装饰板、氯氧镁水泥装配式墙板、难燃玻璃钢平板、难燃 PVC 塑料护墙板、阻燃模压木质复合板材、彩色难燃人造板、难燃玻璃钢、复合铝箔玻璃棉板等
	B_2	各类天然木材、木制人造板、竹材、纸制装饰板、装饰微薄木贴板、印刷木纹人造板、塑料贴面装饰板、聚酯装饰板、复塑装饰板、塑纤板、胶合板、塑料壁纸、无纺贴墙布、墙布、复合壁纸、天然材料壁纸、人造革、实木饰面装饰板、胶合竹夹板等
地面材料	B_1	硬 PVC 塑料地板、水泥刨花板、水泥木丝板、氯丁橡胶地板、难燃羊毛地毯等
	B_2	半硬质 PVC 塑料地板、PVC 卷材地板等

续表

材料类别	级别	材料燃烧性能等级划分举例
装饰织物	B_1	经阻燃处理的各类难燃织物等
	B_2	纯毛装饰布、经阻燃处理的其他织物等
其他装修装饰材料	B_1	难燃聚氯乙烯塑料、难燃酚醛塑料、聚四氟乙烯塑料、难燃脲醛塑料、硅树脂塑料装饰型材、经难燃处理的各类织物等
	B_2	经阻燃处理的聚乙烯、聚丙烯、聚氨酯、聚苯乙烯、玻璃钢、化纤织物、木制品等

第二节　单层、多层民用建筑防火构造

民用建筑按高度和层数分为单层、多层民用建筑和高层民用建筑。单层、多层民用建筑是指建筑高度不大于 27 m 的住宅建筑（包括设置商业服务网点的住宅建筑），建筑高度不大于 24 m（或大于 24 m 的单层）的公共建筑。

单层、多层民用建筑涉及生产、商业、居住等多种功能，建筑结构多样，起火后情况复杂，给灭火救援工作造成困难。因此，在进行内部装修时，应严格遵守《建筑内部装修设计防火规范》（GB 50222—2017）的要求。

一、单层、多层民用建筑的耐火等级

建筑耐火等级是衡量建筑抵抗火灾能力大小的标准，由建筑构件的燃烧性能和耐火极限决定。民用建筑的耐火等级应根据其建筑高度、使用功能、重要性和火灾扑救难度等确定，一般分为四级。单层、多层重要公共建筑的耐火等级应不低于二级。除另有规定外，不同耐火等级建筑的相应构件的燃烧性能和耐火极限按表 7–2–1 中的规定。

表 7–2–1　　建筑构件的燃烧性能和耐火极限

构件名称 \ 燃烧性能和耐火极限（h）	耐火等级			
	一级	二级	三级	四级
防火墙	不燃性 3.00	不燃性 3.00	不燃性 3.00	不燃性 3.00
承重墙	不燃性 3.00	不燃性 2.50	不燃性 2.00	难燃性 0.50
非承重外墙	不燃性 1.00	不燃性 1.00	不燃性 0.50	可燃性
楼梯间和前室的墙、电梯井的墙、住宅建筑单元之间的墙和分户墙	不燃性 2.00	不燃性 2.00	不燃性 1.50	难燃性 0.50

续表

构件名称 \ 燃烧性能和耐火极限（h）	耐火等级			
	一级	二级	三级	四级
疏散走道两侧的隔墙	不燃性 1.00	不燃性 1.00	不燃性 0.50	难燃性 0.25
房间隔墙	不燃性 0.75	不燃性 0.50	难燃性 0.50	难燃性 0.25
柱	不燃性 3.00	不燃性 2.50	不燃性 2.00	难燃性 0.50
梁	不燃性 2.00	不燃性 1.50	不燃性 1.00	难燃性 0.50
楼板	不燃性 1.50	不燃性 1.00	不燃性 0.50	可燃性
屋顶承重构件	不燃性 1.50	不燃性 1.00	可燃性 0.50	可燃性
疏散楼梯	不燃性 1.50	不燃性 1.00	不燃性 0.50	可燃性
吊顶（包括吊顶搁栅）	不燃性 0.25	难燃性 0.25	难燃性 0.15	可燃性

二、单层、多层民用建筑的防火分区

防火分区就是用具有一定耐火性能的墙、楼板、卷帘等分隔构件，作为一个区域的边界构件，能够在一定时间内把火灾控制在某一范围内的空间，可以将火势控制在一定的范围内，有利于消防扑救，减少火灾的损失。《建筑设计防火规范》（GB 50016—2014）（2018 年版）对单层、多层民用建筑的防火分区面积做了如下规定，见表 7-2-2。

表 7-2-2　　单层、多层民用建筑的防火分区面积

耐火等级	允许建筑高度或层数	防火分区的最大允许建筑面积（m^2）	备注
一、二级	住宅建筑： 高度不大于 27 m（包括设置商业服务网点的住宅建筑）	2 500	对于体育馆、剧场的观众厅，防火分区的最大允许建筑面积可适当增加
	公共建筑： 1. 单层公共建筑高度可以大于 24 m 2. 其他公共建筑高度不大于 24 m		
三级	5 层	1 200	
四级	2 层	600	

注：表中规定的防火分区最大允许建筑面积，当建筑内设置自动灭火系统时，可按本表的规定增加 1.0 倍；局部设置时防火分区的增加面积可按该局部面积的 1.0 倍计算。

在划分防火分区面积时还应注意以下事项。

1. 建筑内设有自动灭火设备时，每层最大允许建筑面积可按表 7-2-2 中的规定增加一倍。

2. 防火分区间应采用防火墙分隔。如有困难时，可采用防火卷帘和水幕分隔。

3. 对于贯通数层的有封闭式中庭的建筑，应将相连通的各层作为一个防火分区考虑，参照表 7-2-2 中的规定。若房间、走道与中庭相连通的开口部位设有可自行关闭的乙级防火门或防火卷帘，中庭每层回廊设有火灾自动报警系统和自动喷水灭火系统，且封闭屋盖设有自动排烟设施时，防火分区以防火门等分隔设施加以划分，不再以相连通的各层作为一个防火分区。

三、单层、多层民用建筑的防火构造措施

1. 防火分隔设施

（1）防火墙

防火墙由非燃烧体组成，直接砌筑在基础或钢筋混凝土框架、梁等承重构件上，其耐火极限不低于 4.00 h。在构造要求上，防火墙不宜设在转角处，必须设在转角处时，内转角两侧门窗口之间的水平距离应不小于 4 m。为防止火势从防火分区一侧洞口蔓延到另一分区的洞口，防火墙两侧的门窗洞口距防火墙应不小于 2 m。另外，在防火墙上尽量不开门窗及其他洞口，如果必须开设时，应设耐火极限不低于 1.20 h 的防火门、防火窗。

（2）防火门、防火窗

防火门、防火窗按其耐火极限分为甲、乙、丙三级，甲级耐火极限不低于 1.20 h，主要用于防火墙上；乙级耐火极限不低于 0.90 h，主要用于疏散楼梯间等通道门处；丙级耐火极限不低于 0.60 h，主要用于各种竖井（如排烟竖井）的检查门。防火门应为向疏散方向开启的平开门，应具有自动关闭的功能，并且关闭后应能从任何一侧手动开启。设在变形缝处附近的防火门，应设在楼层数较多的一侧，且门开启后不应跨越变形缝。

（3）防火卷帘

防火卷帘由钢板或铝合金板材制成，一般安装在不便设置固定防火分隔设施的地方，如商场的营业大厅、开敞的电梯厅等处。防火卷帘安装时各接缝处应该采取密封措施防止蹿烟火。门扇和其他容易被火烧着的部分，应涂防火涂料，以提高其耐火极限。设置在防火墙上或代作防火墙的防火卷帘，要在卷帘两侧设置水幕保护，用来防止卷帘产生辐射热。

2. 安全疏散

民用建筑的室内疏散楼梯应设置有防火墙保护的楼梯间，其耐火极限不低于 2.00 h。疏散楼梯的宽度应不小于 1.2 m，踏步宽度应不小于 25 cm，高度应不大于 20 cm。为防烟、防火，在楼梯间内，除开设通向公共走道的疏散门外，不应开设其他房间的门、窗及洞口。

一般建筑物的安全出口应不少于两个，影剧院、商场、候车室等人员密集的公共场所，则应根据容纳的人数、安全疏散时间和疏散路线等具体情况而定。

四、单层、多层民用建筑内部装饰材料的防火要求

1. 基准要求

单层、多层民用建筑内部各部位装饰材料的燃烧性能等级应不低于表 7-2-3 的规定。从表中可以看出，对建筑面积较大、人员密集的候机楼、客运站、影剧院、营业厅等的要求相对较高。因为这些场所流动人员多、不易管理，一旦发生火灾，人员疏散困难，因此，对这类建筑的内部装饰材料提高防火要求，有助于减少火灾隐患。

表 7-2-3　　单层、多层民用建筑内部各部位装饰材料的燃烧性能等级

建筑物及场所	建筑规模、性质	装饰材料的燃烧性能等级							
		顶棚	墙面	地面	隔断	固定家具	装饰织物		其他装饰材料
							窗帘	帷幕	
候机楼的候机大厅、贵宾候机室、售票厅、商店、餐饮场所等	—	A	A	B_1	B_1	B_1	B_1	—	B_1
汽车站、火车站、轮船客运站的候车（船）室、商店、餐饮场所等	建筑面积 >10 000 m^2	A	A	B_1	B_1	B_1	B_1	—	B_2
	建筑面积≤ 10 000 m^2	A	B_1	B_1	B_1	B_1	B_1	—	B_2
观众厅、会议厅、多功能厅、等候厅等	每个厅建筑面积 >400 m^2	A	A	B_1	B_1	B_1	B_1	B_1	B_1
	每个厅建筑面积≤ 400 m^2	A	B_1	B_1	B_1	B_2	B_1	B_1	B_2
体育馆	>3 000 座位	A	A	B_1	B_1	B_1	B_1	B_1	B_2
	≤ 3 000 座位	A	B_1	B_1	B_1	B_2	B_2	B_1	B_2
商店的营业厅	每层建筑面积 >1 500 m^2 或总建筑面积 >3 000 m^2	A	B_1	B_1	B_1	B_1	B_1	—	B_2
	每层建筑面积≤ 1 500 m^2 或总建筑面积≤ 3 000 m^2	A	B_1	B_1	B_1	B_2	B_1	—	—
宾馆、饭店的客房及公共活动用房等	设置送回风道（管）的集中空气调节系统	A	B_1	B_1	B_1	B_2	B_2	—	B_2
	其他	B_1	B_1	B_2	B_2	B_2	B_2	—	—
养老院、托儿所、幼儿园的居住及活动场所	—	A	A	B_1	B_1	B_2	B_1	—	B_2
医院的病房区、诊疗区、手术区	—	A	A	B_1	B_1	B_2	B_1	—	B_2

续表

建筑物及场所	建筑规模、性质	装饰材料的燃烧性能等级							
		顶棚	墙面	地面	隔断	固定家具	装饰织物		其他装饰材料
							窗帘	帷幕	
教学场所、教学实验场所	—	A	B_1	B_2	B_2	B_2	B_2	B_2	B_2
纪念馆、展览馆、博物馆、图书馆、档案馆、资料馆等的公众活动场所	—	A	B_1	B_1	B_1	B_2	B_1	—	B_2
存放文物、纪念展览物品、重要图书、档案、资料的场所	—	A	A	B_1	B_1	B_2	B_1	—	B_2
歌舞娱乐游艺场所	—	A	B_1	B_1	B_1	B_1	B_1	B_1	B_1
A、B级电子信息系统机房及装有重要机器、仪器的房间	—	A	A	B_1	B_1	B_1	B_1	B_1	B_1
餐饮场所	营业面积 >100 m^2	A	B_1	B_1	B_1	B_2	B_1	—	B_2
	营业面积≤100 m^2	B_1	B_1	B_1	B_2	B_2	B_2	—	B_2
办公场所	设置送回风道（管）的集中空气调节系统	A	B_1	B_1	B_1	B_2	B_2	—	B_2
	其他	B_1	B_1	B_2	B_2	B_2	—	—	—
其他公共场所	—	B_1	B_1	B_2	B_2	B_2	—	—	—
住宅	—	B_1	B_1	B_1	B_1	B_2	B_2	—	B_2

2. 允许放宽条件

（1）考虑到一些建筑物大部分房间的装饰材料都可满足规范要求，而某一局部或某一房间因特殊要求，需采用可燃装饰材料，且该局部又无法设置自动报警、自动灭火系统时，允许那些面积小于 100 m^2 且采用防火墙和耐火极限不低于 2.00 h 的甲级防火门窗与其他部位分隔的房间的装饰材料在表 7-2-3 规定的基础上降低一个等级。

（2）除歌舞、娱乐、放映、游艺场所外，当单层、多层民用建筑需进行内部装修的空间内装有自动灭火系统时，除顶棚外，其内部装饰材料的燃烧性能等级可在表 7-2-3 规定的基础上降低一级；当同时装有火灾自动报警装置和自动灭火系统时，其顶棚装饰的燃烧性能等级可在表 7-2-3 规定的基础上降低一级，其他部位装饰材料的燃烧性能等级可不受限制。

第三节 高层民用建筑防火构造

高层建筑高度较高，平面结构、空间造型和使用功能都较复杂，给火灾扑救工作造成一定困难。所以，高层建筑在装饰材料的挑选和装饰设计上，应严格执行高层建筑对防火材料和装饰设计规范的要求，在材料上多使用防火材料。

一、高层民用建筑的分类

高层民用建筑根据其使用性质、火灾危险性、扑救和疏散人员的难度等分为两类，见表 7–3–1。

表 7–3–1　高层民用建筑的分类

名称	一类	二类
住宅建筑	建筑高度大于 54 m 的住宅建筑（包括设置商业服务网点的住宅建筑）	建筑高度大于 27 m，但不大于 54 m 的住宅建筑（包括设置商业服务网点的住宅建筑）
公共建筑	1. 建筑高度大于 50 m 的公共建筑 2. 建筑高度 24 m 以上部分任一楼层建筑面积大于 1 000 m^2 的商店、展览、电信、邮政、财贸金融建筑和其他多种功能组合的建筑 3. 医疗建筑、重要公共建筑、独立建造的老年人照料设施 4. 省级及以上的广播电视和防灾指挥调度建筑、网局级和省级电力调度建筑 5. 藏书超过 100 万册的图书馆、书库	除一类高层公共建筑外的其他高层公共建筑

二、高层民用建筑的耐火等级

高层民用建筑的火灾隐患较多，发生火灾时扑救难度大，人员疏散困难，所以，为满足高层民用建筑的防火需要，规定高层民用建筑耐火等级必须是一、二级，所采用的建筑构件的燃烧性能和耐火极限也不能低于表 7–2–1 的规定。一类高层民用建筑的耐火等级应为一级，二类高层民用建筑的耐火等级应不低于二级，裙房的耐火等级应不低于二级，高层民用建筑地下室的耐火等级应为一级。

三、高层民用建筑的防火分区

高层民用建筑内应采用防火墙等划分防火分区，每个防火分区的最大允许建筑面

积不应超过表 7-3-2 的规定。当高层建筑内设有贯通数层的开敞楼梯、自动扶梯等开口部位时，为了既满足实际需要，又能保证防火安全，应把连通的各部分作为一个整体对待，其允许最大建筑面积之和不能超过表 7-3-2 中的相应规定，否则，应在开口部位设置耐火极限不低于 3.00 h 的防火卷帘或水幕分隔。

表 7-3-2 高层民用建筑的防火分区最大允许建筑面积

耐火等级	允许建筑高度或层数	防火分区的最大允许建筑面积（m^2）	备注
一、二级	按表 7-3-1 规定	1 500	对于体育馆、剧场的观众厅，防火分区的最大允许建筑面积可适当增加

注：裙房与高层建筑主体之间设置防火墙时，裙房的防火分区可按单层、多层建筑的要求确定。

四、高层民用建筑的防火构造措施

1. 高层民用建筑内应在首层或地下一层处设消防控制室，周围应采用耐火极限不低于 2.00 h 的隔墙将其隔开，并且要有直通室外的安全出口。

2. 设在高层民用建筑内的灭火系统的设备室，通风、空调机房，应采用耐火极限不低于 2.00 h 的隔墙、1.50 h 的楼板和甲级防火门将其与相邻部位隔开。

3. 防火墙上不应开设门、窗及其他洞口。如果必须开设时，应安装能自动关闭的甲级防火门、窗。防火墙不宜开设在 U 形、L 形等高层民用建筑的内转角处，如果必须设在转角处时，内转角的两侧墙上的门、窗、洞口之间最近边缘的水平距离应不小于 4 m，当相邻一侧装有固定的乙级以上防火门、窗时，距离可不限制。

4. 为防止蹿火，紧靠防火墙两侧的门、窗、洞口之间最近边缘的水平距离应不小于 2 m；当小于 2 m 时，应设置固定的乙级防火门、窗。

5. 高层民用建筑楼梯间和防烟楼梯间前室的内墙上，除开设通向公共走道的疏散门外，不应开设其他门、窗和洞口。公共疏散门和防火门均应向疏散方向开启，用于疏散走道、楼梯间和前室的防火门应具有自动关闭的功能，并且关闭后应能从任何一侧手动开启。

6. 高层民用建筑每个防火分区的安全疏散出口应不少于两个，而且要分散布置，两个安全出口之间的距离应不小于 5 m。对于疏散楼梯间和防烟前室的门，其净宽度应不小于 0.9 m。

五、高层民用建筑内部装饰的防火要求

1. 基准要求

根据《建筑内部装修设计防火规范》（GB 50222—2017）规定，高层民用建筑内部各部位装饰材料的燃烧性能等级，不能低于表 7-3-3 的要求。

表 7–3–3　　高层民用建筑内部各部位装饰材料的燃烧性能等级

建筑物及场所	建筑规模、性质	装饰材料燃烧性能等级							
		顶棚	墙面	地面	隔断	固定家具	装饰织物		其他装饰材料
							窗帘	帷幕	
候机楼的候机大厅、贵宾候机室、售票厅、商店、餐饮场所等	—	A	A	B_1	B_1	B_1	B_1	—	B_1
汽车站、火车站、轮船客运站的候车（船）室、商店、餐饮场所等	建筑面积 >10 000 m^2	A	A	B_1	B_1	B_1	B_1	—	B_2
	建筑面积≤10 000 m^2	A	B_1	B_1	B_1	B_1	B_1	—	B_2
观众厅、会议厅、多功能厅、等候厅等	每个厅建筑面积 >400 m^2	A	A	B_1	B_1	B_1	B_1	B_1	B_1
	每个厅建筑面积≤400 m^2	A	B_1	B_1	B_1	B_2	B_1	B_1	B_1
商店的营业厅	每层建筑面积 >1 500 m^2 或总建筑面积 > 3 000 m^2	A	B_1	B_1	B_1	B_1	B_1	B_1	B_1
	每层建筑面积≤1 500 m^2 或总建筑面积≤3 000 m^2	A	B_1	B_1	B_1	B_1	B_1	B_2	B_2
宾馆、饭店的客房及公共活动用房等	一类建筑	A	B_1	B_1	B_1	B_2	B_1	—	B_1
	二类建筑	A	B_1	B_1	B_1	B_2	B_2	—	B_2
养老院、托儿所、幼儿园的居住及活动场所	—	A	A	B_1	B_1	B_2	B_1	—	B_1
医院的病房区、诊疗区、手术区	—	A	A	B_1	B_1	B_2	B_1	B_1	B_1
教学场所、教学实验场所	—	A	B_1	B_2	B_2	B_2	B_1	B_1	B_2
纪念馆、展览馆、博物馆、图书馆、档案馆、资料馆等的公众活动场所	一类建筑	A	B_1	B_1	B_1	B_2	B_1	B_1	B_1
	二类建筑	A	B_1	B_1	B_1	B_2	B_1	B_2	B_2
存放文物、纪念品、展览品、重要图书、档案、资料的场所	—	A	A	B_1	B_1	B_2	B_1	—	B_2
歌舞娱乐游艺场所	—	A	B_1	B_1	B_1	B_1	B_1	B_1	B_1

续表

建筑物及场所	建筑规模、性质	装饰材料燃烧性能等级							
		顶棚	墙面	地面	隔断	固定家具	装饰织物		其他装饰材料
							窗帘	帷幕	
A、B级电子信息系统机房及装有重要机器、仪器的房间	—	A	A	B_1	B_1	B_1	B_1	B_1	B_1
餐饮场所	—	A	B_1	B_1	B_1	B_2	B_1	—	B_2
办公场所	一类建筑	A	B_1	B_1	B_1	B_2	B_1	B_1	B_1
	二类建筑	A	B_1	B_1	B_1	B_2	B_1	B_2	B_2
电信楼、财贸金融楼、邮政楼、广播电视楼、电力调度楼、防灾指挥调度楼	一类建筑	A	A	B_1	B_1	B_1	B_1	B_1	B_1
	二类建筑	A	B_1	B_2	B_2	B_2	B_1	B_2	B_2
其他公共场所	—	A	B_1	B_1	B_1	B_2	B_2	B_2	B_2
住宅	—	A	B_1	B_1	B_1	B_2	B_1	—	B_1

2. 允许放宽条件

很多高层民用建筑都建有裙房，且裙房的使用功能比较复杂，其内部装修若与整栋建筑采取同一标准，在实际操作中有一定困难。考虑到一般裙房与主体高层建筑之间有防火分隔并且裙房的层数有限，因此规定高层民用建筑的裙房内面积小于 500 m^2 的房间，应当设有自动灭火系统，并且采用耐火等级不低于 2.00 h 的隔墙、甲级防火门、窗与其他部位分隔时，顶棚、墙面、地面的装饰材料燃烧性能等级可在表 7–3–3 的基础上降低一级。

除歌舞、娱乐、放映、游艺场所，100 m 以上的高层民用建筑及大于 400 m^2 的观众厅、会议厅外，当设有火灾自动报警装置和自动灭火系统时，除顶棚外，其内部装饰材料的燃烧性能等级可在表 7–3–3 的基础上降低一级。

3. 特殊要求

近年来，电视塔等特殊高层建筑物的建筑高度越来越高，内部还建有允许公众进入的观光厅、餐厅等。由于受这类建筑物形式的限制，在危险情况下人员的疏散十分困难，因此有必要限制这类建筑物内可燃装饰材料的使用，降低火灾发生以及蔓延的可能性，所以对此类建筑物提出了较为严格的要求。《建筑内部装修设计防火规范》（GB 50222—2017）中规定，电视塔等特殊高层建筑内部装修所用的装饰织物应不低于 B_1 级，其他均应采用 A 级装饰材料。

避难层、避难间是高层民用建筑发生火灾时专供人员临时避难用的，十分重要，对其安全性要求很高，内部装修均应采用 A 级装饰材料。

第四节 地下民用建筑防火构造

地下民用建筑一般是指建于土层之中且无法直接自然采光照明的建筑。不同于地上建筑，地下建筑的通风采光条件差，一旦发生火灾，人员的安全疏散以及扑救都十分困难，且与外界连通的出口少，排烟、排热差，因此，需要采用更为严格的建筑防火措施。

一、地下民用建筑的耐火等级

地下民用建筑的耐火等级应为一级，对应的楼板耐火极限不低于 1.50 h（包括地下、地上建筑的分隔楼板）。其出入口地面建筑物的耐火等级应不低于二级。

二、地下民用建筑的防火分区

为防止地下民用建筑发生火灾时蔓延扩大，将火灾控制在一定范围之内，对面积较大的地下民用建筑应划分防火分区。地下民用建筑防火分区的划分，应比地面建筑要求严格，每个防火分区的允许最大建筑面积应根据其使用性质区别对待。

1. 商店、医院、餐厅等地下民用建筑，每个防火分区的最大允许使用面积不超过 500 m^2，如设有自动喷水灭火设备时，防火分区面积可增加一倍。

2. 电影院、礼堂、体育馆、舞厅等人员密集的地下建筑，防火分区最大允许使用面积不超过 1 000 m^2，当设有自动喷水灭火设备时，其最大允许使用面积也不得增加。

3. 地下车库的防火分区允许最大建筑面积为 2 000 m^2，当设置有火灾自动报警系统和自动灭火系统时，允许最大建筑面积可增加一倍；局部设置时，增加的面积可按该局部面积的一倍计算。

4. 需设置排烟设施的地下建筑，应划分防烟分区，每个防烟分区的建筑面积应不大于 500 m^2，防烟分区不得跨越防火分区。

三、地下民用建筑的防火构造措施

1. 地下民用建筑的内部装饰材料应全部采用非燃烧材料。

2. 地下民用建筑可燃物存放量平均值超过 30 kg/m^2 火灾荷载的房间，应采用耐火极限不低于 2.00 h 的墙和楼板与其他部位隔开。隔墙上的门应采用常闭的甲级防火门。

3. 除使用面积不超过 50 m^2 的地下民用建筑且经常停留的人数不超过 10 人时，可设一个直通地上的安全出口外，每个防火分区的安全出口数量应不少于 2 个；当有 2 个或 2 个以上防火分区时，相邻防火分区之间的防火墙上的门可作为第二安全出口，但要求每个防火分区必须设置一个直通室外的安全出口。

4. 地下建筑疏散楼梯间通向地面建筑的底层出口要采用耐火极限不低于 3.00 h 的隔墙与其他部位隔开，并要直通室外，若一定要在隔墙上开门时，应采用耐火极限不低于 1.20 h 的防火门。

四、地下民用建筑内部装饰的防火要求

1. 基准要求

为确保人员疏散的安全与畅通，地下民用建筑内部各部位装饰材料的燃烧性能等级除应符合表 7–4–1 的规定外，还特别规定地下民用建筑的疏散走道和安全出口的门厅，其顶棚、墙面和地面的装饰应采用 A 级装饰材料。而对于那些人员密度大、流动性大的地下商场、地下展厅的售货柜台、固定货架、展览台等也规定采用 A 级装饰材料。

2. 允许放宽条件

单独建造的地下民用建筑地上部分，一般使用面积小且建在地上，火灾疏散扑救比地下建筑部分容易，因此对单独建造的地下民用建筑地上部分，其门厅、休息室、办公室等内部装饰材料的燃烧性能等级可在表 7–4–1 的基础上降低一级。

表 7–4–1　　地下民用建筑内部各部位装饰材料的燃烧性能等级

建筑物及场所	装饰材料燃烧性能等级						
	顶棚	墙面	地面	隔断	固定家具	装饰织物	其他装修装饰材料
观众厅、会议厅、多功能厅、等候厅等，商店的营业厅	A	A	A	B_1	B_1	B_1	B_2
宾馆、饭店的客房及公共活动用房等	A	B_1	B_1	B_1	B_1	B_1	B_2
医院的诊疗区、手术区	A	A	B_1	B_1	B_1	B_1	B_2
教学场所、教学实验场所	A	A	B_1	B_2	B_2	B_1	B_2
纪念馆、展览馆、博物馆、图书馆、档案馆、资料馆等的公众活动场所	A	A	B_1	B_1	B_1	B_1	B_1
存放文物、纪念品、展览品、重要图书、档案、资料的场所	A	A	A	A	A	B_1	B_1
歌舞娱乐游艺场所	A	A	B_1	B_1	B_1	B_1	B_1
A、B 级电子信息系统机房及装有重要机器、仪器的房间	A	A	B_1	B_1	B_1	B_1	B_1
餐饮场所	A	A	A	B_1	B_1	B_1	B_2
办公场所	A	B_1	B_1	B_1	B_1	B_2	B_2
其他公共场所	A	B_1	B_1	B_2	B_2	B_2	B_2
汽车库、修车库	A	A	B_1	A	A	—	—

思考与练习

1. 建筑内部装饰材料按使用部位和功能划分的具体分类有哪些？

2. 建筑内部装饰材料的燃烧性能等级如何划分？

3. 民用建筑中哪些部位不允许采用可燃材料装修？

4. 当单层、多层民用建筑内装有自动灭火系统时，除顶棚外，对其内部装饰材料的燃烧性能等级有什么规定？

5. 单层、多层民用建筑防火墙设置有什么要求？

6. 什么是防火分区？高层民用建筑的防火分区面积有什么要求？

7. 地下民用建筑内部装修防火基准要求有哪些？